U0176162

只为一碗好面

一个日本人在中国 30 年的
寻面之旅

[日] 坂本一敏 著
马振莹 译

中信出版集团 | 北京

图书在版编目（CIP）数据

只为一碗好面：一个日本人在中国 30 年的寻面之旅 /
（日）坂本一敏著；马振莹译. -- 北京：中信出版社，
2020.11

ISBN 978-7-5217-2275-8

I. ①只⋯ II. ①坂⋯ ②马⋯ III. ①面食—文化—
中国 IV. ①TS971.22

中国版本图书馆 CIP 数据核字（2020）第 179236 号

只为一碗好面：一个日本人在中国30年的寻面之旅

著　者：[日] 坂本一敏
译　者：马振莹
出版发行：中信出版集团股份有限公司
　　　　　（北京市朝阳区惠新东街甲 4 号富盛大厦 2 座　邮编　100029）
承 印 者：北京盛通印刷股份有限公司

开　本：787mm×1092mm　1/16　印　张：27　　字　数：350 千字
版　次：2020 年 11 月第 1 版　印　次：2020 年 11 月第 1 次印刷
书　号：ISBN 978–7–5217–2275–8
定　价：88.00 元

目 录

Ⅱ

V

我记得和坂本先生相识于十几年前，相熟的面粉制造业同行推荐了一个对中国的面很有研究的日本人，问我要不要和这个人一起去中国吃面。那个时候我对此并不感兴趣，而且对是否有这样的日本人抱有怀疑。在那之后我读了坂本先生在日本出版的这本书，非常吃惊，没想到中国的面有这么多种类。

日本的面食大致分为拉面、乌冬面和日本荞麦面。这些面自不必多说，坂本先生在书里还记载了我在日本没见过的很多种面，这让我有了和坂本先生一起旅行的想法，也促成了我们的相识。

我记得和坂本先生的中国面食考察之旅第一站是成都和成都周边。川菜中的麻婆豆腐在日本很有名，我爱吃辣，所以对于这次出行很期待。日本也有担担面，但多为汤面，四川的担担面则是没有汤的。出乎意料的是，面条竟是荞麦面做成的。这次旅行，让我意识到美食的世界里一切皆有可能。

这样的体验，促使我带着我的同行、朋友也和坂本先生一起出行，不知不觉间，和坂本先生的面食考察之旅到现在已经有十次了。同行的人不仅有同业，也有拉面店的经营者，还有拉面研究者。为了吃面，我们跟着坂本先生走了中国的很多地方。在旅途中，我们遇到了很多日本没有的面食，除了米粉、玉米面条，还有用燕麦和高粱这样的杂面做成的面条，每次旅行都带给我们很多感动和面食上的启发。我希望和坂本先生的旅行就这样一直继续下去。有着20世纪90年代情怀的坂本先生的书，在现在这个年代，尤为可贵。

这本书的独特之处在于不仅记述了中国的面食，更从一个日本人的视角详细描写了中国各地饮食文化的特征、生活、历史和名胜古迹等。通过面食讲述广阔中国不同地区的故事和人确实很有意思。我想这本书不仅对日本人有参考价值，对于中国人的意义应该也很大吧。

我经营着一家向拉面店、中餐厅和量贩店供应面条的公司，也经营着一家试卖店。面食的商品开发对我们来说非常重要，从这方面讲，这本书也非常有参考价值。

我想在这个世界上，没有哪个国家像中国这样拥有如此丰富的面食文化，这本书里记载的面食也许仅仅是一部分。即便如此，这里估计也有很多中国人都不知道的面食。从这个意义上来讲，我非常希望这本书能拥有更多的中国读者。

最后，对坂本先生的书能出版中文版表示衷心的祝贺。

鸟居宪夫

大成食品株式会社董事长兼总经理

日本制面协同组合联合会会长

东京都中华面制造业协同组合董事长

日本拉面协会原副董事长

（推荐序译者为徐敏）

坂本一敏的《只为一碗好面》是一本具有史料价值的好书。刚读到这本书时，我颇为感慨。在此之前，竟然没有一个中国人想到用这样的方式记录中国的饮食文化。该书的调查之周到、记叙之详细令人叹为观止。作者从 20 世纪 70 年代起，花费了将近 30 年的时间，孜孜不倦地赴实地采风，一些瞬息即逝的饮食生活片段，被他捕捉殆尽。从那时起，已经过去半个世纪了，到现在我们才体会到该书是多么宝贵。其中披露的一些文化细节，有的已经永远消失在历史长河里了。

面条是中国饮食文化中极为重要的一部分，原料及制作，作料的选择及配制，烹饪法及浇头，等等，每个环节都很讲究。面条的种类、名称、形状、口感，乃至吃法、供餐方式等，无一不是学问，有些还是面条店拒不外传的秘密。

尽管面条在中国饮食文化中有着不可小觑的地位，但在佳肴琳琅满目，新鲜奇特的食品层出不穷的现代，它已被视为难登大雅之堂的"低档食品"了，因而很少引起关注。此书向我们阐明，在貌不惊人的面条里，有着让人不可貌视的大学问，从一个特殊的角度，折射出中国饮食文化的一个侧面。面条的重要性远远超过山珍海味。作者之所以将其称为"面学"，原因就在于此。

作者曾任近畿日本旅行社驻北京事务所所长，长期从事旅游工作。由于工作关系，他几乎走遍了中国。他有一个特别的爱好，就是品尝面条。这本来是业余兴趣，但他把兴趣变成了一门学问。不管出差到哪里，他总是在大街小巷寻找面条店。为了了解地方的特色面条，他会千里迢迢赶去采访。而且每到一地，他都会亲口品尝，并详细地记录亲自考察的结果。

中国的面条因地而异。从原料来看，既有纯小麦粉做的，也有掺杂红薯、玉米等杂粮的。有些地方甚至用荞麦粉或其他杂粮做面。擀面法也千差万别。制作兰州牛肉面时，以前习惯放蓬灰，而有些地方则适量放些食用碱。至于面条的种类，就不计其数了。兰州牛肉面、武汉热干面、北京炸酱面、襄阳牛肉面、山西刀削面、四川担担面、吉林延吉冷面、河南烩面、杭州片儿川和昆山奥灶面、镇江锅盖面等已经广为人知了。那么全中国到底有多少种面呢，恐怕之前没人知道。至于50年前中国各地的老百姓都吃些什么面条，就更没人能回答了。

中国实行改革开放政策以后，随着城市建设的飞速发展，以前的国营或集体所有制的面条店中有的合并，有的关门。与此同时，私人经营的饮食店则雨后春笋般地出现，市面上供应面条的饭店比比皆是，但其盛衰兴废的变迁也很快，有些店开了一两年就关门大吉了，有些店则出于种种原因，停止了供应。在此期间，面条的做法和味道也发生了很大的变化。

本书的第一个特点，就是第一次全面地记叙了半个世纪来中国面条文化的全貌。其中既有50年前的真实记录，也为我们展示了中国在这一段时间里发生的巨大变化。中国一共有多少种面条？作者第一次通过详细的调查正面回答了这个问题：将近1 000种。其中不少已经绝迹，我们只能从书中了解一二。

第二个特点是本书涉及的地区很广。中国国土辽阔，但作者在近半个世纪里，跑遍了绝大多数省、市、自治区。要做到这一点绝非易事。40多年前，从上海坐火车到乌鲁木齐要五六天的行程。更不用说去偏远地区了。北京、上海等大城市的面条文化，或许零星地有些记录，但偏僻地区就少为人知了。本书中不乏对小城市和偏远地方的记载，这一点尤为难能可贵。特别是一些现在已经绝迹的面条也被详细地记录了下来。

第三个特点是作者直接用自己的眼睛来观察，用自己的舌尖来判断。正因如此，该书的记叙保持了很大的客观性和纪实性。

第四个特点是图文并茂。这不是指该书具有可读性，而指作为历史资料，该书的记录方法具有独特的意义。孟元老在《东京梦华录》中曾生动地描绘了北宋都城汴京（今开封）之繁华，其中有不少内容涉及当时的饮食店及其供应的菜肴。但美中不足的是，他所记叙的菜肴只有菜名，不言及细节，从而难以了解这些菜肴使用什么食材，如何烹调。读者只能从菜名推测。

本书的珍贵之处，就是许多叙述都以照片相佐，一目了然。20 世纪 70 年代的中国，有照相机的人凤毛麟角，拍一张黑白照都很珍贵，很少有人去拍面条。在这一点上，该书在面条的外形记录上真的具有很重要的意义。

听说本书要在中国翻译出版，我由衷地感到高兴，也认为非常及时、非常必要。在悠久的历史长河中，50 年可以说是弹指一挥间，但对个人来说，50 年则占据了人生的大半时间。特别是在社会变化突飞猛进的时代，50 年前的饮食文化到今天已经面目全非了。有了这本书，读者不仅得以了解已经失去的过去，而且可以知道变化的具体过程。我想 300 年后，或 500 年后，如果有人要撰写 20 世纪中国的饮食文化史，非得参照本书不可。希望更多的中国读者会喜欢它。

张竞

日本明治大学教授

2020 年 5 月于东京

这是一本独具特色的游记，但又不仅仅是一本游记。

这是一本有关中国面食的记录，但也不仅仅是面食的记录。

面条是我们今天极习以为常的食物，多以小麦研磨之后的面粉为之。

小麦的故乡在西亚，后向四周扩散，成为世界几大古老文明形成的重要物质基础。

考古发现的证据表明，大体距今 4 000 年，小麦才从中亚地区传入我国北方地区，而后逐渐替代粟、黍等原有的旱地农作物，最终形成今天中国"南稻北麦"的农业生产格局。小麦栽培技术的传播可以说是几千年来文化交流的结果。

最早发明面条的是中国，证据来自 2002 年在青海民和县喇家齐家文化遗址的发现。在一处房址的地面上发现一只倒扣的陶碗，揭起后发现其中有面条状的食物，后经科学检测分析，证明是用小米加工的面条，距今约 4 000 年。

今天的中国，面条种类之多，食用之普遍可谓独步世界。遗憾的是，几千年来并没有留下太多的关于面条的记录。当我们要刨根问底，找出各种"面"的来历时，多半寻不出答案来。这本书为将来了解现在的"面"食情况，留下了一份难得的真实记录。

作者坂本一敏先生，是一位学习美学出身的旅游业从业者。他选择以面食为切入点，用了近30年的时间，实地走访了450多个县市，将其所见、所品、所闻详细记录下来，撰写成《只为一碗好面》一书。全书以细腻的文字、丰富的图像，不仅记录了种类繁多的面食，还对所到之处的历史和风物进行了细致的描述。通读其书，仿佛浏览一幅由面食勾画出的20世纪后半叶的中国文化地图。通过一碗面，东西南北的文化异同跃然纸上，生动而有趣。

该书不仅可以成为大家旅行中的面食指南，也可以被当作一份面食的社会学调查报告来读，我们还可以将其视为中国改革开放前后的一段历史文献。

令人称道的还有译文的平实和准确。译者马振莹女士是日语专业出身，也曾长期从事旅游工作，平时爱旅行、好美食，翻译该书自然得心应手。

因此，我十分乐意并诚恳地向大家推荐此书。

徐天进

北京大学考古文博学院教授

翻译工作已经完成，回首过去的几个月，我仿佛跟着坂本先生走遍了中国，品味了各地的面食；放眼未来，我将带着行囊，沿着坂本先生的足迹，重新启程。

回想刚刚接手此书时……

我手里捧着一本沉甸甸的书。

我计划用一年时间把它翻译成中文。

不以营利为目的，只是出于纯粹的感动，我决心做这件事。

作者并非职业作家，而是我们身边的普通人。我的水平有限，仅仅是尽力而为，尽我所能。幸好，整本书里没有华丽的辞藻，没有高难的修辞，全篇平铺直叙，翻译起来十分顺畅。无感的人，会觉得这是本无足轻重的书；有感的人，一定会像我一样，满怀热情，甚至会热泪盈眶。为了有感的人，我努力！

作者今年已是 79 岁高龄，和我逝去的父亲同一年出生。昔日风光无限，而今退休后的他，每日尽力照顾着患阿尔兹海默病的老妻。我希望一年后的中文译本能给他带去些许欣慰和愉悦。

感谢挚友徐敏，非常偶然地把这本书赠给我，这是她十几年前的收藏。这是怎样一本书呢？

这是一本有关中国各地面条的书，我更觉得它是一本中国面条宝典。1974—2001 年，近 30 年间，作者到过中国 450 多个县市。特别是 20 世纪 90 年代，坂本先生每到一地，早晨起床后的第一件事，就是"寻面"。所以，这本书记录的不仅仅是面条这一极具中国特色的吃食，更记录了作者的一段人生和中国的一段历史。

书中绝大多数照片为作者亲手所拍。

作者的足迹遍布中国各省、市、自治区。

书中记录的是 1990—2001 年作者在中国的旅程。

作者用于采风的笔记本，达 40 多本！

翻译，正式开始！

也许又是一次炼狱之旅，但我想我可以享乐其中……

在这里，感谢王志涛先生，独具慧眼，将此书推荐给中信出版社。感谢林清源先生、修启明先生，在翻译过程中为我提供帮助。

马振莹

2020 年 1 月

前言

为什么我想吃遍中国的面？

中国没有好吃的面？

　　1984 年 9 月，我在南京的金陵饭店中餐厅点了当地名吃南京牛肉面。我特意叮嘱服务员："少要面，多要汤，要热乎的。"经过漫长的等待，端上桌的却是完全无视我的意愿的一碗面——满满一大碗，汤存在与否暂且不论，更有甚者，还是温暾的。

　　从我 1974 年第一次来到中国，至今已来过 50 多次。经常出席各种宴会，每次宴会无一例外地有虾、蟹、海参、鱼、贝类菜肴，令我很吃不消，所以我每次都会额外点一份当地的面食充饥。因此，我对中国各地的面上桌的路数大致了然于心，为了能吃到好吃的面，点餐时会额外提出些小要求，可结果往往完全无效。总之，到那天为止，我在中国没有吃到过好吃的面（特别是带汤的那种）。

于是我再度申明我的要求，要他们重新做一碗给我，可我脑中却在盘算："恐怕就是把面再回锅煮一遍吧，那样的话，面不就变得黏黏糊糊的了吗？"果不其然，再次端上来的面和我想象的一模一样。这回我请求道："请给我重新做一碗，我另外付钱！"事已至此，毫无疑问那家餐厅的服务员和厨师恐怕都在心中暗想："真是个奇怪的客人。"

我为什么要这么较真儿呢？

因为我很气愤，明明具备做好一碗面的条件，无论是食材、调料还是技术，可偏偏就是不好好做！金陵饭店中餐厅别的大菜，包括汤类，不是都做得很棒吗？！

接着，第三次端上来的那碗面倒是终于热乎了，可面仍是一大坨，软塌塌的，汤仍然无滋无味。我只吃了一口，就离席了，对他们无法满足我的要求表示抗议。

中国的面难吃，这个问题在吃团体餐时尤为显著。通常 8~10 人围着一个圆桌坐，面盛在一个大盆里被端上来。面从大盆里捞出，被分到每个人的小碗里，如此一来，分面期间，面充分地吸收了汤汁，膨胀起来，变得更不好吃了。

那次我来南京的目的是出席金陵饭店一周年店庆的纪念活动。南京之后，我计划去成都出席旅游展示会和座谈会，接着绕道兰州进行有关敦煌旅行的磋商。

那时候，成都到兰州还没有开通直航，必须在西安转机。此外，当时的兰州是个还没有对外国人正式开放的地区，想到兰州，除了一般签证，还必须持有另一种特殊签证（正式名称是"外国人旅行证"）。结果，稀里糊涂的我竟然忘了办相关手续。我和来成都参会的西安旅行社的老朋友商议此事，被告知可以利用在西安转机的工夫去公安局办手续，并且他会事先和西安那边联系好，请我不用担心。那个年代，买中国国内机票必须提供护照原件，我想着反正到了西安总要进城去民航售票处的，可以利用这段时间去办旅行证。如此这般，我便向着成都机场出发了。然而，当时航班延误就像家常便饭一般，虽然已经预料到，但是这一天整整晚了 4 个小时才到西安，根本没有时间去公安局。令人惊讶的是，虽然没有外国人旅行证，但是我买到了去往兰州的机票，而且机场并不检查许可证，我竟顺利地登上了去兰州的航班。好像预感到要发生些什么，我一再叮嘱西安旅行社的人，一定要事先把我搭乘的航班号告知兰州的旅行社。然而，当我抵达兰州机场时，并没有人来接我，和我同机抵达的人纷纷走光了。

当时的兰州机场距离市区约 100 公里，机场边只有一家招待所，而且也看不出营业还是不营业。除此之外，什么都没有，无比冷清。没有出租车，而且已过晚上 9 点。这可怎么办好呢？正琢磨着，我发现机场门口停着民航班车，说是可以到市内的民航分公司。先到那儿再说吧！我飞身跳上班车（那时民航班车是免费的）。如果那天我有托运行李的话，恐怕就赶不上班车了。自那以后，我乘坐中国国内航班再也没托运过行李。

之前我到过兰州两次，凭着记忆知道，班车会经过友谊饭店，虽然不是我的终点站，但我还是请求司机把我放在那里。进了饭店，我赶紧询问住宿问题，可是没有房间。看起来也并不像客满的样子，我就又问了一遍，回答还是"没有"。没办法，只得给他们看我的护照，说："真的没有房间了吗？"看了我的护照，前台服务员说："6 块钱的房间还有，只是一间房里 6 张床，要和别人拼住，而且淋浴也在外面。""可以呀！"正说着，对方问道："旅行许可证呢？"啊，糟了！我正琢磨该怎么办，对方好像早已司空见惯，说："明天去公安局办一下，拿过来！"我说："可明天是周日……""没事，公安局周日也上班的。"就这样，我平安无事地住了下来，这时才突然察觉，我还没吃饭呢！

在兰州邂逅美味的面

饭店的餐厅已经打烊了，只得出门找吃的。这家饭店的位置在兰州西站附近，车站边上也许能有收获，于是，我凭记忆寻过去。嚯！私人经营的小铺一家挨着一家。

自 1978 年开始，中国在经济方面实行改革开放政策，但我实在没有想到，城市里私人经营的小店能如此兴盛。但是，所有店铺几乎只卖兰州牛肉拉面。

饥不择食的我进了一家看上去相对比较干净、食客比较多的店，暗暗观察当地人是怎么点餐的。

看了一会儿我发现，要先买餐票，然后交给后厨，最后自己把面碗端到桌上。买餐票时，除了钱，还需要一种小票——粮票。那个年代，中国的生活必需品实行配给制，买猪肉、食用油、米、面等需要各种粮票。店里的标价都是面向粮票持有者的价格。再仔细看，买餐票时，要告知想要的面量，1 两（50克）、2 两、3 两。当地人大多要 3 两，我想要日本面店里一客①拉面的量（80~100克），所以要了 2 两。"粮票呢？"对方问。"没有。"我答。于是被多收了两成的钱，餐票到手了。据说在以前，如果没有粮票，这碗面是绝对不可能卖给我的。可见，这是改革开放政策带来的重大变革。去后厨窗口取面，面是刚刚出锅的，烫手。我强忍着，好不容易把面"运"到桌上。汤真多！挑了双看起来还算干净的筷子（那时还没有一次性筷子），挑起一大口，太好吃了！汤味足，面筋道！和在南京吃的面完全不一样啊！那时我误以为这面里用了碱水，如果是这样，那说明"只有中国南方的面才会用到碱水"这一说法是错误的（后来得知，这里用到的是和碱水有同样作用的蓬灰）。

第二天是个周日，我再次去了车站那边，又吃了一碗牛肉拉面当早餐，然后去公安局办外国人旅行证。我边找路边在兰州城里转悠，午餐还是牛肉拉面。那次在兰州各个不同店家吃到的牛肉拉面，没有一家是不好吃的。我这才真切地感受到，原来中国有好吃的面。但是，牛肉拉面上撒的香菜味道很冲，直到现在我都无法适应。我由此断定，中国其他地方一定也会有好吃的面存在！

塞翁失马，焉知非福。幸亏在兰州机场没有等到来接我的人，我才会在这里与美味的面邂逅。

经济发展的好时机

1980 年，中国设立经济特区，经济路线发生转变。1981 年开始更是加速推

---

① 一客，在日本点餐时常用的量词。——译者注

进改革开放政策，私人经营渐渐得到认可，私营的服装店、餐厅得以复活。1984年对于私营来说正是好年代。因此，好吃的面的出现和这些私营餐馆的复活有着密不可分的关系。1985年，我在南京钟楼附近的帐篷小摊儿上吃到了南京牛肉面正吃到半截儿，顶棚的灰土掉落碗里，太可惜了，只得扔了剩下的一半，但那个面，太好吃了！ 1986年，我在上海郊外吴淞的私营小店里吃到了雪菜肉丝面，店铺太脏，同行的上海旅行社的精英们坚决不动筷子，但对于我来说，那是绝世美味。

从那以后，乘着改革开放的东风，中国各地的私营餐馆越来越多，每去各地出差，都会遇到众多各异的面。那个时候我光想着吃了，却从没想过把它们记录下来，想来有些后悔。后来，我奉命担任近畿日本旅行社北京事务所所长一职。千载难逢的机会来了！利用这段闲暇，我一边考察新的旅游目的地，开发新的旅游路线，一边开启我原本就心心念念的食面旅程，并开始记录。

行走在北京

中华人民共和国，国土面积（960 万平方公里）约为日本的 25 倍，首都是北京。北京，是中国国家机关集中存在的政治中心，不仅如此，自 10 世纪辽王朝在此定都"南京"以来，金、元、明、清历代王朝相继定都于此，因此，北京又是个历史古迹遗留众多的城市。

说到北京，举其代表，有永乐帝之后 500 年繁盛的皇宫紫禁城（现为故宫博物院），有皇帝祭天祈谷的庄严肃穆的天坛，有清代为西太后修建的避暑行宫颐和园，郊外有著名的万里长城。北京郊外的八达岭长城，经历多次重修，现在的这一段是明代的产物。

我是在 1990 年 1 月的寒冬里赴任北京的。

Ⅲ 天坛

Ⅲ 北京长城之春。长城被山桃花、杏花染上了颜色

到北京后我马上去了八达岭，那里的酷寒远胜于耳闻，我听了中方旅行社的人的劝，买了羽绒服，这才救了命。

上任后，我有大把的时间逛北京城，最令我感动的是北京的春天。漫长的严冬过后，短暂的春天来临，迎春花先行，玉兰、桃花、杏花、紫荆花紧随其后，百花盛放。其中要数明十三陵桃花盛开的景色最为壮观。逛北京城最开始我基本靠走，可毕竟所达距离有限，后来就得靠地铁、公交了。

当时的地铁修在了古城墙的城迹之下，是环线，环线以西延伸出去是东西线，无论坐到哪一站都是一个价，2 角。我住的公寓在地铁建国门站附近，所以经常坐地铁从南到北、从东到西在市内转来转去。北京城的南北比东西稍长一些，约莫 8 公里，慢慢步行要 3 个多小时。我用双脚走了一遭，沿途历史遗迹（文天祥故居、欧阳予倩故居、恭王府、茅盾故居等）比比皆是。迷途于胡同中，瞬间仿佛穿越到了旧时光，异常开心。

那时我已不满足于只坐地铁，有时也坐公交。北京的公交站牌上整条线路的站名都标得很清楚，容易看懂，但麻烦的是，非单一票价，每辆公交都很拥挤，下车时非常费劲。后来听事务所里中方雇员说月票可以无限制乘坐地铁、公交，就拜托他帮我买了一张。

当时这种地铁公交通用月票对于中国人来讲算是高价品，现在不同了，地铁、公交运费大涨，这种月票会带来亏损，所以发行方式有所调整，已经买不到了。

自从有了月票，我的活动范围更广了。既乘地铁又乘公交的我发觉，中国的外地人（从北京以外的地方来的人）和我一样，大概因为公交难挤，大多还是选择地铁。可能是因为地铁要经过北京火车站，所以车厢里所谓的"异乡人"特别多。

北京的夜市

"不到长城非好汉"，为了这句话，外地人麇集而至，都要在北京市内或跑去长城逛上几天。概因如此，北京有各种地方菜馆。光是面这一种，在北京就能找到各地口味的面馆——兰州的牛肉拉面，四川的担担面、凉面、麻辣面，山西的刀削面、猫耳朵，云南的过桥面[①]，内蒙古自治区和陕西黄土高原地区的特色面食饸饹面（关于这些面，后文还将分地区细述）。此外，又因中国和朝鲜是友好邻邦，还有专营朝鲜冷面的餐馆。

我只要一想吃口面了，就会到车站前或者被叫作"夜市"的摊贩一条街上去。当时的夜市位于北京的繁华街道之一——王府井大街附近，有两处，东华门夜市和东单夜市。只因这两处是政府批准的摊贩街，所以卫生方面还是有所把控的，所有小摊儿提供的筷子都是被称作"卫生筷"的一次性筷子，还有一次性餐具，不会重复使用，大可放心前往。

一次，出于好奇，我数了一下到底有多少摊位，卖什么的最多，结果一共80家摊位，卖油丝炒面的最多，有21家，约占总数的1/4。这东西乍一看有点像日本的铁板酱烧面，但是这里不用酱，而是将面和胡萝卜丝、绿豆芽一起炒，用酱油调味。炒面的摊位如此之多，不难看出，在北京，这道小吃很受欢迎。

第二多的是老北京的传统风味，如卤煮火烧、爆肚、豆腐脑、杂碎等。

地方面食中，四川担担面最多，兰州牛肉拉面次之。还有把面搓成豆状来炒的，叫作"炒疙瘩"。北京最具代表性的炸酱面和打卤面的摊位却不存在，真是不可思议（因为家里能做？）。

北京家庭中的"水引饼"

1990年，来北京的观光客越来越多，这一年秋天，中国北京第一次承办亚运会，并且取得成功。我赴任北京也将近1年时间。在事务所工作的中方雇员也渐渐得知我喜欢吃面，并且四处找面吃。一天，我被邀请去一位中方雇员的家里吃顿"家常便面"。以前，邀请外国人来自己家里是要经过街道居委会批准的，外国人接触普通老百姓的真实生活的机会几乎为零。中国旅行项目中也有家庭访问一项，但是访问的家庭是经过甄选后特定的，并非一般家庭。

---

① 应该指过桥米线。——译者注

||| 当时北京的平壤冷面馆的冷面

||| 北京东华门夜市。最热销的是油丝炒面

||| 炒疙瘩。与猫耳朵不同的是没有凹陷

||| 炸酱面。面上加的配菜叫作"面码"（通常有黄瓜丝、胡萝卜丝、青豆等），再拌上加肉丁制成的酱，此面成败取决于酱

||| 打卤面。与炸酱面同为北京面食代表。卤是加淀粉做成的，热乎乎的，所以相比于夏天较受欢迎的炸酱面，打卤面更适合冬天食用

我要去的这家，在一座 18 层大楼的第 17 层。三室一厅，是和双亲、弟、妹五人同住的家庭，稍显局促，当时属中上水平。

面是等我到了以后开始正式制作的，准备工作事先已做好。盘子上放着筷子粗细的面剂子，两手捏住面剂子的两头，一抖，一抻，拉长，扔进沸水中煮。看到这一操作，我真是又惊又喜，百感交集！因为这马上让我联想到了"水引饼"！水引饼，现在被公认为面条的鼻祖，关于制作方法，北魏贾思勰著述的《齐民要术》里有记载——"细绢筛面，以成调肉臛汁，持冷溲之。水引：挼如箸大，一尺一断，盘中盛水浸。宜以手临铛上，挼令薄如韭叶，逐沸煮。"

除了"没有在水中浸泡"和"为了便于拉抻而在面上涂香油"两点与著述稍有出入，我坚信这绝对就是 1 400 年前的水引饼，兴奋不已。

这个面怎么个吃法呢？把事先做好的浇头浇在煮好的面上即可。问起这面的名字，答"saozi 面"。问"哪几个字"，答"不太清楚"。嫂子面？臊子面？面的浇头也因各家而异。而这家的浇头，是将肉丁、胡萝卜丁、土豆丁一起炒，加盐调味。把肉切成碎丁做的浇头叫"臊子"，那也许这面该叫"臊子面"。

不过，嫂子面也好，臊子面也罢，对于当时的我来说已经无所谓了。直到今天，我都笃信那天我吃到的是堪称面条起源的水引饼。而制作者本人好像从来没听说过"水引饼"这个词。

‖观摩普通家庭制面

‖下锅煮面

‖臊子面完成

逐面中原：烩面与抻面

1990 年 4 月

西安·三门峡·洛阳·少林寺·郑州

中原之行

1989 年，日本外务省发布了"谨慎出行"的警告，所以来华的日本观光客人数几乎为零。到警告解除，该如何对中国旅游项目进行宣传？这是摆在各旅行社面前的重大课题。

我认为想让日本游客来中国旅行，先要想办法通过体验过中国之旅的人口口相传，告诉周围的人"中国的观光地没有任何问题"，这是重中之重。因此，我向河南省和江苏省旅游局提出进行"考察旅行"的建议，两地都表示热烈欢迎。1989 年 11 月，我马上开始了这两省的"考察旅行"。两省的相关人士不仅给了优惠的价格，而且尽心尽力地接待我们，使得这次旅行大获成功。为了对这次考察旅行提案表示感谢，我赴任北京不久，就受到了河南省旅游局的热情招待。

‖ 华山入口

‖ 函谷关遗址

考察旅行的路线，主要是从上海到开封、郑州、少林寺、洛阳、三门峡……即以历史上称为中原地带的河南省的主要景点为主，随后前往西安，再经由上海回日本。这些城市当中，洛阳的牡丹最负盛名，正好 4 月 20 日前后是牡丹节，为了赶上牡丹节，考察旅行的原计划路线不得不来了个大反转。

从郑州到三门峡

我和特意从郑州来迎接我们的河南旅游公司的王文佳副部长一起离开了西安。我与王副部长曾在日本多次谋面，已经非常熟识。

我们的车经过唐玄宗与杨贵妃的浪漫地——华清池，还有秦始皇陵，一路向东，又经过了五岳之一的西岳华山。午饭时间我们去了华山招待所，不知是不是因为到得迟了，招待所给人感觉很糟，好像连单都不愿意接了似的。

我左右看了看，提议去别的地方找吃的，结果走进路边一家叫"华圣饭店"的餐馆。从外观看非常漂亮，但是整栋建筑似乎尚未完工，厕所也没有建好，真是没辙。因为是观光地，华山登山口聚集着很多特产店、餐厅，从招牌来看，经营川菜的餐厅居多。这家华圣饭店也主打川菜，我们想点个面，结果发现只有麻辣面（汤很辣，而且有花椒的味道。"麻"指花椒的麻，"辣"指辣椒的辣）和鸡蛋面（吃了才知道，就是麻辣面里加个鸡蛋）两种。其他蔬菜类的菜肴味道还算过得去，而面只是纯粹地辣。

这一日我们住在三门峡。从西安去洛阳坐过几次火车，从来没有像今天这样坐汽车去过。坐汽车最大的好处在于，有机会去看看三门峡的函谷关。有歌唱道，"箱根之山天下险，函谷关亦……"。因"鸡鸣狗盗"而为人熟知的函谷关那天没有对外开放，但因为我们是考察旅行，被特批进入参观，为日后集客起了很大作用。函谷关在没有任何人会经过的黄土层之间，只剩了"函关古道"石碑静立在那里（如今已复原再建了函谷关口，变成了观光地）。

从洛阳到少林寺

从三门峡到洛阳还有 140 公里，途中经过黄河文明的重要遗迹仰韶村。但

‖ 鸡蛋面（华山华圣饭店）

‖ 麻辣面（华山华圣饭店）

‖ 面片（洛阳友谊宾馆）

是受驾车行驶的限制，谁也没能辨认出遗迹在哪里。

洛阳牡丹节正红火，作为主会场的王城公园人头攒动。在西安看牡丹，为时尚早，所以看到这里牡丹盛开，我着实有些吃惊。想实现赏花之旅，对花期的掌握是最具难度的。

洛阳在历史上是九朝古都，特别是这里有中国三大石窟之一的龙门石窟，因此闻名天下。此外，这里还有中国最古老的寺庙——白马寺、三国英雄关羽的头颅冢——关林等等，名胜繁多。

在洛阳出现了"面片"——我的记录本上有这样的记录，但是现在看起来又不像是面片。因为面片是一段段的，比较短，算不上长方形，但现在仔细看当时的照片，好像比面片更长了些。这大概是河南的烩面。"烩"是各种食材在一起酱煮的意思。

同从郑州来的河南旅游公司的孔德星总经理和张晓平副部长在洛阳会合后，我们计划第二天开始一起活动。

从洛阳向郑州前行的途中，路过白马寺的齐云塔，我们遇到一位奇特的老人家。老人脸庞消瘦，留着白花花的络腮胡须，一直盯着我看。开始我并没有在意，可他总是不离我眼前。不仅不离开，更有上前搭话的意思。因为语言不通，我就把河南本地人张晓平副部长叫过来，问他老人说了些什么。他答老人看我的面相说："面相很好，将来必成大器。""胡说吧！我都快五十的人了，还有什么将来！"我正准备走开，张晓平给了老人些钱。没什么特别的，只不过是看相。人前讲好话，被讲好话的这一方，心情也不会不好。

出了白马寺，我们直奔少林寺。因达摩大师曾在此修行而闻名的寺庙，也因少林武术而广为人知。寺庙境内的塔林最为精彩，多是牡丹节的缘故，大量的国内游客蜂拥而至，所以没能悠闲地参观，很是遗憾。

郑州的押面实演

从少林寺去郑州的途中，经过密县，有打虎亭汉墓。墓中残留壁画，因为是汉代壁画，弥足珍贵，但遗憾的是，因受潮而大面积破损了。大学主修美学的我深感痛心，希望能早早想出对策。

有赖河南旅游公司同僚的盛情，我在郑州得以观看特级面点师陈师傅（"师傅"是因某娴熟技能而格外受人尊敬的称呼）的抻面实演。"面点师"是指擅长烹饪的厨师另具的一种资质，即专门制作面类的技师，国家给予认证，特级是指持有某技能的最高等级。

陈师傅先展示了拉面（也叫抻面）中最具技术含量的龙须面的制作。顺带说一句，"须"是络腮胡须的意思。日本有些相关的书籍和电视节目把这种面称作"龙髭面"，"髭"的发音是 zī，也不符合音译的习惯。而且，髭仅指胡子，没有又细又长的意思，所以用这个字是不合适的。

制作龙须面，是将大块的面剂子对折的同时，拉抻两端，使之变细。对折一次拉抻而成了 2 根，再对折，就变成 4 根。不断反复，重复 10 次时，面就已经变成了 1 024 根，拉抻到这种程度时，面已经变得像丝线一样细密了。如此这般拉抻 12 次，面就应该变成了 4 096 根。最后展示时，面确确实实已经像蚕丝一样细了，太精彩了！

这样的龙须面在河南省、河北省很常见，与其说是面，称它为点心更贴切。面过细，一煮即化，所以以低温油炸之，撒上白糖，更像是甜点，人们也会把它放进汤里来吃。在糖醋鱼上覆盖油炸龙须面，这就是一道菜。当时我只知道它叫龙须面，后来调查了才知道，它好像也叫"鱼焙面"。《中国食物事典》（洪光柱主编，田中静一编著，柴田书店出版）上有记载，鱼焙面与山西刀削面、北京打卤面、广东伊府面、四川担担面被称为"中国五大名面"（五大名面的说法，好像中国人也不知晓。鱼焙面、打卤面和担担面根据面制作好后的样子而得名，而刀削面和伊府面则是根据其制作方法而得名的，所以我不能赞成将这五种面并列成"五大名面"）。

接着陈师傅又为我们制作了横截面或扁或圆的拉面。为了让我们能马上吃到嘴里，特意做成汤面，面有光泽，又筋道，很好吃，真不愧是特级面点师！

餐后，河南省旅游局副局长致谢，并向我颁发了河南省旅游局顾问证书，并不是真的要做什么顾问，我只是把它当作考察旅行的奖状来接受的。

‖ 陈师傅的抻面。面的制作方法
  同龙须面，只是抻的次数少。
  面富有色泽，好吃

‖ 特级面点师陈师傅的龙须面

‖ 鱼焙面（郑州）

制作龙须面在日本是无法得见的，所以回到北京后，我就考虑做个"日本人来北京，必吃北京烤鸭，必观抻面实演"的旅游项目，于是和昆仑饭店进行商谈，对方欣然接受。他们正好在计划向日本游客力推北京烤鸭。对日本人来讲，一提北京烤鸭，首先会想到"全聚德"，别的店家要推出烤鸭必要带些特色。昆仑饭店的面点师一样技术超群，我见过的最高纪录是抻了 14 回，面条应该达到了 16 384 根之多。据说最高纪录是抻了 15 回（32 768 根），我没有亲眼得见，不知是真是假。

古都开封

第二天，我们一行人奔赴 60 公里以外的开封。我第一次到访开封是在 1989 年 1 月，赶上了 30 年不遇的大雪。我记得当时住宿的东京大饭店停了电，黑暗中，以河南旅游公司的孔经理为首，王文佳副部长和张晓平副部长热情洋溢地向我提问："该如何发展河南的旅游业呢？"

那时虽然是第一次到访开封，但是我很快就感受到了这座城市的美好。不远处有黄河流过，城中有复原了宋代繁华街景的宋都一条街（现在称宋都御街），还有铁塔、相国寺、龙亭等历史遗迹。据说当地的夜市也非常有名，那天的积雪很厚，我们还是硬走到夜晚的街上。终究还是因为雪太大，只有稀稀拉拉几家店开着门。我琢磨，之前为什么一直没有机会来这个城市呢？如果从它自身原因考虑的话，或许是因为宣传不足和交通不便。

多亏了这次河南省的考察旅行，开封才得以广为日本人所知。从宋都一条街望向龙亭，我小声念叨着："真的很不错啊！"

这一切，恍如昨日。

石窟群之行：岐山面与荞麦面

1990 年 9 月

天水·固原·岐山·西安

由天水浆水面开始的旅程

我驻在北京负责中国旅行业务已经有十几年时间了，所以在中国各地有很多熟人、友人。他们来北京出差时都会到事务所坐坐，这时候我就能打听到地方独特的面条资讯。有时候通电话，我也会拜托他们："发现奇特的或者好吃的面，一定要通知我啊！"

就这样，我从甘肃省（兰州）旅行社的常立新那里得到消息，天水有种面，叫浆水面，恐怕在别的地方是吃不到的。在兰州，我吃过好吃的牛肉面，留下了美好的记忆，此外，1987 年走"三国线"时，偶然在天水和西安之间的岐山吃到岐山面，一度有过留下相关资料的想法。关于这个岐山面，日本的电视节目有过报道，我碰巧在家看到了（大概是 1988 年的事）。在看到电视节目之前

‖ 莫高窟（甘肃敦煌）

‖ 刘家峡水库

就听说过岐山面，真正吃到岐山面时，我却没有留下任何照片和资料，太遗憾了。于是，我决定把初次食面之旅的目的地定在甘肃省与陕西省之间。

去兰州的另外一个目的是看炳灵寺。作为佛教传播途径之一的丝绸之路穿过甘肃省，一路留下很多石窟、寺庙。中国三大石窟指甘肃的敦煌莫高窟、河南的洛阳龙门石窟、山西的大同云冈石窟。套用这种排列命名法，我设计了一个甘肃境内三大石窟之旅——敦煌莫高窟、天水麦积山石窟、永靖炳灵寺石窟。在那之前我没有去过炳灵寺石窟，要去那里，就必须乘船经过阻断黄河的刘家峡水库，黄河枯水期时还无法靠近石窟。那里不是想去就去得了的地方。

每年情况各有不同，去炳灵寺石窟的最佳时期是 7 月到 9 月，最后我决定 9 月出发。这时期水量适中，于是顺利抵达了炳灵寺。石窟一侧的码头建得很高，难怪水量少时船无法停靠。初见炳灵寺石窟，其造像雕刻超乎想象地精美，绝对称得上甘肃三大石窟之一。

在兰州找寻蓬灰

兰州的牛肉拉面闻名全中国，无论在哪里吃到都很美味。这次去了兰州最受欢迎的清香阁吃。尽管是一大早，已然满堂客。汤味就不用说了，特别是面，非常棒。据说和面时放了一种叫作"蓬灰"的碱性物质，使得面有了韧劲，作用等同于日本面里用的碱水。

我听说在兰州，即便普通百姓家里做面也会用到蓬灰，所以有店铺出售。我请求一定要去见识一下，结果被带到了兰州火车站前的市场——铁路局自由市场。这里的消费者多是等火车的旅客，卖食物、杂货的店铺比较多。蓬灰店在市场的最里面。因为叫蓬灰，所以我把它想象成了灰的样子，但它是石头般的硬块。不知情的人一定想象不到吧，它和面粉混在一起就能生出"面筋"，能使面的口感变好。它的样子很像日本旧时公共浴池用作燃料的褐炭（尚未完全炭化的次等煤炭）。

‖ 兰州清香阁

‖ 蓬灰

‖ 兰州牛肉拉面。清光绪年间回民马保子原创。马保子清汤牛肉面馆在第二代关张，但是如今已闻名中国，很受欢迎。据说兰州拉面的特点是一清（清汤）、二白（白萝卜）、三红（辣椒）、四绿（香菜、蒜苗等绿色菜）

Ⅲ 呱呱（甘肃天水）。呱呱是荞麦粉做的，浇汁食用，类似日本的烫荞麦面

Ⅲ 浆水面的面

Ⅲ 浆水面的蒜味汤汁

Ⅲ 浆水面的苦菜汤

Ⅲ 拌好的浆水面（甘肃天水）。浆水的意思不太清楚。面上浇韭菜和发酵过的苦菜（野芥子）汤汁。味道稍稍有些酸，几乎没有什么咸味

问过店家得知，蓬灰就是把蓬草进行干燥，然后挖个土洞，把干蓬草放进去燃烧，向草灰上洒水，放置，使它结成石头般的硬块。据说兰州北部的皋兰一带是产地，遗憾的是，我还没有见过蓬灰制作现场。

浆水面与石窟

兰州至天水间的铁路长 348 公里（至西安是 676 公里，天水正好在两地之间正中的位置）。夜车大概 8 小时到达。当时中国的火车票极其难买，特别是行驶距离较长的车次，如果想买途中一段区间的票，多半是买不到的。当时座席情况尚未实行电脑管控，所以长距离票优先。比如，兰州到西安的票就比到天水的票优先出售。如果列车终点是北京，那么到北京的票就优先出售。曾有过更坏的情况，去天水的人，只能买到西安的票，在天水下车，后半程只能全部废弃了。如果中途上车的话，票就更难买了，几乎是不可能买到的。即便如此，我们还是幸运地买到了到天水的票。

天水是秦的发祥地，古称秦州。我们在冠以此大名的秦州餐厅吃早餐，特地预约了浆水面。之所以要"特地"，是因为制作浆水面所需的材料——苦菜（野芥子）的叶子要事先发酵，准备工作需要很长时间。浆水面做好之前，天水名吃——呱呱被端了出来，也是一种面。这东西在日本叫"烫荞麦面"，但是，呱呱的吃法与日本的不同，是要拌上芝麻酱和辣椒酱来吃的。

接着，翘首以盼的浆水面登场了。为了我的这口面，做面的师傅特意从 3 天前就开始发酵苦菜做准备了，我一边感谢一边满怀期待地把第一口面送入口中，但是算不上是无与伦比的美味。我问："为什么会有药味？"答说："发酵过的苦菜本来就是治肝病的药。"

这是我第三次到访天水。

第一次来天水，去麦积山石窟，至今记忆尤深。

在中国，历史建筑内的佛像、壁画等一般都是禁止摄影的。我猜麦积山石窟恐怕也是这样的。可是石窟入口的工作人员命令我把照相机留下，这就让我来气了。大学专修美学美术史的我，这点自尊心还是有的，当然不想听他那一套，于是与他展开了以下对话。

"为什么不能带相机进去？"

"里面禁止拍摄。"

"禁止拍摄的是石窟内的佛像，拍摄石窟外面的景色是不被禁止的吧？！"

"相机不能带进去！"

"那我问你，禁止拍摄是为了什么？"

"这是文物保护的规则。"

"即使摄影了，不开闪光灯的话，文物是不会被摄坏的好吗？"

……如此斗了几句嘴，相机还是不让带进去，可是他对吸烟的行为却视而不见，这样的文物保护管理措施简直令人难以理解。我不禁期盼，能让懂得文物的人来管理文物，但转念一想，之所以有如此现状，可能是因为历史太过悠久，文物太过丰富吧。

那次没有去记忆深刻的麦积山石窟，计划看看散布在周围的至今还没到过的石窟，之后便出发去岐山。大致日程是早餐过后马上向北，翻过六盘山，去宁夏回族自治区固原的须弥山石窟，之后奔平凉，简直急行军一般。六盘山海拔将近 3 000 米，狭窄的山路要盘六圈才能到达山顶，由此得名。即便目前路面已被拓宽，但这仍是一条艰险之路。山上立着石碑，碑上刻着纪念红军翻越六盘山的词——《清平乐·六盘山》。没有能吃饭的地方，所以停下车来，吃由天水带来的以面包为主食的盒饭。正吃着，一阵狂风突然袭来，好端端的盒饭一下灌满了沙子。

须弥山石窟是北魏时期开始开凿的，因 20 米高的弥勒菩萨而闻名，此外还有北周时期的 8 个窟，无论建筑形式还是装饰风格都尤显珍贵。当天我宿在平凉，吃了手工面（类似日本的手打面）、生汆面（清汁清汤，面是较宽的面片）和龙须面（不是本地特色，在别的章节有详述，类似日本的挂面），却都不是有当地特色的面。

Ⅲ《清平乐·六盘山》中的六盘山

出乎意料的荞麦面

　　从平凉到岐山大概有200公里，半日即达，因平凉附近的泾川有王母宫石窟和南石窟寺，西峰有北石窟寺，所以我把岐山之行推后了一天，去参观这几座石窟。在那里，我遇到了意料之外的面。

　　我先去了王母宫石窟。这个窟是北魏时期开凿的，一个大窟中佛雕像分了3层，现存大约100尊。接下来要去南石窟寺，不料途中大桥垮塌，汽车无法通过。好不容易到了附近，如果不去看看，甚是可惜，于是我和周围人商量有没有别的办法，结果可以骑自行车去！于是我就跟招待所借了自行车。借到的自行车轮子要比日本一般的自行车轮子大一圈，车把也高，身高171公分的我蹬起来非常费劲。而且，抄近道时要在狭窄的田埂上骑行，非常不稳当。对面有农民牵牛过来的时候，我不知该如何躲避，结果一头扎进田里。大概骑了30分钟，终于到达南石窟寺。仅有一个窟开放，有北魏的交脚菩萨2尊，佛立像7

Ⅲ 垮塌的桥（西峰）

Ⅲ 北石窟寺（西峰）

Ⅲ 南石窟寺（泾川）

尊，都是精品，骑自行车的辛苦没有白费。

出乎意料的面是这一天吃午餐时发现的。我竟然看到了日本的荞麦面。怪不得无论六盘山还是须弥山石窟到平凉之间的地带，荞麦花竟相盛开。我还几次看到那附近的蜂箱，据说荞麦花酿的蜜是极具营养价值的。荞麦面在这里叫作"荞麦饸饹面"，但吃法与日本不同。吃法分冷、热两种，倒是与日本相同，但冷面不是像日本那样蘸汁吃，而是把面盛入碗中，把事先备好的调料按自己的喜好浇到面上，拌着吃。热面则要倒入另外的调味汤汁中来吃。虽然吃法各异，我却找到了日本荞麦面的源头。吃过荞麦面，从泾川开始，一路欣赏着黄土层、黄土高原的奇观，行车一个半小时，终于到达北石窟寺。这里的石窟是北魏时期开始开凿的，从南到北长约 120 米。这里也有交脚菩萨，还有描写佛陀本生传《舍身饲虎图》的浮雕，着实精彩。这个石窟尚未对外国人开放，我们被特批得以一见。这一天我住在西峰，一大早广播大喇叭就开始喧嚣，只留下了这一个印象。

再品岐山面

第二天，我正好在午餐时间抵达岐山招待所。1987 年我曾来过这里，这是令人怀念的地方。与那时相比，招待所基本没有什么变化。那时吃过的面非常美味，有本书对这种面做过介绍，但是错误地把岐山面写成了祁山面。祁山在渭水对岸，有名的五丈原在那里。土井晚翠曾在其长诗《星落秋风五丈原》里吟咏过五丈原："祁山风劲肃秋酣……"这个祁山和岐山的发音相同，所以被搞混了。

这次我事先把此行的目的告知了他们，从而得以参观手工面制面现场。岐山当地人管这种面叫"臊子面"，是因为给面调味时要用到猪肉和辣椒做的猪油状的臊子。吃法也非常独特，少量的面蘸一下碗中用鸡蛋、番茄、葱花和调味用的臊子做成的热汤汁，只吃面，不喝汤。同一碗汤中多次蘸面，吃几碗都行（有点像日本博多拉面的原汤加面）。唾液会混到汤中，所以也叫涎水面（也叫口水面。涎水的"涎"在陕西方言里的发音为 han）。味道酸辣融合，很香。一碗面的量很少，所以不一会儿我就吃进去5碗。岐山招待所也有荞麦饸饹面，吃法与泾川相同，但是酱料里没有大蒜和酱油。

离开岐山，我们顺路去了出土佛舍利的法门寺，所以到西安足足花了5个小时。如今通了高速公路，从西安出发去五丈原、法门寺，再去吃岐山面，当日即可往返。

Ⅲ 荞麦饸饹面的热汤（泾川）。饸饹是荞麦粉制成的，很容易让我
　想到日本凉着吃的荞麦面，这种面是要根据自己的口味加入盐、
　酱油、辣椒、蒜泥、醋，拌着吃。如果热着吃，就往里面加热
　汤。泾川的热汤是韭菜、番茄、葱、香菜、蒜、豆腐、胡萝卜，
　再加辣椒做成的

Ⅲ 荞麦饸饹面（泾川）

‖ 擀面

‖ 切面

‖ 岐山（臊子）面（岐山招待所）。对汤起决定性作用的臊子，酸与辣微妙混合，味道非常棒，但通常汤是不喝的

黄土高原：油泼面和抿节面

1991 年 5 月

西安·黄陵·延安·米脂·佳县·榆林

从西安到延安

　　在甘肃省的平凉意外吃到的荞麦饸饹面的饸饹指制面工具，其实该叫饸饹床。回到北京后，我在市内寻找这个家伙，但是怎么也找不到。在东大桥终于发现了一个，但是是铁制的，并非传统工具。正好那时候，我从西安旅行社的王一行那里得来消息，陕西省志丹县的饸饹面很有名。我看了下地图，志丹在被称作中国革命圣地的延安以西大约 100 公里的地方。

　　中日邦交正常化之前，我就玩命读过埃德加·斯诺、艾格尼丝·史沫特莱、冈瑟·斯坦因等人关于中国的著述，曾经想着一定要去延安看看。但愿那里仍然在使用木制的饸饹床，我在心里祈祷着。我计划从西安到延安，然后再向北，穿过陕西，去内蒙古自治区的包头看看。那是 1991 年 5 月，我与提供饸饹面消息的王一行同行。

西安是秦、汉、隋、唐等王朝的都城，是历史悠久的古都。众所周知，特别是隋、唐时期，西安被称作长安，日本遣隋使、遣唐使都对之后日本文化的形成和发展产生了巨大的影响。唐代遗迹，有与玄奘法师相关的大雁塔、小雁塔，说到与日本有关的遗迹，就有空海法师曾经学习过的青龙寺遗址，立有阿倍仲麻吕碑的兴庆公园，还有吉备真备纪念碑。西安不仅是十三个王朝的都城所在地，而且各朝皇帝陵墓不胜枚举。尤其是因兵马俑的发现而震惊世界的秦始皇陵、汉武帝的茂陵、唐高宗和武则天的合葬墓乾陵等，极负盛名。乾陵附近有我喜欢的酸汤面，这是在西安常常能吃到的面，但是因店家不同，面的味道也大不相同。只有乾陵酸汤面会用切得细碎的韭菜做添料。汤也有种奇妙的酸味，很是清爽，面条又细又筋道，特别好吃。

一到西安，王一行一番盛情，带我去了旅行社车队队长的家里，让我见识了陕西人常吃的油泼面的制作过程。"泼"是"浇、洒"的意思，所以油泼面就是在面上浇油。面是很一般的做法，即手抻、刀切后煮，但是吃法可能是日本人难以想象的。面上铺好生姜、生葱、芝麻碎、辣椒，然后浇上热油，正如面的名字一样，最后根据自己的喜好加些醋，就可以吃了。这对于吃惯汤面的日本人来讲也许有些难以接受。

延安大概在西安的正北方向，距离西安 350 公里。我们计划在黄帝陵所在地——黄陵县的轩辕宾馆吃午饭。途中，没想到会在耀县（今耀州区）药王山石刻和计划外的铜川耀州窑遗址多花了很长时间，抵达轩辕宾馆时已经很晚了，餐厅里一个人都没有，大门紧闭。与宾馆确认得知，只能预定明天。对我来说，这样的结果太棒了，我就有机会去外面的大众餐厅找面吃啦！本来轩辕宾馆餐厅的门口就贴着，营业时间从 12 点到 12 点 30 分，只有 30 分钟时间，我们到时已经将近下午 2 点了，想来即便预定不出差错，能不能吃上饭也仍是个问题。

我们走进一家名叫夜来香酒家的餐厅。这里的年轻女服务员特别亲切，热情高涨地为我们推荐，结果我们点了一桌子吃不完的菜。因这里的厨师是四川人，所以酸汤面里放了辣椒，味道奇特，与乾陵那儿的迥然不同。

‖ 铁制饸饹床

‖ 酸汤面（乾陵餐厅）。配料只用了韭菜，非常清爽。汤味微酸

‖ 油泼面（西安）。煮好的面上放生葱、生姜、芝麻碎、辣椒，浇上热油来吃，通常是宽面

‖ 酸汤面（黄陵夜来香酒家）。大师傅是四川人，用了辣椒，更接近酸辣面

‖ 夜来香酒家亲切的女服务员

黄帝轩辕，被认为是中华民族的祖先，是传说中的人物。黄帝陵周围，古老的松柏郁郁葱葱，如此浓绿的山丘真是少见。据说自古以来人们就在这里祭祀黄帝，似乎让人能够感觉到，黄帝是真实存在的。

延安面宴

我去延安的目的本是寻觅一张木制的饸饹床，所以早早结束了延安旅行社安排的宴会，飞奔到街上。的确，很多餐馆都打着饸饹面的招牌。带有"志丹"字样的饸饹面馆中，"志丹荞麦饸饹馆""荞麦饸饹·志丹陕北风味餐厅"的招牌尤其引人注目。

进店去找饸饹床，第一家的是铁制的，第二家的家伙令我眼前一亮。木制的，大概用了几十年吧，一张黝黑黝黑的饸饹床。没准以前的大人物都吃过它压出的饸饹！我一边想，一边迅速点了一份羊肉荞麦饸饹。看着很脏的一家店，很脏的饸饹床，但是做出的面，却是带着羊肉咸香口感的精品。

在街上溜达时，我第一次看见"炝锅面"的字样，所以看了饸饹床之后，我准备去吃吃看。一般的面，汤是汤，面是面，分别制作，但是这个炝锅面的特点，是把面和经油炒过的食材一起倒入汤中炖，面溶进汤里变得黏糊糊的。

延安是中国革命的圣地。我便趁机参观了王家坪、枣园、凤凰山、杨家岭4处革命旧址。

延安附近的黄土高原上，有一种从黄土层的侧面挖进去，叫窑洞的民居。简单说，这就是穴居，虽常常和贫穷联系到一起，但是并非绝对如此。窑洞是长期和恶劣的自然条件做斗争的人类智慧的体现，具有冬暖夏凉的特性。

似乎有种趋势，越是贫穷的地方，面的种类就会越多。我想这是因为食物短缺，所以对于种出的谷物怎样才能最大限度地发挥美味，不断试验得出的结果。

延安旅行社的人考虑到我对面很感兴趣，当天中午，就在被称作"延安的标志"的宝塔下面的聚仙楼饭庄举办了面宴，菜单如下：

面拌洋芋擦擦（面里混有土豆粉）

荞面饸饹（饸饹床做出的荞麦面）

荞面疙瘩（荞麦面做出的豆状物）

揪面片（用手揪出的扁平状面）

杂面（小麦粉里混有豌豆粉制成的面）

杂荞面（荞麦面里混有其他各种作物的粉制成的面）

面条（手擀、刀切，即切面）

抻面（手抻面）

从黄土高原到美人乡

从延安继续向北，这一天计划的住宿地是佳县，距延安约280公里，所以也没能优哉游哉地享受特意为我准备的面宴。而且这地方正处于黄土高原的中心地带，车速快不起来。这黄土高原，无论何时看，什么角度看，都会呈现不可思议的地形。通常从地表看上去，或一马平川，或平缓上行，可突然在眼前就会出现垂直的深谷。坐在车上也会感觉到，好像刚刚还走在平地上，却突然变成了山根，接着又上了山腰，一时间完全忘了自己究竟身在何处。"勤耕乃是登天梯"，这是自古以来以耕种为生的黄土高原农民生活的鲜活写照。黄土高原，在中国也被称为"黄土高坡"。陕西省北部（所谓陕北）的一首民歌就以此为歌名，常会听到。

歌的开头是"我家住在黄土高坡，大风从坡上刮过"，曲调节奏感很强，在中国广为传唱。我到北京后学会的第一首中文歌就是这个。

看中国旅游地图就会发现，有个叫绥德的地方，秦始皇的长子——被称为"倒霉皇太子"的扶苏，还有辅佐他的蒙恬将军的墓，都在那里。我一边看着时间，一边和陪我来的王一行一起寻找那两座墓。令我惊讶的是，当地人都不知道墓在何处。问了十几个人之后才终于得见的扶苏墓孤矗在荒郊野外，无人问津。很多人大概都不感兴趣吧。蒙恬将军墓与扶苏墓隔河相对。

在到佳县之前，我还想看一个地方，那就是米脂的盘龙山。那里是明末农

Ⅲ 木饸饹床（延安）

Ⅲ 羊肉荞面饸饹（延安志丹陕北风味餐厅）

Ⅲ 炝锅面（延安青年餐厅）

‖ 制作疙瘩

‖ 荞面疙瘩（延安聚仙楼饭庄）。
通常疙瘩是没有凹陷的。浇上
稍显黏稠的汤来吃。疙瘩就着
汤吃比较少见

‖ 抻面（延安聚仙楼饭庄）

民起义军首领李自成的出生地，当时建有行宫，建筑规模宏大，外观华丽（现在是李自成纪念馆）。北京的北郊也有一座李自成的铜像。

在米脂，还有一件事绝不能忘——米脂是举世闻名的美人乡。中国四大美人，按时代顺序来说，有春秋的西施、汉时的王昭君、三国的貂蝉、唐代的杨贵妃，据说貂蝉的故乡就是米脂。与美人的子孙们相遇多好啊，如此期待着，我走在街上东张西望，到头来还是没有机会遇上。也是啊，貂蝉本来就是《三国演义》里虚构出来的人物。在中国逗留期间，我倒是偶然有机会看到一档叫作"美人之乡·米脂"的电视节目。节目中有美人子孙的镜头，米脂当地的男播音员表情严肃，煞是认真地解说：之所以自貂蝉开始，米脂多出美人，是因为无定河水和以这一带出产的粟为原料的食物，使她们的肌肤白皙滑润。

到佳县可能会有些晚了，所以我们决定在米脂招待所吃饭。我想吃点简单的，想着如果有当地人常吃的面，就点一份，结果端上来的是荞麦粉做的煎饼（荞麦粉糊摊在铁板上烤的）和带汤的荞麦面，面里放了难得一见的红薯叶子，但是面的味道让人不敢恭维。

偶逢白云观庙会

抵达佳县已是晚上 10 点多了，夜里看不清周边的情形，等天亮了我才看见黄河就在身边流淌而过。站在黄河岸边的断崖上远眺香炉峰，人间奇景，异常壮观。即使前一天很晚才到，仍然能感觉到街上有很多人。原来，正赶上这里的道教庙宇——白云观的庙会。

这座白云观每年农历四月一日至十日会有祭拜活动，这天正好赶上。要想到达山顶的道观，就必须从黄河岸边开始攀登超过 300 级的台阶。即便如此，来参拜的人还是如此之多，令人震惊。台阶两边甚至还有身有残疾的乞丐。看来白云观曾经给残障人士带来过很多帮助吧。

中午，我第一次见到抿节面。在延安见到的是饸饹床，而这种面是用抿节床（很像日本的擦板）做出来的。饸饹床针对有硬度、没韧性的面，而抿节床用于制作无法拉抻的面，使之柔软。把面剂子放在抿节床上使劲一搓，面就掉

Ⅲ 香炉峰（佳县）

Ⅲ 白云观（佳县）

Ⅲ 抿节床

Ⅲ 抿节面（佳县招待所）。使用抿节床制成的面。
也叫"擦尖"，这里用的是小麦粉和豌豆粉

进下面的汤锅里。这种面是由小麦粉和豌豆粉混合在一起制作而成的杂面。延安面宴上的"面拌洋芋擦擦"也是用抿节床做出来的。这种面要加各种料来吃，但味道并不出色。

从佳县进入榆林境内，风景巨变。黄土高原一下子变成了无垠沙漠。榆林有明长城经过，有名为"镇北台"的要塞，镇守北疆。登上被修复的镇北台，我看到风化成土块的长城和一片沙漠。这里是绿化沙漠变农田的有名之地，还有红石峡等名胜。但从道路、交通、住宿设施等方面考虑，这里何时才会出现日本游客的身影呢……越过长城，沿沙漠之路向北，就是内蒙古自治区了，路况变得越发地恶劣。

面的故乡：豆面、莜面和红面

1991 年 7 月

大同·五台山·太原·平遥

山西省的面

1991 年 6 月 7 日的《朝日新闻晚报》上刊登了一篇题为"现今中国山西省风云急·面的三国志"的报道。内容援引了山西省的地方报《山西日报》的一篇报道，讲的是人们常说"面是山西的好""山西是面的故乡"，可在山西省内，四川省的担担面和甘肃省兰州市的小拉面（在兰州不加"小"字，就叫拉面，山西一般宽面居多，所以把相对细小的兰州拉面称为小拉面）的馆子层出不穷，很受山西人欢迎，山西省的老面店也面临着经营的压力……报道把三省的面的食客争夺战比作三国志，真是有趣。

我先来描述一下当时的北京有关日文报刊的情形，前一天的日文晚报和当天的日文早报会在晚上 8 点左右同时抵达北京。日本航空担任运输工作，如果当天没有东京到北京的航班的话，就会再推迟一日，这样6月7日的晚报，最早也要6月8日的晚上才能看到。但是这仅限于海外期刊普及会会员。而且在北京买日本报纸，价钱是日本当地的五倍。

报道登出不久，山西省旅行社的彭江川就联系我，说是自7月下旬大概一个月的时间，将开展五台山旅游节的活动，想邀请我参加活动的开幕式。从1990年开始，中国各地名为"××节"的活动渐渐多起来，我经常收到各地的邀请信，但是我并不想积极参加。

原因有几个：首先，这类活动一定会有宴会，我不大喜好的吃食会摆一大桌子；其次，必须忍耐各地领导长篇大论的演说。但是媒体报道不断，而且毕竟是面的故乡——山西省，所以我决定在活动开始之前去看看。

另外还有一点，我一直对只要一提起山西省就会说到的刀削面很感兴趣。一大块面顶在头顶，两边贴附，两手各持一刀，把面削落进锅里。我记得以前在日本的电视节目里见过，想着这次一定要拍到真人的照片，所以就拜托彭江川一定要帮我找到那样的人。

五台山的豆面和莜面

山西省以五台山为最，佛教遗迹众多。大同的云冈石窟就是其中之一，与敦煌莫高窟、洛阳龙门石窟并称为中国三大石窟，佛造像十分精美。

特别是由北魏时期的高僧昙曜建造的昙曜五窟最为精彩。这里曾被用作以鉴真和尚为题材的电影——《天平之甍》的外景地，所以看过电影的人一定会一下子想起来。此外，大同还有全中国最著名的三个九龙壁之一（另外两个在北京的故宫博物院和北海公园）。

此地拥有如此精彩的旅游资源，可是来的日本游客并不多。交通不便是致命原因，即便大同离北京的铁路距离算是很近了，区区350公里。从北京到大同要坐夜车，但车次很少，软卧票很难得到保证。另外还有一个原因，大同的煤炭储量丰富，是当地重要的经济来源，所以市政府不太重视旅游业，没有倾注什么精力在酒店、餐馆等旅游设施上，非常遗憾。

夜车一早到达大同。我在火车站前放眼望去，正如《山西日报》报道的那样，果然小拉面的馆子最引人注目。因为午餐要和旅行社管理层一起吃，所以我没能专门去找面。午餐时我勉为其难地要尝尝面，结果上了一碗面片。制作方法复杂，面很厚，更像是面疙瘩。这天，我们看了应县木塔、恒山悬空寺，住宿在沙河。

第二天 11 点左右，我们到达了中国四大佛教名山（另外三处是四川省峨眉山、浙江省普陀山、安徽省九华山）之一的五台山。五台山最高峰海拔 3 061.1 米，我们的宾馆所在地台怀镇海拔也有 2 000 米以上了，所以我很担心天气。不出所料，到达台怀镇之前下了一阵雨。我所到之处为什么总会多雨？ 1980 年我到年降水量只有 30 毫米的敦煌时，居然下了雨。我是"雨男"，中文好像管这叫"龙王"。

这五台山有供奉龙王的万佛阁，先去拜一拜。不敢肯定是不是因为遣唐僧圆仁很早就在《入唐求法巡礼行记》中将五台山介绍到了日本，日本很多寺庙都与这里的同名，比如金阁寺、龙泉寺、竹林寺、南禅寺、佛光寺等。

午餐前，在五台山中心地带（相当于日本的门前町）闲游散步，发现了两种面。

一种是类似路边摊的小店（交运小吃店）的豆面。我马上和彭江川进入店中，观摩了从和面到成面的整个制作过程。豆面，面如其名，原料中有豆子。按豆粉 30%、小麦粉 70% 的比例混合，和出的面很硬，要用擀面杖擀，再切。店主老张告诉我，此地小麦粉比较金贵，不是轻易能吃到的，因此用此地多产的豆粉和面为食。

制面过程中，我提了各种问题，老张问彭江川："这人干啥的？"彭答："日本专门研究面的专家。"到该付账时，老张却不收钱。于是，我硬留下 10 元，出了店铺。这面本身可能超不过 1 元钱，但是能了解从面粉开始的整个制作过程的价值已经远远超出一份面的价钱了。

另一种是莜面，是莜麦粉做出的面。比起小麦，好像这地方种植的更多是莜麦。在食物匮乏的过去，莜面十分扛饿，所以很受体力劳动者的欢迎。俗话

Ⅲ 大同火车站前

Ⅲ 面片（大同红旗大酒家）。好像用的是刀削面的生面做出的面片。非常筋道，像面疙瘩，也许因为是
回族吃食，不放猪肉

‖ 豆面（传统形态）

‖ 豆面（如今常见的形态）

‖ 五台山交运小吃店店主张宪玉师傅

‖ 莜面栲栳栳

‖ 莜面栲栳栳（加了蘸汁）。栲栳栳，
不知何意。做莜面的原料是莜麦，
在山西、内蒙古自治区很常见，因
为黏性差，所以在和面时要用开水，
是蒸着吃的。不太好消化，所以很
扛饿

说，"三十里莜面，四十里糕，十里的豆面饿断腰"（吃一顿莜面能走 30 里，吃年糕能撑 40 里，吃一碗豆面还没等走完 10 里就饿得腰要断了）。

在日本，莜面被当作燕麦的一种，与小麦不同，它没什么黏性，所以和面时如果不用开水，就会干巴巴的。而且这面也抻不动，要么用饸饹床，要么蒸着吃，五台山有道名吃叫"莜面栲栳栳"，就是蒸着吃的。制作莜面栲栳栳，先要把面压成小饺子皮那样，然后用食指"提溜"一卷，就得了。谈不上有多好吃，但是光观看这个制作过程就很开心了。

太原的红面和方便面

第二天，大概是参拜了供奉着龙王的万佛阁的缘故吧，天气特别好。到太原大概 250 公里。途中在忻州吃午饭，在那里，红面上了桌。红面的原料是高粱。我知道高粱是酿酒的原料，特别是贵州省的茅台酒，但是从来没听说过高粱能做成面。因为高粱粉颜色微微泛红，所以面被称作红面。和小麦粉混合做成的面，就叫"合面"。和莜面一样，用蒸笼蒸着吃。

山西省省会太原市内有崇善寺、双塔寺等古寺，与之相比，位于郊外的晋祠、天龙山石窟、玄中寺等似乎知名度更高。特别是 60 公里外的玄中寺（现属吕梁市交城县），作为净土宗的祖庭——善导大师之寺，日本净土宗信徒多有到访。

太原毕竟是面的故乡、山西省的中心，夜幕降临，满是摊档的食品街变得喧嚣无比。《山西日报》报道过的兰州小拉面、四川担担面的小馆也不少，与其说山西面被它们挤压，倒不如说三者之间相互映衬，愈加显得兴旺。这条食品街上有家实验饭店（正式名为"太原市厨师训练班"），为那些立志成为山西代表性面点技师的人提供实习的机会，在这里可以无限制观赏刀削面、猫耳朵、剔尖等的实操表演。

酒店的早餐我基本不吃。我在日本时的早餐也以面为主，所以每逢住酒店，吃早餐之前，我必在酒店周边转悠转悠，去找找有没有能吃面的地方。找不到的话，再回酒店吃早餐。这回在山西大酒店四周溜达，居然有"方便面"的字样映入眼帘。

方便面相当于日本的即食拉面。仔细一看，原来是把即食拉面放锅里煮了来吃，很简单，只是多加一个鸡蛋，1 元钱一份。即食拉面在市面上大概两毛钱一份，一个鸡蛋大概也是两毛钱，最后每份面大概赚 5 毛钱。这样的面生意，我在中国其他地方从没见过。面的故乡！太原的方便面摊！这让我觉得非常有趣，可我并没有吃。

平遥的城墙和刀拨面

这一天，我们要从太原去 90 公里开外的平遥。平遥有明洪武年间建造的城墙，基本按原形保留至今，城里的一部分民居也依然可以寻到明代旧影，是现存的珍贵史料。

特别要说一说这城墙，除北京外，中国各地的城墙基本被拆除殆尽，现在仅存江苏省的南京、辽宁省的兴城，还有陕西省的西安等几处，都是珍贵的遗迹。太原至平遥的途中，有个叫祁县的小城，残留着很多清代的民居，张艺谋导演在那里拍摄了《大红灯笼高高挂》。

平遥民居虽然已成为珍贵史料，但家家户户门窗歪斜，屋顶杂草丛生，下水设施不完备，住在这里的居民恐怕很难会有好心情吧。我心生同情，缓慢移步，在一家叫林江饭店的略显昏暗的小馆子里看到"刀拨面"几个字，赶紧要了一份。切面环节中，师傅左右两手同握一把大刀，面放在身前，从远身一端向身体一侧切过来，刀拨面由此得名。我吃到的是炒过的面，也有就着汤来吃的。

山西面的趣处在于观赏

太原的最后一餐仍是面，老字号晋阳饭店。拜托彭江川去找头顶着面往锅里削的人，万分期待，结果却没能找到，有些失望。当天晚上碰巧与日本东京电视台的摄制组同席，我猜他们会不会是来拍头上功夫的，可他们却是来拍倒立喝啤酒的奇人的，并当面给我看了那个绝活儿。在晋阳饭店，我要了剔尖、

‖ 红面（忻州）。以高粱为原料做成的面，高粱面粉略显红色，因此称之为红面。这种面与莜面一样缺乏黏性，所以是蒸着吃的

‖ 太原食品街

‖ 食品街上的四川凉面店

‖ 实验饭店里制作刀削面

‖ 太原街上卖方便面的摊档

Ⅲ 平遥的城墙

Ⅲ 刀拨面（平遥）。山西省、陕西省等地常见的制面方法。既可做成汤面，也可做成炒面，我在平遥吃
　的是炒面

刀拨面、猫耳朵、刀削面4种面。多亏了彭江川，我得以在后厨观摩了每种面的做法。"剔尖"的剔，是"抠、挖"的意思。用尖尖的筷子把装在容器中的软塌塌的面拨到开水锅里。落入汤锅中的面就像鱼儿在水中跳跃，所以又叫"拨鱼子"。刀拨面和平遥的制作方法相同，在这里做成了汤面。制作猫耳朵的面很硬，切成细碎的小块儿，再用大拇指一捻，就好了，通常是炒着吃的。面的形状像猫耳朵，因此得名。制作刀削面，要把硬邦邦的面团抱在怀中，一刀刀削出去，技艺娴熟的师傅无论削多少次，每次面飞出去的距离都是一致的。面是用高筋面粉制作的，不用和太多水，做出的面非常有嚼头。

但是说到味道，山西的面对我而言不是特别惊艳。和中国人聊起面，对方一定会说面是山西的好，但是在我看来，观赏山西面的制作过程趣味盎然，可吃起来并没有多么了不得。也许是一味保持传统的缘故，但如果继续保持如此味道的话，恐怕真要被方便面、小拉面和担担面淘汰呢。

那么，山西省是面的故乡吗？这里的小麦产量并不高，所以我觉得它不能算是白面的故乡吧。倒是应该算是莜面、豆面和红面的故乡！这是我今后将深入研究的课题。

‖ 猫耳朵（忻州）。生面先切成丁，再用拇指一
　捻。表面的齿状痕迹是按在草帽上形成的，通
　常是炒着吃的

‖ 刀拨面的切法（太原晋阳饭店）

‖ 猫耳朵的制作方法（太原晋阳饭店）

‖ 剔尖（拨鱼子）。较硬的面做刀削面，较软的面
　做剔尖。用一根筷子把面削入锅中，面入锅时
　好似鱼儿跳跃，因此得名

‖ 刀削面。最具山西特色的面。用刀把较硬的生
　面削入锅中，面非常筋道，多做成卤面，闻名
　全中国

丝绸之路：黄面和拉条子

1991 年 10 月

兰州·敦煌·柳园·吐鲁番

观敦煌

我第一次知道敦煌，是学生时代在井上靖的小说《敦煌》里。敦煌是中国境内我非常爱的地方之一。说我立志从事中国旅行事业的初衷是渴望见到敦煌的莫高窟，也并不为过。当然，学生时代读过的丝路探险故事中有关斯坦因、海德因及大谷探险队的部分也对我产生过巨大的影响，但真正令我对敦煌生出近乎憧憬的情感的，终归算是井上靖的小说《敦煌》。

我第一次探访敦煌，是在 1979 年 6 月。那时的敦煌尚未对日本人开放，中方计划 1980 年对日开放，正式开放前，中方先接待旅游业相关人员。我那次去，也是以此为契机。现在当地已经有了机场，顺利的话，从日本出发的第二天就能到达敦煌。但是当时的状况是敦煌没有机场，从日本出发，先要在北京住一晚，第二天在兰州住一晚，之后从兰州乘火车30个小时，在离敦煌最近的柳园火车站下车，再换乘汽车走大约3个小时，相当于从日本出发后的第四天才能最终抵达敦煌。

至今仍记得，正因为如此艰辛，坐在车中的我在远远看到被绿色包围的莫高窟大雄宝殿时，异常感动，不觉间已热泪盈眶。参观莫高窟通常分上下午进行，中间要回招待所吃午饭。但那时的我觉得浪费了中午的时间实在可惜，就在吃早餐时从招待所带3个馒头出来，这样中午就不用回去了。莫高窟的代表性建筑是挂着巨大风铎的大雄宝殿，旁边有台阶，那时候顺台阶而上，可以爬到莫高窟的顶上。大雄宝殿咫尺眼前，远处三危山连绵不绝，偶尔传来风铎的妙音，如幻梦一般的美好时光。

那次旅行途中，自兰州出发我们便与一个法国旅行团同乘一车。我用磕磕巴巴的英语与对方聊天后得知，他们是一个法国农民旅行团，令我吃惊的是他们好像并不清楚自己要去哪里，更加令我震惊的是，他们居然也去了莫高窟。那次我回到北京，就对中国国际旅行社的管理层提出疑问："日本的教师、与美术相关的工作者对敦煌莫高窟是多么渴望，却不被许可参观，然而，对敦煌一无所知的法国人却能自由出入，这到底是为什么？"与敦煌莫高窟相关的问题，我绝对没有理由保持沉默。

第二年（1980年），敦煌接待了数个日本旅行团，我得以再次造访敦煌。这一次，我们遭遇了洪峰，住宿的招待所被大水冲毁，这之后整整一年我没能再访敦煌。敦煌再次开放，是在1982年。

这一次，我想再去看看久违的敦煌。想再见莫高窟，那是一定的，但是另一个目的，是见识一下敦煌的黄面和吐鲁番的拉条子。丝绸之路上，像敦煌、吐鲁番这样著名的绿洲以小麦粉制品为主食。丝绸之路有很大可能是面类传播的道路。

面条西传？

1991年10月，我向着敦煌出发了。这次再访敦煌，是带着妻子一起去的。

‖ 莫高窟（敦煌）

‖ 莫高窟大雄宝殿。檐角上有风铎，左侧有台阶，可达鸣沙山

我想让妻子也一起欣赏一下莫高窟的壁画和周边的戈壁风景。那时从西安到敦煌已经有了航班，但去敦煌只能从兰州飞。兰州有好吃的牛肉拉面，这次在兰州我又发现了干拌面，把它当作早餐。餐馆门口写着"清真"，这大概是回族或维吾尔族的面食。面的粗细和日本的乌冬面差不多（这就是拉条子），和预先做好的浇头搅和在一起吃。吃法很像日本的意大利面。可见，不只是丝绸，面类也跟着一起沿着这条路向西，一直传播到了罗马。

顺带说几句，日本《读卖新闻》1993 年 10 月 6 日上登载的一文中提到，在某次研讨会上，人类学教授石毛直道先生曾阐述："中国的面条传播到中亚波斯文化圈，后又经过阿拉伯文化圈传播至意大利的西西里岛，这一假说是成立的。这与中国诞生的造纸术西传途径是一致的，这是我们在思考这一历史背景时，具有很高合理性的假说。"文中还补充道："但是意大利人并不接受这一说法"。

Ⅲ 干拌面（兰州）。从甘肃省到新疆维吾尔自治区都很受欢迎。面和菜拌在一起吃。拌菜的材料因地区、店家不同而不同，但是新疆维吾尔自治区基本上以羊肉为基础。面会用拉条子或黄面等，有时只称之为拌面

三危山麓的阿弥陀佛

敦煌的名胜，非莫高窟莫属。莫高窟也叫千佛洞，现在保存完好的有492个窟，早先曾有1 000个窟以上。保存完好的492个窟，不仅每个窟都遗存着壁画、佛造像，而且大量的洞窟内保留着色泽鲜艳的绘画，因此被称作"大漠画廊"。风中卷着流沙和脆弱的岩石，在如此恶劣的自然环境中，仅仅能保存下来这些，就足以令人称奇了。

这莫高窟是何时开始开凿的，为什么会在此开凿，都尚无定论。有个比较公认的说法是：公元336年，僧人乐尊到达鸣沙山时，发现了三危山麓的金色光辉，开始开凿岩壁，修造佛龛。莫高窟朝向东方——太阳升起的方向，三危山山脊起伏绵延。也许正是三危山上升起的太阳，才使其更显庄严、神圣。

乘车由敦煌向西安、嘉峪关方向行进时，看到被雨水侵蚀后呈现出不可思议地形地貌的三危山，我似乎看到了无数阿弥陀佛正襟危坐在山麓。我武断地猜测，这种独特的地形，不失为在敦煌开凿莫高窟的缘由之一吧。

敦煌的另一处名胜是巨大的沙丘——鸣沙山。在莫高窟一定要一边听讲解一边参观，但鸣沙山是个不用预先储备任何知识，也可以全身心放松地游玩之地。走在又细腻又干净的沙丘上，我快乐得仿佛又回到了童年时光。早晚时分影子投射在沙丘上的景色最为精彩。

敦煌家庭中的黄面

敦煌旅行社的人得知我对面抱有兴趣，就先在太阳能宾馆为我安排了拉条子的实操表演。据说敦煌降雨量几乎为零，宾馆利用太阳能可以供给全馆所需热水。这里拉条子的做法与新疆维吾尔自治区的做法（后面会讲到）迥异。两手抻面，与河北及河南地区的龙须面如出一辙，但是最后步骤是把面的一头固定在案子上，继续抻另一头，成品如日本的挂面一样细。

我们住宿在敦煌宾馆，吃了用拉条子做的炸酱面。这种面也很像意大利面。这也使我对"丝绸之路即面之路"的认知更加深刻了起来。

敦煌有一种面的粗细与日本乌冬面差不多，微微泛黄，叫作"黄面"。微微

Ⅲ 三危山

Ⅲ 鸣沙山（敦煌）

泛黄是因为和面时用了碱水。黄面煮好以后什么都不浇，像吃米饭那样就着菜吃，或把炒好的菜盖在面上来吃。这种使用了碱的面，非常有嚼头，好吃!

第二天中午，我们去敦煌宾馆副经理张克发家里吃现做的黄面。张副经理的太太好像是持有一级厨师资格证的。时间关系，到张家时，面已抻好，摆放在案子上，没能看到制作面剂子的步骤。这面一煮就发黄。原料是小麦粉、盐、碱粉。我把装着碱的瓶子拿过来看，上面写着化学符号。这种面在这里并不叫黄面，而被叫作碱面，果然是掺了碱的面。

这里碱面的吃法很有趣，在用豆腐、木耳、番茄、葱、猪肉做好的汤里，根据个人喜好再加适量的醋和辣椒，然后用煮好的面蘸着吃。在日本，这叫蘸汁面。时间紧迫，没能好好享用张太太特意为我们做的面，太遗憾了，接着匆匆奔向了柳园火车站。

从敦煌街区到最近的柳园火车站大概要两个小时，我最爱这途中的景色。出了敦煌绿洲，就是荒漠连接着戈壁，人迹全无。偶尔只有挂着西藏牌照的卡车擦身而过。在日本，沙漠戈壁，通常是连作一个词来说的，可在当地人看来，戈壁和沙漠是两回事。戈壁不是沙，是指碎石、瓦砾。在这条路上，戈壁因时变换，呈现出红戈壁、黑戈壁、草滩、风蚀地貌等不同地形，不时生出龙卷风和海市蜃楼……与日本迥异的自然风光令我百看不厌。

我们的车按计划到达柳园火车站，可火车并没来，据说晚点 3 小时。柳园火车站前只有四五家小餐馆，再多走 5 分钟就会马上步入戈壁中。我们只得干点什么来打发时间，于是乘车返回了来时那条路，去看看古代丝绸之路上这条路与连接着哈密、吐鲁番的道路的交汇点。那附近有大面积的黑戈壁，我要仔细看看那些颗粒的本来面目。黑戈壁其实就是由细小尖利的碎石构成，细碎的石子将地面表层染成黑色，形成了抗拒植物生长的凄凉景观。

再次回到柳园火车站，时间还有富余，没辙，只得在站前溜达，其间我发现一家叫云中饭店的餐馆的带菜面，叫了一碗，看起来很像兰州的干拌面，又类似日本的乌冬面。煮过后，浇上盐和酱油炒过的蔬菜（土豆、白菜、油菜），带菜面是面和菜和在一起的意思。

Ⅲ 敦煌太阳能宾馆制作拉条子

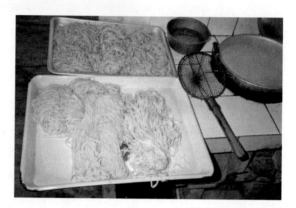

Ⅲ 张先生家的碱面（敦煌）

Ⅲ 带菜面（柳园）。制作方法同干拌面，但是没有用肉

拉条子才是真正的长寿面

在吐鲁番，我想早早地去自由市场见识一下拉条子。可妻子毕竟是第一次来吐鲁番，所以还是先陪她例行观光。吐鲁番自古以来就是丝绸之路天山以南的要冲，可看的地方非常多。历史遗迹中，有高昌国遗址，即玄奘曾逗留过的高昌故城；车师国都城遗迹，即交河故城；因壁画而知名的汉墓，即阿斯塔纳古墓；还有柏孜克里克千佛洞，等等。自然景观中，有《西游记》中有名的火焰山，而且这里是中国海拔最低的盆地，只有154米，所以酷热无比。

这里本来就和北京有2小时以上的时差，但中国统一使用北京时间，所以这里的午饭在下午2点以后，晚饭在8点以后吃。利用晚饭前的时间，我去了自由市场。我看到通风良好的山坡上建有红砖棚架，用于晾晒葡萄干。从酒店到自由市场的路边也有葡萄干棚架，风景独特。

自由市场无所不有。在汉族聚居地叫自由市场，而这里是维吾尔族地区，所以叫"巴扎"才特色鲜明吧。货品中最引人注目的是医疗用品和调料，还有烤羊肉串之类的小吃，也少不了特产葡萄干。在这里，我的目标拉条子也随处可见。这里的拉条子很是有趣。点过单之后，一个盖着揩布的大铝盆被端了上来，揭开揩布，面剂子像条蛇一样盘在盆里。左手抓起面的一头，右手一抻，扔在案板上，粗细合适的面就生成了，够一人份时，右手掐断面剂子，把面扔进沸水中。如此一来，拉条子就是完整的一根。中国各地庆祝生日时，要吃比较长的面，即所谓的"长寿面"，说吐鲁番的面才是长寿面，真是再恰当不过了。

拉条子煮过后，浇上羊肉（说到新疆维吾尔自治区内的肉，基本指羊肉），做成拌面（可能叫它带菜面也可以）。我虽没有贸然亲测，但是等回到酒店再吃拉条子时，我实测了一下，果真是长长的、完整的一根。

新疆维吾尔自治区的主食除了拉条子，还有馕，是用小麦粉烤制而成的食物。除了馕，早餐里还经常出现油炸拉条子而成的馓子，还有油饼之类的小麦粉制品。我想，面也好，饼也好，对于行走在丝绸之路上的商队来讲，小麦粉制成的主食是再方便不过的了。丝绸之路也是小麦粉之路吧。在中国，所有小

Ⅲ 吐鲁番绿洲宾馆的拉条子。日本制作素面时也会把生面盘成盘蛇状，但是制作拉条子，是在食客点单后，拉起面剂子的一端，用两手把面抻成合适的粗细。如图所示，面很长，是真正的长寿面，通常做成拌面来吃

Ⅲ 早餐里的馓子

麦粉制品都被称为面食，所以称丝绸之路为面食的道路——"面之路"，也许很正确吧。新疆维吾尔自治区博物馆里就展示着云吞、饺子等点心化石，我在最后的部分会写到。

妻子对包括拉面在内的所有面食，绝对谈不上喜好。可是初访丝绸之路的妻子却在旅行相册中这样注释，令我深感意外：

"此次旅行确确实实随处可见筋道美味的面，有炒面风、意面风、拉面风、米饭风各种风格的面。"

両种不可思议の面：宮面和酸汤子

1991 年 6 月·1993 年 6 月

保定·安国·藁城·兴城·锦州·沈阳·辽阳

北京周边的名胜

　　《人民中国》是一份在中国发行的日文杂志，其有关面的特辑（1991 年 5 月号）中曾刊载过我闻所未闻的两种面：大刀面和宫面。我决定先去看看宫面是怎么回事。

　　宫面的出产地是藁城，查看了一下地图，在河北省省会石家庄以东 20 公里的地方。地图上的河北省呈现出奇特的形状，环绕着直辖市北京和天津，但北京和天津之间还包裹着一块河北省的辖区。因此由北京到天津新港（塘沽）的京塘高速上，中途有一段要经过河北省。

　　从北京驱车去藁城，经过卢沟桥（旧桥已不让车辆通行，所以要通过新桥）向西南方向，还要经过涿县（今涿州市）、保定、安国等地。直线距离不到 300

Ⅲ 中山国所在地满城县（今满城区）

Ⅲ 白洋淀。华北地区稀有的水乡

公里，所以中途住一晚足矣，但是想顺路看看保定附近满城县（今满城区）的汉墓，还有白洋淀景区，于是决定在保定、石家庄各住一晚。而且，从北京进入河北马上就会通过的涿县是《三国志》中"桃园三结义"的发生地，附近的易县还有包括雍正皇帝墓在内的西陵。

如此说来，河北省内清代遗迹甚多。东部的遵化有东陵，康熙帝、乾隆帝还有慈禧都长眠在那里；北部的承德有清代的行宫避暑山庄，大概是因为离北京的故宫、颐和园太近，所以日本游客几乎不会去这些地方。另外，是不是因为交通不便呢，长期驻在北京的日本人中没听说过这些地方的大有人在。其实，每一处都值得看一看。

前往满城县的汉墓，驱车从保定出发，大概需要 40 分钟。汉墓是多石灰岩的山中挖掘建造的横穴式墓，是《三国志》里的重要人物刘备的祖先西汉中山靖王刘胜与其妻的墓葬，这里出土了完整的金缕玉衣，非常有名。1981 年，日本东京国立博物馆曾举办过中山王国文物展，展出的就是这个汉墓出土的文物，当时在日本引起很大反响。现在，金缕玉衣的实物保存在河北博物院。如今来到这里，看到这一带被群山包围的地形，就很能理解当时的中山国是如何发展自己独特文化的了。

白洋淀是中国北方宝贵的水乡，由大小 90 多个湖泊组成，水道纵横交错，可以乘小船游览。这里的荷花很是漂亮，每年 7 月下旬中国各地的人纷纷来此地赏花。我去时是 6 月下旬，荷花只零零散散开了一些，有些遗憾。另外，这里有人饲养鸬鹚捕鱼，还有可以参观饲养鸬鹚的小船。

从保定到藁城

第二天，我们从保定出发。计划途中到四大中草药集散地之一的安国，去看看中草药市场、药王庙等，最好中午能到藁城，午餐吃宫面。可是，中途遭遇堵车，耽搁了将近一个小时，经过安国到达一个叫深泽的村镇时，已是正午，我们只好在小摊儿上吃午饭。

这个小摊儿卖干杂面和用铁饸饹床压出的饸饹面。驻在北京之后，考虑到卫生问题，我尽量不在纯粹的小摊儿（特别是农村的小摊子）上吃东西。到了外地吃东西时，我也会先确认这家店有无上下水设施，然后再决定吃与不吃，也尽量选择提供一次性筷子的店家。而深泽这儿的小摊儿完全不具备上述条件。

这种时候，我往往会把筷子伸进煮面的汤锅里煮过之后才开始吃。所谓杂面，是指小麦粉里掺上其他谷物的粉制成的面，深泽这个小摊儿掺的是荞麦粉。

我们到达藁城的宫面加工厂时，已经过了下午1点，正是午休时间。我们使出惯用手段："我们是从日本大老远特地跑来的……"于是，工厂的人就把成品拿给我们看。接着，我们就原地站着聊起了宫面。据工厂的吴师傅讲，工厂创建于1966年，出产的宫面也会出口到日本。宫面的原料除小麦粉、鸡蛋、盐，还有菱角淀粉，这是宫面的特殊之处。5月下旬到8月期间，因为天气太热，会短暂停产。而我们来访时正值6月，即便没有赶上午休，要参观车间也是不行的。接着说到宫面的最大特色，每根细细的面都是中空的，以日本为代表的外国团体经常来参观，但是这项技术作为企业秘密，是不对外宣讲的。

《人民中国》杂志对于宫面做了如下讲解。

> 河北省藁城的宫面如头发丝一样细，却像意面一样是中空的。秘密在于，首先，当地出产的小麦粉富含蛋白质，其次，工艺独特。把面剂子捏成条柱状，中间按出一道凹槽，里面抹上油，薄薄撒一层面粉，再加水揉捏，然后抻出的面就是中空的了。明代开始进贡宫廷，因此得名宫面。

简言之，宫面是利用了面粉无论怎么拉抻都能很好地保持原状这一特性。面剂子捏成条柱状时断面是圆形的，无论拉抻到多么纤细，断面仍然保持圆形。断面如果是三角形，始终就会保持三角形。面剂子做成中空的，那么无论拉抻到何种程度，面都会继续保持中空。

我们得到了制成的样品，于是到附近的餐厅加工一下。工厂的吴师傅随行，叫餐厅的人给我们做了肉丝汤面。等面的工夫，我抽出一根面伸到茶水里对着

Ⅲ 干宫面。这一根根的面都是中空的，取一根面插入茶水中吹起，真的能吹出泡泡

Ⅲ 宫面做的肉丝汤面（藁城白楼餐厅）。面是中空的，汤很快被吸干了

顶端吹了一口气，果真，茶水咕嘟咕嘟冒泡了。面的确是中空的。无论多细，都是中空的，不可思议！

据说这种面很受欢迎，因为面是中空的，更容易吸收汤汁，所以吃起来更美味。但是，面端上来后，汤很快就被面吸没了，吃起来感觉像是被拉长的挂面，并不是特别合我的口味。吃罢宫面，我们途经石家庄，参观了隆兴寺和新建的荣国府，便回了北京。回来之后我就琢磨，剩下的宫面该怎么做才更好吃呢，于是试着做成像日本素面那样的冷面，味道可比肉丝汤面好太多了。

找寻酸汤面

另一种不可思议的面是酸汤子。晚上在住所准备晚餐时，我看到电视节目里奇妙的场景——双手一握，一根面条就出来了。耳听为虚，眼见为实，我的脑子里只剩了"东北"和"酸汤面"两个词。于是我马上向东北地区（黑龙江省、吉林省、辽宁省）的旅行社咨询手工制作酸汤面的情况，无一例外，都回答："不知道。"

那段时间，我正在协助北京国际广播电视局的李顺然先生制作一档向日本介绍中国旅游的节目，每月去局里录音一次。我向李先生提及此事，李先生就在局里四处帮我打听，结果得知，这个节目的负责人王民君的姐姐好像就会做这种面，于是我决定马上去探访一番。那位姐姐住在辽阳，所以我就和王民君相约在辽阳火车站见面。当然，交通费由我来承担。特意去辽宁省，当然不仅仅为了面，还想顺便去看看城墙尚存的兴城和锦州。

从兴城到辽阳

1993 年 6 月，我乘夜行列车去兴城。第二天一大早 5 点 18 分抵达兴城火车站。沈阳来的老朋友、现在担任旅行社总经理的李国庆开着红色的福特车来接我，从这里开始，锦州—沈阳—辽阳—大连，一路随行。到达兴城时间尚早，酒店里的早餐还没开始，所以我们便去兴海公园消磨一下时间，一进去就看到挂着"河南手抻面""郑州烩面"条幅的小摊儿已经开张了。

‖ 连通笔架山的天桥

‖ 兴城宁远卫城

我心想，河南省的面在辽宁省会受欢迎吗？结果发现，制作方法非常有趣。面剂子被抻得又扁又长，纵向断裂开来就会变细，然后水煮。第一次看到如此不可思议的制面方法（后来才知道，这就是所谓的"抻面"）。

兴城有 70 摄氏度的温泉水涌出，所以建了很多保健所、疗养院。早餐后，我们去参观宁远卫城，就是现在的县城，现存的少数几个古城（仅有的西安、南京、平遥、兴城）之一，保留着瓮城（城门处向外突出的或圆或方的小城）。

从兴城到锦州的途中，我们遇到了意想不到的风景——笔架山！离海岸约 1.6 公里的小岛，形状像笔架，因此得名，退潮后会出现一条道路，可以沿道路走到笔架山。这条道路看上去就像通天之桥，因此被称为"天桥"，是锦州八景之一。我之前从未听说过此名胜，所以事先并没有查看退潮的时间，但幸运的是，看到了通天之桥的美景。下次争取看到没有架起天桥时的景色。

在锦州吃早餐，端上来的是带汤的热汤面，还有炸酱面，两者都太常见了，味道也不怎么样。

锦州有辽沈战役纪念馆，四周墙壁上展示着 360 度环绕绘画。

沈阳不仅是东北的工业中心，也是清代的发祥地，有沈阳故宫、东陵（第一代皇帝努尔哈赤陵）、北陵（第二代皇帝皇太极陵）等，值得一览的历史遗迹众多。我跟王民君约好 11 点 30 分在辽阳火车站见，所以只重游了久违的沈阳故宫，便急急忙忙地奔向了辽阳。

去看酸汤子

王民君的姐姐叫王亚新，住在离车站 15 分钟车程的普通住宅区。从王亚新女士那里最先得知的是以下三点：我在寻找的酸汤面可能是我听错了，正确名称应该是"酸汤子"；而且，这种面的原料并非小麦粉，而是玉米粉；名字里之所以用到"酸"字，是因为要把玉米粉发酵，从而生出酸味。

做这种面是要做些必要的准备工作的，王亚新女士为了给我做这种面，特意从几天前就开始准备了。制作方法如下：

Ⅲ 酸汤子（辽阳）。原料为玉米，使用叫"碴子"的工具挤压而成，真是不可思议的制作方法。味酸，就菜吃

　　玉米粉加水和成团状；

　　放入热水后再加水进行发酵（据说夏天需要两天，冬天需要一周）；

　　再加玉米粉反复揉。

　　左手大拇指套上叫作"碴子"的金属物，右手挤压面，使之通过碴子掉进锅中。

　　手中生出一根面掉落进锅里，简直就像变魔术，跟我在电视里看到的一模一样。玉米粉有白、黄两种，中国人好像偏爱黄色的那种。在锅里煮10分钟左右，酸汤子就可以出锅了，代替米饭就着菜吃。玉米面馒头被称作窝窝头，常被用作难吃食物的代名词，但同是玉米面，一旦被做成细长的面条，就口感很好，出奇地好吃。我想大概是发酵过的缘故吧。顺带提一句，发酵程度的不同会导致味道的巨变。概因如此，在餐厅里很难吃到这种面，基本没人会去做。

辽阳，耸立着称得上是城市地标的白塔。这是距今约 800 年的金代建筑，完整地保留着旧时风貌，对于曾经居住于此的人们来讲，这是多么令人眷恋的地方啊！

吃到了酸汤子，目标达成，告别了王民君，我和李国庆驱车沿高速公路向大连驶去。

寻觅韩城大刀面

《人民中国》与另外两份杂志——《北京周报》《中国画报》并行，通常被称作"中国三志"。与《北京周报》和《中国画报》相比，我更喜欢读《人民中国》，因为那上面大幅刊登与旅行相关的信息，非常有参考价值。特别是那些外国人无法涉足或者对外国人尚未开放的城市的信息，相当珍贵。《人民中国》上有个连载，叫作"中国文化之根"，1991 年 5 月号里就刊载了有关面的内容。

面的原料——小麦的历史、面条的历史，还有面条的种类等，那里面简洁清晰地介绍了整整 4 页内容，还有两种我从没听说过的面。一种是我上文亲眼得见的河北省藁城的宫面，另一种则是陕西省韩城的大刀面。我对大刀面的故乡韩城很感兴趣，所以决定去看一看。为什么我会对韩城如此感兴趣呢？只因

《人民中国》有文章介绍说，那里是《史记》作者司马迁的故乡。

学生时代，我非常爱看中岛敦的小说，如《山月记》《弟子》《李陵》等，尤其喜爱中国题材的作品，其中给我印象最深的是《李陵》。一想起李陵当时的处境，我就感觉憋闷得喘不过气来。比这个更强烈的是，我能感受到不惧汉武帝的强权，敢于为李陵辩护，由此触怒龙颜而遭受宫刑的司马迁的强大的人格魅力。

我准备从西安开车去韩城，所以早早地和西安的王一行取得了联系。《人民中国》的报道称大刀面在中国非常有名云云，可是王一行说他从没听说过。

"关中八大怪"之裤带面

我先到达西安，在咸阳的泰宝宾馆解决午饭，点了酸汤面，但是这里的面与乾陵的完全不同，味道厚重油腻，吃到一半我就放弃了。进入西安市区，透过车窗我看到"兰州牛肉冷热拉面"的字样，所以叫车停下来。热汤汁本是兰州拉面的一大特征，但是时值夏日，拉面冷吃可能是新开发出来的。我想尝一尝，但是忘了事先叮嘱店家不要放香菜，结果面里混了香菜，导致我没能尝新。

见来到西安的我点了两回面都不满意，王一行说请我去他家吃裤带面，据说这种面在陕西省非常有名（既然如此有名，我来往西安这么多次，为什么不早些告诉我呢？）。

西安所处的陕西省有着被称为"关中八大怪"的8个有趣的风俗习惯。其中之一是"面条像裤带"（面条像裤带那样又宽又长）这种说法，裤带面好像是陕西省最具代表性的面。

制作裤带面，擀面可是个非同小可的体力活。要把面擀成一大张，像馄饨皮一样薄。面成型后下水煮，出锅后，拌入另外做好的料汁。这是陕西省独特的料汁，由辣椒、盐、酱油、醋混制而成。可辛苦做的面，味道并不出色。"关中八大怪"还有"辣子算道菜"的说法，听说有的陕西人只用辣椒拌面吃。顺便说说另外六大怪，如下。

- 锅盔像锅盖
- 房子半边盖
- 帕帕头上戴
- 板凳不坐蹲起来
- 唱戏吼起来
- 姑娘不对外

这些都是过去流传的说法，也许现在已发生了变化，"关中八大怪"的三条有关食物的说法还是很有意思的。

第二天一早，我在回民街的餐厅吃了陕西名吃，并非面，是羊肉泡馍，吃过之后就向韩城出发了。所谓泡馍，就是把馍用手掰成碎块，再放进调好味的汤汁中，据说这是老人家喜爱的食物。掰馍很费时间，而且会掰得手指酸疼，

‖ 裤带面（西安）。"关中八大怪"之一，西安最具代表性的宽面。汁里只有辣椒、盐、酱油、醋，恐怕不合日本人口味

老人家却乐此不疲。要我说，这汤汁里如果放进面条，那才更胜一筹呢！

从西安到大荔、澄城、合阳

　　从西安到韩城大概 240 公里。慢慢走的话，天黑之前也能到，所以途中我可以去搜索一下小城市的面。住在西安的王一行连韩城的大刀面都没听说过，恐怕还有更多的面不为他所知。

　　车，穿过东郊——这是来西安的游人必到之地，向东北方向驶去。这里有因唐玄宗和杨玉环的罗曼史而闻名的华清池，有秦始皇陵，还有被称为"世纪大发现"的兵马俑的博物馆等。这一次，抛开这一切，我们任凭车向远方驶去。

　　我们大约用了两个半小时到达大荔市。车停在市中心最繁华热闹的地段，我们询问当地人："你们这里的人最爱吃什么面？"得知是炉齿面，我从来没听说过这种面，于是赶紧去找卖炉齿面的餐厅。炉齿面是先把面擀成薄薄的一大张，这跟裤带面差不多，不同的是，用刀在面片上划出一道道口子，两头并不切断，就这样直接下锅煮。这种面的形状很像炉子底部的铁箅子，因此得名。

　　从大荔到澄城大约 1 小时。市中心的小摊子和自由市场都集中在一起，我们去逛了逛，发现一个摊位上挂着"旋面"的招牌。这种面是小麦粉和其他的谷物粉掺杂在一起做成的，面很硬。吃法非常简单，煮好的面上浇上汁，撒上葱花。大概是因为不好消化，同面一起上了一碗面汤，中国人认为面汤有助于消化。"旋"字，是"滴溜溜转"的意思，大概是因为面刚出锅时的样子而起的名字。这种面不好吃。

　　午餐时间，我们刚好到了合阳，这里有种叫"页面"的面。吃法和旋面基本相同，只是面的原料用了荞麦面。味道比旋面更劣一等。

　　已过下午 2 点，我们到了韩城。把行李放到酒店（确切地说是市招待所），我们便赶紧去了司马迁祠。据传，祠堂建于晋代，建在看得见风景的高台之上。这里供奉着司马迁，他为李陵辩护而获罪，被施以宫刑，却背负着如此奇耻大辱，完成了《史记》的编写，成就了一大壮举，我怀着无比崇敬的心情祭拜了一番。

‖ 炉齿面（大荔）

‖ 旋面（澄城）。小麦粉里掺了豆粉的杂面，很硬。面上只放葱花，浇汁来吃，还附赠面汤

‖ 页面（合阳）。荞麦制成的，吃法同旋面。不明白为什么叫页面，"页"与"叶"同音，也许和面色有关系

寻找大刀面

傍晚，我们去韩城的闹市寻找大刀面。本想着很容易就能找到，可是问过几家餐馆，都说不知道。甚至有一家餐馆回复："没听说过呀，该不会是和刀削面弄混了吧？"刚开始寻找时，天光尚亮，此时日已西沉，却终于有了些眉目。我们在一家刀削面店里听说"有个人没准儿知道，但是他现在已经不开店了"。他们给了我这个人的地址。

我和王一行喜出望外地找了去，可主人不在家。女主人说："他去亲戚家了，你们明天早晨再来。"但我们第二天早上必须离开韩城到三门峡去，没有时间过来了。三门峡是黄河游览的中心地带，明天要出席黄河旅游活动的开幕式。王一行继续纠缠不休："这位是为了调研大刀面特意从日本赶来的，可不可以从亲戚家把您家先生叫回来？"结果，真的叫了回来。

等了一个钟头，七十好几的老先生回来了，讲起话来滔滔不绝。简而言之，步骤如下。

"一次和 5 公斤左右的小麦粉，做出面剂子，用三根擀面杖（两根约 80 公分长的，和另一根稍短的）把面擀成片儿，然后把面片儿折几折，用大刀切。大刀，长约 70 公分，高约 20 公分，一头固定，单手下按切面。"

我问现如今还有没有能吃到这种面的餐馆，答："1949 年前有，现在已经没有了。"问老爷子能不能做给我们尝尝，哪怕第二天早晨也行，答："做不了，眼前没有那个家伙呀。"这就没办法了。深深谢过之后就回转了。韩城的大刀面，终成梦幻。

第二天因为准备去散步时确定的一家餐馆去吃，就取消了酒店的早餐。那并非韩城特有的面，只是我想吃带汤的面，于是走进了一家叫永康牛肉拉面馆的小店。此店不提供一次性筷子，所以我把筷子伸进煮沸的面汤里消了毒。

可是！这家的牛肉拉面惊到我了，居然比我在兰州当地吃到的更好吃！特别是面，很有嚼头。我想面一定是用了碱水的，于是通过王一行翻译，希望去看看后厨，但是没有得到同意。我讲明来意："我是从日本来的专门研究面的专家，迄今为止吃过的所有的面里，你们家的最好吃！所以想拍个照。"终于得到首肯。过后听王一行说，店家看我拿着相机，所以怀疑我是卫生局的人。

顺带说几句，如果有人问我中国哪里的面最好吃，我的回答里一定会有韩城的牛肉拉面。去那里时是1992年，如今已经过去了这么长时间。身处巨变中的中国，那家面馆也许已经不复存在了，但我真的好想再来一碗那种面！

渡过黄河到三门峡

吃过了意想不到的面，我们便向三门峡出发。从韩城所属的陕西省，在禹门口渡过架在黄河上的铁桥，就进入了山西省。传说这禹门口是大禹治水时开凿的，这周边曾经有大规模的建筑群，但是现在什么都没有了。禹门口还有另一个名字叫龙门，取自鲤鱼跃龙门的故事。鲤鱼逆流而上，跃过龙门就会化身为龙。这就是"登龙门"这一说法的出处。从龙门逆行65公里，再经石门，就可以到黄河上唯一的瀑布——壶口瀑布，可这时还没有直通的道路。

到三门峡之前必须再一次渡黄河。横跨黄河的崭新的大桥已经完工，如今去三门峡，车可以直接从桥上通过。可是，当时（1992年）还是要靠轮渡的。从禹门口到轮渡码头茅津渡之间，到处可见黄土高原独特的风景，还有窑洞，值得一看。

顺便提一下，通常游览的话，乘渡轮之前，可以先参观一下山西省运城市解州的关帝庙和盐池、芮城的永乐宫，也不错。解州是三国英雄关羽的故乡，这里的关帝庙是很珍贵的文化遗存。盐池自汉代以来就是天下闻名的盐产地，有盐水湖。传说中的道教八仙之一的吕洞宾的出生地——永乐宫，至今遗留着元代的壁画，色彩丰富，堪称中国绘画史上的杰作。关帝庙、盐池、永乐宫，早前我都已经参观过，所以这次直接向三门峡而去。

从茅津渡到河南省的会兴渡乘渡轮。这一段河道宽阔，河水清澈，呈现出蓝色，不是黄河特有的黄色。这是因为，下游10公里处修建了三门峡大坝，阻断河水的流动进行储水，从冬到春，水中富含的细沙沉淀了下来。

到了三门峡市里后，我去酒店附近的自由市场看了看，那里有面向购物顾客的食品街。三门峡好像古称陕州，"陕州拉面""陕州砂锅面"等带着陕州字样

Ⅲ 禹门口铁桥

Ⅲ 解州关帝庙

Ⅲ 岐山大刀铡面的大刀。在韩城没能找到大刀面，1996年4月在西安发现岐山大刀铡面。我想韩城的大刀应该与此相同吧

Ⅲ 牛肉拉面（韩城）。面筋道，软硬合适，汤味足，好吃到令人心生感激的面，特意没有放香菜，尤为感激

的面很多。我抢在晚宴之前赶紧来了一份陕州砂锅面尝尝。

耿耿于怀的大刀面

第二天，我出席了黄河旅游开幕式的活动，之后坐火车回到北京，但是对大刀面的事一直耿耿于怀。于是，我重读了一遍《人民中国》。

"充分揉过小麦粉面团后，用擀面杖擀成薄薄的一大片，然后折起来用刀切，这就是切面。在《史记》作者司马迁的故乡陕西省韩城，男人们用巨大的擀面杖把面块擀成薄片，再动用长1米、重10公斤的大刀，把面片切成面条，这就是'大刀面'。"（这好像是前文讲到的岐山面）

把现实中已经不存在的东西描述得却像还存在似的，我无论如何不能接受，于是把事情的原委告诉了当时正在合作的北京国际广播电视局日本部部长李顺然先生。李先生刚好认识《人民中国》出版方编辑负责人杨哲三先生，就把我的意见转达了过去。

基于此缘，后来我的文章《中国寻面之旅：探访面的故乡》（中国麺行脚、麺の故里を訪ねる）得以在《人民中国》上发表（目前为止，我可以证实的是，大刀面存在于陕西省岐山和河南省兰考）。

三峡游与冒牌『热干面』

1992 年 6 月

三峡·重庆·武汉

三峡热

如今听到"长江"这种叫法，我已经不会感到有什么奇怪了。上学时日本的学校教的是"扬子江"，所以我第一次听到"长江"这个词时，感到非常诧异。更有趣的是，一直都说这条江全长 5 800 公里，可是现如今却变成了 6 387 公里，长了 500 多公里！500 多公里，比日本第一河流信浓川还长。

这一年（1997 年），长江三峡游船成了热门。这是因为建设中的三峡大坝将在 11 月完成截流，至时将有一部分景观消失，还是因为前年（1995 年）NHK（日本放送协会）播放的《大地之子》最后出现的三峡的镜头太深入人心了，抑或是因为去年（1996 年）NHK 卫星直播了三峡的景观……也许是所有这些缘由，总之参加三峡游的日本游客骤多起来。

我第一次游三峡是 12 年前（1985 年）的事情了。那时候乘的船，可不是现在 NHK 播放的豪华观光船，而是定期从重庆开往武汉的运输船"东方红号"。客舱划分由二等到六等，即便二等，也是分上下铺的六人一舱，淋浴、厕所之类的，客舱里肯定是没有的。六等舱就是个大房间。那时候外国人的船票费用要高一些，所以预约时会有些优先权，即便如此，也很难拿到二等舱的票，经常被分配到三等舱（八人一舱）。而且，这艘船可不是观光船，是兼运货物的定期船，根本不能中途下船游览，只作为交通工具为中国人上下船方便而在中途码头停靠。即便如此，为了能欣赏三峡美景，他们会特意调整时间，尽量在白天通过三峡，这是他们的服务精神所在。

　　我就是在这样的背景下第一次游了三峡，可我对周边的名胜古迹仍旧一无所知。但是，四天三晚的航旅，让我越来越深地感受到了长江这条大河的魅力所在，成为我永久的记忆。这条非同一般的大河，对于日本人来讲是完全未知的。难怪有传闻说，看惯了这条大河的中国人看着日本的濑户内海说："都说日本没有大河，原来还是有的啊！"

　　那时我感慨万千，长江有着它特有的吸引力，将来肯定会有很多日本游客到来吧，但同时我也想到了，船是最大的问题。就这样，我乘坐观光船，再一次游览了三峡。那是 1992 年 6 月的事。

重庆的担担面

　　三峡游的起点是重庆。据说这个城市过去东西长达 360 公里，换作日本的话，这是从东京到名古屋的全长，所以从城市的标准来看，也许有些奇特（现在的重庆，与北京、上海、天津一样，变成了直辖市）。

　　重庆也叫山城，是长江和嘉陵江交汇处的两边发展起来的山地城市。所以它是中国稀有的街巷中基本见不到自行车的城市。近代，国民党曾迁都此，于是有了张治中公馆桂园、八路军办事处旧址红岩村、周恩来公馆曾家岩 50 号等，还有国民党的监狱渣滓洞、白公馆等历史遗迹（这些都被详细收录在中国革命文学杰作——《红岩》里）。

四川省的面里，担担面最出色、最有名。过去这种面是挑着担子来卖的，由此得名。味道也因地域不同而不同。日本的担担面是带汤的，只注重辣。四川当地的担担面是没有汤的，面的下面有少量酱汁（辣椒、花椒、油做的），搅拌在一起，是拌面。如果这面里没有四川特产——芽菜，那就不能算正宗。

重庆的假日酒店附近的小苑饭庄的担担面，太正宗了。面一入口，辣椒的辣和花椒的麻混合在一起弥漫开来，持久不散。在重庆，无论吃什么面都一定要放花椒，所以，和面一起上桌的往往还有一碗骨头汤。我第一次见，还以为是面汤，其实不是，是猪棒骨煮的汤（在日本叫作豚骨汤）。

在四川省，馄饨被叫作抄手（四川方言里"双手合捧"的意思），这抄手很好吃。小苑饭庄当然也有抄手。四川人最爱的辣抄手叫"红油抄手"，不辣的就叫"清汤抄手"。抄手皮入口即化，无论辣与不辣，都好吃。

重庆名吃，不是面，是火锅。重庆的火锅，爆辣的汤里不光涮些肉、鱼、

Ⅲ 担担面（重庆小苑饭庄）。据传是自贡市的行脚商人陈包包于 1841 年创始的。担着担子，一头是火炉，另一头是面和调料，边做边卖，由此得名。地区不同，有的面里只放辣椒、油和少许盐

蔬菜，还有家畜的内脏，只要是能涮的，都拿来涮。夏日里，哗哗地淌着汗吃着火锅，过后是意想不到的清爽。与过去的爆辣锅不同，最近，一边辣一边不辣的鸳鸯火锅更受欢迎。不辣的那一边是鸡汤，熬出了精华，放入荞麦面或挂面，美味无比。

三峡游：瞿塘峡、巫峡

普通的三峡游船是早晨从重庆的码头出发。重庆处在长江主流和嘉陵江的交汇处，两条河流的水有温差，所以经常起雾。这就是重庆又叫雾都的缘由。

我们出发的那天也有雾。我们乘的船是"峨眉号"，因中国四大佛教圣地之一的位于四川省的名山——峨眉山而得名。全部客舱都是两人间，人在舱内就可以欣赏风景。舱内有淋浴、厕所，和上一次的定期运输船之旅相比，真乃云泥之别。

第一站，在丰都下船。早晨8点起航，因为大雾延迟了30分钟，下午2点20分抵达丰都。这里也被称作鬼城，是中国人想象中的死后世界，特别是对地狱的描绘，非常有趣。我印象很深的是，这与在1980年日本歌手佐田雅志制作的纪录片《长江》里第一次见到的鬼城相比变得鲜亮了许多。

我在丰都发现了三鲜砂锅面。砂锅就是日本的土锅，和锅烧乌冬面的意思差不多吧。面是挂面，鸡汤和砂锅生出的热气让人感觉到这种面的美味。三鲜指三种新鲜的食材——肉、空心菜和香菇。

游船从丰都出发，晚上10点30分停靠在万县，为的是天明之后再通过三峡。在万县（今万州区）也可以下船，但是天太黑，什么都看不见。一大早，船就启动了，正好在吃罢早饭时进入三峡的第一段——瞿塘峡。瞿塘峡的经典景观是夔门的巨大山体，十分震撼，但遗憾的是这艘船不经过瞿塘峡入口处的白帝城。《三国志》中重要的场景——刘备为关张复仇而战，结果败北，痛心之余将儿子刘禅托付给诸葛孔明之后咽气，就发生在白帝城；因为李白的诗《早发白帝城》，这里也广为人知。一定要去看看。

过了白帝城，就是风箱峡，在这里可以看到悬棺。船离得太远，所以只有

‖ 鬼城丰都

‖ 三峡瞿塘峡

‖ 三鲜砂锅面（丰都）。船停靠在丰都时吃到的。砂锅里直接放入肉、空心菜、香菇。面是挂面，汤是鸳鸯火锅不辣一边的味道，很不错

‖ 阳春面（三峡游船"峨眉号"）。 为船上80名游客提供的面，只有葱花，挂面做的

用望远镜才能看到。"峨眉号"停靠在巫山，可以换小船进入小三峡游览。长江主流显现红、茶、黄三色的混合色，有的地方沉寂，有的地方有漩涡，还有的地方卷起波浪滚滚流动，但是小三峡更像是日本的清流，呈现蓝色，水浅，但流速快。中国人惊叹于这股清流，欢声笑语，可对于日本人来讲，这是司空见惯的川流（不是河流）。水流湍急，逆流而上，缓缓推进，再次回到大船时，已经过了下午3点。

观光船再次起航，很快进入三峡的第二段——巫峡。在巫峡可以欣赏巫山十二峰的美景，其中神女峰最是漂亮。一过巫峡，船就要从四川省进入湖北省了，停在了秭归。船餐提供的面非常糟糕。满满一大锅挂面（日本叫素面），只撒了些葱花，说是上海风味的阳春面（也叫清汤面），可是一股脑做出全船乘客（约80人）的量，肯定好吃不到哪儿去。看着就没有食欲，可是同行的中国人毫无怨言地在吃，我打心里唏嘘不已。

停靠在秭归的当夜有娱乐活动，我们欣赏了民族歌舞。秭归是楚国身兼要职的忧国诗人屈原的故乡，所以在这里有参观屈原纪念馆和观看纪念屈原的赛龙舟的日程，但是由于水量，临时取消了。

三峡游：西陵峡、葛洲坝大坝

第二天，进入三峡的最后一段——西陵峡。这是三峡中最长的一段，两岸群山不是很高，乍一看，感觉是在平稳的峡谷航行，其实这一段多暗礁、沙洲，很多地段水流滞急。西陵峡两边的地形变得柔和，船的右手边可以看到据说是诸葛亮修建的黄陵庙，马上要靠近葛洲坝大坝了（在能看到黄陵庙的前10分钟的地段叫三斗坪，当时新的大坝正在施工，如火如荼。新大坝建成后，秭归的水位会上升到屈原祠入口处，而黄陵庙地处大坝的下游，所以不会受到影响，保持现状）。

通过葛洲坝闸门时我很开心，这是在日本根本无法体验到的。闸门两边有巨大的水位差，向下游去时就要在闸门内把船周围的水泄掉，要使水位线与下游的持平，之后，打开闸门，船驶出。向上游去，则反之，向闸门内注水升高

‖ 西陵峡

‖ 葛洲坝闸门

‖ 阳春面（荆州）

水位，船通过。向下游去时，眼见着船身一点点下降，是因为闸门四周墙壁在上升才感知到的，太有趣了。但是，因为有了"东方红号"那时的经验，我在葛洲坝之前的南津关下了"峨眉号"游船。

三峡的游船从宜昌开始还要航行一天多的时间才能到达武汉。这一段的长江进入平原地带，水流平稳、河道宽阔。经过荆沙市（今荆州市）、岳阳、赤壁，穿过武汉长江大桥到达栈桥。

这段航程我在"东方红号"上经历过了，所以这次在南津关下船，游览一下三国遗迹，然后由陆路去武汉。我先去了离宜昌60公里左右的当阳。这里有赵云单骑救下刘备的儿子阿斗（后来的刘禅）的长坂坡，还有埋葬着关羽的关陵。此外，向西110公里处的沙市（现荆州市沙市区），有关羽曾经守卫过的荆州城（现属荆州市荆州区）。

在荆州吃了阳春面，像是米饭的替代品一样，谈不上好吃。问荆州的旅行社的人："荆州有什么好吃的面吗？"答："荆州是鱼米之乡，没有好吃的面。"（直至今天，我才发现那是骗人的。）

从沙市到武汉大概220公里，开车要5个小时（这是1997年的事。现在武汉和宜昌之间开通了高速公路，宜昌到沙市要一个多小时，从沙市到武汉高速出口，用不了3小时就能到达）。

武汉记忆

武汉是让人记忆深刻的城市。1974年10月，日本与中国国际旅行社签约，以便展开中国旅行的业务，我作为随员跟随中国旅行团队的第一团到访武汉。这个团的行程是由北京入境，坐火车到武汉，经长沙、广州，从香港回日本。那时住的饭店是在武汉旧租界内的璇宫饭店，晚上，餐后是自由活动时间，我出饭店散散步就回来了。

中国三大名楼之一的黄鹤楼那时还没有，现在重新屹立在长江大桥一端的蛇山上。不知怎的，高中时学过的古诗"黄鹤一去不复返"一直留在脑中。

打听武汉最具代表性的面是什么，回答异口同声："热干面。"在武汉只住

‖ 黄鹤楼

‖ 牛肉面（武汉鸿宾酒楼）。导游说这是热干面，其实是湖北、江西一带常见的用宽挂面做的牛肉面，
味道超好

一晚，本想晚上去吃热干面，结果武汉旅行社设宴招待，我丧失了机会。又想能早些结束好去外面，不承想宴会中途竟然停电，只好点起蜡烛继续，更加浪费了时间。停电时上了凉面，昏暗中很难有什么食欲。就这样，我决定第二天去机场的路上说什么也得吃上热干面。

第二天，我早早地在机场附近的鸿宾酒楼吃上了期待已久的热干面。与一般的干面不同，热干面又宽又扁，颜色发黑，一点嚼劲都没有。我觉得不好吃，但是适量加了酱油和盐的热汤汁倒是很不错，热汤加干面，就是热干面吧！

我在四川省和湖北省转了一圈之后注意到，四川多是细挂面（近似日本的素面），湖北以热干面为代表，多是宽扁挂面。

从武汉飞北京只需一个半小时。1975 年坐了一夜火车，所以我一直觉得北京到武汉相当遥远，这次才体会到，原来这么近啊（后来验证了另一件事，其实那次在武汉吃的根本不是热干面。是哪个导游陪我去的忘记了，由于当时没有好好做功课，所以被骗了，以至于后来出了丑）。

山东之行：无滋无味的『三等』面

1993 年 12 月

曲阜·泰安·济南·淄博·潍坊·蓬莱·烟台·石岛·青岛

冬日里的山东省

迎来了驻在北京的第四个 12 月。我是第三届近畿日本旅行社北京事务所所长，之前没有哪一届是驻在北京三年以上的。我觉得差不多回国的调令也该来了，于是打开地图，看看北京周边还有哪些没去过的地方，发现以青岛为首的济南以东的一些城市，比如淄博、潍坊、蓬莱、烟台、威海等，我都还没有去过。这之前，我只到过山东西部的济南、泰安（泰山）、曲阜。

我调查了一番这一地区比较有特色的面，知道了济南有豆其面（也写作豆旗面），蓬莱有蓬莱小面，烟台有芋头面和地瓜面，我要去尝尝看。

寒冷的曲阜、泰安、济南

1993 年 12 月 15 日，我从北京乘夜车先到孔子故里曲阜。那时还没有曲阜站，我在兖州站下的车。上次来曲阜是 1990 年 3 月，刚到北京事务所赴任不久，现已时隔三年。曲阜名胜当首推与孔子有关的遗迹。祭祀孔子的孔庙、孔子故居孔府、孔氏历代家墓孔林，被称为"三孔"，此外，还有孔子爱徒颜回的庙。曲阜是残留着部分城墙的历史之城。

值得一看的名胜很多固然是好，但是北方的 12 月实在是太寒冷了，不能长时间在户外活动。从北京出发前，我没有预想到会这么冷，乘上列车之后，马上感到被冷空气包围了。我没有实际测量到底多少摄氏度，但是体感温度恐怕已经到了零摄氏度以下。与我同行的妻子这次是初到山东，她强忍着寒冷，坚持走完了全程。这一日住在曲阜的阙里宾舍，赶紧叫一碗当地的面！上来两种面——黑豆面和黄豆面。黑豆面的原料是黑豆，黄豆面的原料是普通的大豆。两种面的汤汁都没什么味道，都不好吃。我问："为什么味道不调重一点呢？"答："调味太重就会掩盖住豆香。"当地人好像特别喜欢以豆浆为首的豆类制品的豆香。

第二天，经泰安去济南。一成不变的寒冷。不光冷，还有强风。我本来计划到了泰安先去参观岱庙，然后坐缆车上泰山，可是由于风大，缆车停运了。太遗憾了，被泰山山神嫌弃。岱庙主要的建筑物是天贶殿，同前一天看的孔庙的大成殿、北京故宫的太和殿，被称作"东方三大殿"。其中两大殿都在山东，真是了不起。不愧是从春秋战国时期就登上历史舞台的一方土地。

在济南，我先点了豆其面。在济南当时唯一比较现代的酒店齐鲁宾馆，来自山东省旅游局、山东省中国国际旅行社的各位设宴欢迎我们。他们一直记得1990 年 3 月我组织的旅行考察。也许是酒店过于高档，同席的济南人说这里的豆其面里"居然用了小麦粉，不正宗"。正宗的豆其面是用绿豆粉做的。这种面很宽，是四方形的，浇头里面有木耳、海米、笋子等，但是，和曲阜的面一样，无滋无味。还上了另外一种面，炸酱面。炸酱面是华北地区很常见的家常面。据本地人讲，山东省的炸酱面是最棒的。这种面的酱比较咸，不好掌握合适的

‖孔庙。孔庙、孔林（墓地）、孔府（故居）合称"三孔"

‖黄豆面与黑豆面（曲阜）。汤没有味道，所以有很浓的豆子特有的大豆蛋白味

Ⅲ豆萁面（济南齐鲁宾馆）。据说面是绿豆粉做的，或是面中含绿豆，可两种情况都不是，也许不是豆萁面

Ⅲ炸酱面（济南饭店）。华北地区很常见的面，但当地人自豪地说山东炸酱面最佳

量，但是面条本身是很不错的。

从淄博到蓬莱

第二天的行程是去淄博。途中顺便去了一般人不太常去的淄川。这里是《聊斋志异》的作者蒲松龄的故里。我非常喜欢《聊斋志异》，并且读了很多这样的鬼怪故事，在我看来，山东省、浙江省是盛产鬼怪故事的地方。淄博，过去是齐国的都城，包含临淄在内，是一座古城。遥想过去，太公望、晏婴、孔子曾经阔步于此，不禁心潮澎湃。过于古老的历史遗迹所剩无几，于是我只参观了殉葬车马坑。

当晚，我和淄博旅游局赵荣生局长一起用餐时，聊起在济南吃到的不正宗的豆其面。第二天一早，他竟然特意把在家里做好的豆其面带到我们的酒店里来。据赵局长讲，这豆其面有两种。一种是面和汤里都放绿豆，另一种是面由小麦粉和绿豆粉和在一起做成。赵局长带来的面属于前者。这豆其面本是夏天的吃食，据说绿豆有祛暑的功效。可是这面没什么味道。赵局长解释说，这是为了吃的时候根据自己的喜好加入调料（糖、盐、醋、酱油等）。

淄博这一带，石窟、石刻众多。游览过驼山石窟和临朐的恐龙化石群，我们向潍坊移动。果然，当天风依旧很大，难怪潍坊是因为风筝而闻名天下。每年4月20日之后的一周，当地举办风筝节，全世界的风筝都汇聚在潍坊，也许正是有赖于这股风吧。在潍坊我吃了金丝面。面像日本的素面一样细，汤的味道很淡，里面放了海米。味道还是太过寡淡，不好吃。

第二天经蓬莱去烟台。蓬莱的海市蜃楼很有名，但也不是轻易就见得到的，必须运气极好才有可能看到。秦始皇真的看到了吗？不得而知。登上蓬莱阁，极目远眺，我想，像秦始皇那样不知大海为何物的人，一定会为这壮丽的景象所感动吧。即便像我这样在被大海包围的日本生活的人，此时站在这里，内心也仍然激动不已。

我们早早从潍坊出发，抵达蓬莱时刚好是午饭时间。我去寻找有名的蓬莱小面，但是怎么也找不到。问了四五家餐馆："有蓬莱小面吗？能做一碗吗？"

‖ 赵氏豆其面（淄博）。淄博旅游
局赵局长特意做的带绿豆的地
道的豆其面

‖ 金丝面（潍坊）。和面只用鸡蛋
不用水做成的切面

‖ 蓬莱小面（蓬莱）。胶东地区的
传统面食，与福山拉面齐名，但
是这面不似所期待的那般美味

但是，统统回答"不行"，所以只好去普通餐厅吃了饭。之后去烟台的路上，我突然看见写着"蓬莱小面"的招牌，赶紧停车去看看。被告知中午营业时间已过，我们继续死缠烂打，终于答应给我们做蓬莱小面。

蓬莱小面，是只在早餐时吃的，中午没有，所以别的店才没有。这家店的蓬莱小面，3 毛钱一碗，因为是特意为我们做的，而且又不能单单只做一碗，所以最后商议的结果是收 50 元（相当于 170 碗面的价格）。蓬莱小面是用小麦粉和的面，面里使了碱。在做成面条之前，要把面不停地在案子上摔打。面条的制作方法和拉面相同，特点是面条煮过之后要过一遍水。汤里面用了淀粉，黏糊糊的；面过了水，是温的；汤的味道是寡淡的，期待了差不多 50 分钟才入口的面，其实并不怎么值得期待。

为赤山法华院的石碑而感动

到了烟台，我准备去尝尝芋头面和地瓜面，结果没有地瓜面，只吃到了芋头面。据说，过去的芋头面，是白面（小麦粉）里面掺芋头粉做成的面，现今是用白面做面，芋头做浇头。以此类推，地瓜面大概也如出一辙吧。这些都是穷困时期的食物，如今吃的人很少，所以餐厅的菜单上基本不会出现了。浇头里除了芋头，还有菠菜、蘑菇，很像日本的杂菜乌冬面。吃到芋头面的这家餐厅叫烟中宾馆，本是家自助火锅店，因为有些人会取很多食材造成浪费，所以餐桌上写着"剩菜罚款"，很有意思。

每年 12 月 20 日到次年 1 月 1 日正是宣布人事调动的内部通告的时间，我吩咐北京的事务所，一旦有电话来要通知我。晚上，北京来电话说没有内部通告。还能在北京继续待一段时间，我舒了一口气，但也混杂着些许失望的情绪。失望情绪来自妻子。

从烟台到青岛，车一直开过去需要 6 个多小时。但是机会难得，所以绕道威海、石岛，再去青岛。说起石岛，可能不太为常人所知，可于我来言，这是一个不能忘怀的地方。这里是慈觉大师圆仁在等待入五台山的许可时曾经停留的地方，有古迹赤山法华院。在赴任北京之前，我还在日本，那时看到一则

‖ 赤山法华院（石岛）纪念碑。我公司也出资协助建成

‖ 芋头面（烟台）。芋头指的是甘薯，以前将甘薯粉和小麦粉混合制面，如今把甘薯当作配菜

新闻称，纪念碑在赤山法华院的位置已经确定。大阪的一家大型保险公司计划以建造赤山法华院圆仁纪念碑的活动来纪念工会成立几十周年，我（确切地讲是我们公司）也参与了这项活动的协助工作。我想去看看那座碑，即便绕远也要去。

算上威海的午餐，我们花了很长时间，到达石岛赤山法华院时已经是下午将近4点了。冬日里天黑得早，即便如此，我还是激动万分地拍下了面对期待已久的纪念碑的场景。同行的有山东省中国国际旅行社的吴进军和张心梅二人，还有我的妻子，好像都没有想到能在这样的地方立着一座与我的记忆有些关联的纪念碑，多少都有些吃惊。绕远导致我们抵达青岛时已经是夜里11点了。黑暗中，道路不明，想问路都找不到人，到酒店又花了1小时，办理入住时已经过了夜里12点。

原本我们计划第二天上午逛逛青岛，然后飞回北京。但是得知济南到青岛的高速公路刚巧通车。于是临时改变计划，沿高速公路去济南，再从济南回京。目前为止，我在山东省吃过的面没有一种是好吃的，为此，在我眼里这里的面是三等[①]面，可是，临时改变行程倒让我捡了个便宜，在济南饭店里吃的炸酱面可太棒了！

回北京之前，我们顺便去了大明湖公园。公园门前，排列着种植了仙客来的花盆。妻子说："有仙客来[②]呢。"吴进军听到了，因为我们到处找面吃，问："啥，还有叫'shinku拉面'的面？"他听岔了，我们哈哈大笑起来。因为他说的话用汉字写出来是"辛苦拉面"。

---

① 日语发音"三等"和"山东"相同。——译者注
② 仙客来的日语发音为shikuramen，拉面的日语发音是raamen。——译者注

钱塘潮与头汤面

1994 年 9 月

杭州·绍兴·宁波·天台山·普陀山·苏州

第一次见到钱塘潮

　　号称"八月十八潮，壮观天下无"的浙江省钱塘江大潮与亚马孙河齐名，是世界上的两大奇观之一。当然，此潮是由月亮和太阳的引力造成的天文大潮，但是和钱塘江河口的喇叭形地形也有很大关系。河口最宽处有 100 公里，与之相对，河口内侧盐官一带只有 3 公里宽，这是形成壮观潮头的重要原因。

　　观潮一般都在盐官，但是 1994 年，浙江省旅游局在萧山新开发了一处观潮地，建了观潮台。我接到了参加开幕式的邀请函。前面说的八月十八指的是农历，即中秋满月三日后。那一年中秋满月是 9 月 20 日，加上秋分，正好是三连休，我想利用这段时间去看一次，于是接受了邀请。

　　从上海换乘火车去杭州，途中偶然遇到过去认识的一个杭州旅行社的导游，他叫杜大生。15年前，我们公司招待中国各地旅行社的人在日本观光业界进行研修，他就是在那时来日本的。他自我介绍时说："我是toodaisei"①，逗得我们哄堂大笑。幸亏遇见他，这三个半小时的列车之旅才不寂寞。

从下榻的百合花饭店走到风光明媚的西湖边只需要十几分钟。我尤为喜欢被苏堤和白堤环绕的这片西湖景色，心情愉悦地散步。第一次来杭州是1974年，就是我首次访华那年，整整20年过去了，景色如此美好的杭州在日本却人气不旺，到底为什么，我一直在思考这个问题。最近，我想明白了，难道不是因为这里的景色太过"日本"了吗？

散步到西湖湖畔。在纪念南宋忠臣岳飞的岳飞庙前有个岳坟点心铺，一大早就有很多人在那儿吃面。牌子上写着"素丝面"，我第一次见，赶紧点上一碗。把豆腐和榨菜切成细长丝做浇头，汤的味道好极了。

在浙江省展览馆前的广场上举行了观潮节开幕式，我们到达萧山观潮台时是上午10点30分，这天满潮应该是在下午1点30分，可是为什么要这么早到呢，令人无法理解。原来是为了躲避拥堵。另外，观潮之前，钱塘江上还有类似水上滑行的表演可以观赏。

带着便当，我们等了3个小时。远处江面上渐渐生出一条线，观潮人群骚动起来。终于，大潮来了。最开始只是一条线，眼看着潮头怒吼着滚滚而来，10分钟后渐渐退去。遗憾的是观潮台高高在上，无法估量潮头有多高。单单从潮头跃过江边突出的半岛的情形判断，有相当的高度，确是奇观。

我们原来计划这一天观潮之后就去绍兴，后来依我变更为到西湖周边走一走，在老面店奎元馆吃过饭后再去绍兴。理由是西湖边上金桂、银桂花开，甜腻腻的花香四处飘荡，鸡冠花、曼珠沙华、百日红也都竞相开放，无视如此美景就这么离去，太遗憾了。还有个更重要的理由，以前在奎元馆拍的面的照片，因为反光，没有一张是清楚的。

在奎元馆，我点了与片儿川同样声名远扬，面里带着清水虾仁和爆炒鳝鱼

---

① 杜大生的日语发音，与"东大生"（东京大学学生的缩写）相同。——译者注

Ⅲ 钱塘江潮。杭州萧山观潮台所见。与亚马孙河
并称为世界两大奇观

Ⅲ 素丝面（杭州岳坟点心铺）。以上海为中心的江
南地区常见的浇头面（也叫"阳春面"的素面
里放入事先准备好的"花式"，花式不同，面的
名字也不同）。这里用的是斋菜、豆腐和榨菜

Ⅲ 雪菜黑鱼面（杭州奎元馆）。这也是浇头面的一
种，配菜用的是雪里蕻和黑鱼（雷鱼）块

Ⅲ 虾爆鳝面（杭州奎元馆）。奎元馆招牌面，面上
是清水虾仁和油爆鳝鱼

Ⅲ 蟹黄面（杭州奎元馆）。用大闸蟹蟹黄制作的奢
侈面，只在大闸蟹的季节才有，也是浇头面的
一种

的虾爆鳝面，调料只有葱花的阳春面，黑鱼和雪菜烧的雪菜黑鱼面，用料是应季大闸蟹蟹黄的蟹黄面。虽说是因面而闻名的老店，但是晚餐时段如果只点面，就会被店家另眼对待，所以我们还点了别的菜。也是，在这个黄金时段，又是包间，只点面的话，店家就挣不着钱了吧。

到达绍兴的绍兴饭店，已经过了晚上9点。与我7年前来时比，这里发生了翻天覆地的变化，多了庭院，成了富有民族风的豪华酒店。可是，夜宵供应的雪菜肉丝面太不好吃了。

绍兴的名胜，有王羲之写下《兰亭序》的兰亭遗址，埋葬着治水的大禹的禹陵，鲁迅故居三味书屋等，此外非常有名的还有绍兴酒工厂。可我并不怎么喜欢喝绍兴酒，特别是酒厂里酿造过程中的酒味，我实在接受不了。加之时间也没有富余，只看了咸亨酒家这个与鲁迅有关的遗迹，还有秋瑾烈士纪念碑，就向着宁波出发了。

与日本关系紧密的宁波

宁波，自古以来就是与日本关系紧密的城市。过去的遣唐使大多要先在宁波停留，再向长安行进。离市中心1小时车程的地方，有天童寺，公元300年建造的古刹。在这里学习过的日本僧人道元后来回到日本，成为曹洞宗的开山鼻祖。曹洞宗总寺院在日本福井县的永平寺，那里的氛围和天童寺非常相似。此外，开创日本临济宗的荣西、雪舟都曾在此有过短暂停留。在日本人看来，宁波是个让人感觉非常亲近的城市。

在宁波我吃了八珍汤面。所谓八珍，过去是指熊掌、鲤鱼尾等八种珍稀之物。如今的八珍，指的是调料里用到的八种材料。我实际数了一下，虾、贝、香菇、鱿鱼、油菜，确切地说只有五种。

下一站，天台山，公元804年乘船入唐的最澄和尚曾经学习过的地方，更是令日本人感觉关系密切。最澄回到日本后，开创日本天台宗，总寺院是比睿山延历寺。从宁波到天台山的中心国清寺，车程不到4小时。途中经过蒋介石的老家奉化，但是到他的出生地溪口镇就要绕路，所以没去成。

‖天台山国清寺，日本僧人最澄曾在此学习

‖大排砂锅面（宁波湖西饭店）。内有猪排骨，面像是正宗的乌冬面，比较粗，国营餐厅里的佼佼者

‖素色砂锅面（宁波湖西饭店）。素斋之意，面里只放青菜、榨菜和木耳，类似于日本的锅烧乌冬面

我们在国清寺吃的午饭。寺庙里肯定是斋饭。斋饭里的面叫素面，和日本"素面"使用相同的汉字，这恐怕和把中国的风物传到日本的禅僧、日本留学僧的食物有很大关系。国清寺里的一餐的确是斋饭，面盛在搪瓷盆里被端了上来，面里只有笋和青菜，和日本的素面一模一样。

从国清寺再往山里走，竹林茂密，溪流之上悬着石梁瀑布，真乃深山幽谷之境。山道上遇见了卖猕猴桃的老奶奶，说是在山上采摘的野生的。猕猴桃原产地在中国，也许中国人自己都不太知道。猕猴桃从中国传到新西兰，新西兰人发现它的营养价值很高，于是大量种植，现今产量居世界首位，并出口国外。因此，认为猕猴桃的原产地在新西兰的，大有人在。

不管怎样，从宁波到天台山，花了一天的工夫。

去普陀山的那天早晨，我在宁波火车站前寻觅早餐面。站前飘荡着渔港独特的海产品的味道。对这种味道，我有点儿吃不消。不一会儿，我看见了叫国营湖西饭店的可以吃面的餐厅。一般国营餐厅的服务员的态度都不大好，饭菜也不怎么好吃，我本不想去，可发现也没有别的可以去的店，所以还是进去了。菜单上有宁波汤圆，带汤的糯米圆子，这是宁波小吃中最负盛名的。另外还有 5 种面的名字被写在黑板上，我点了其中 2 种砂锅面。

大排砂锅面里有猪排骨，面条近似乌冬面；素色砂锅面里有青菜、榨菜、木耳，更像斋面。面都在砂锅里，热气腾腾的，味道嘛，虽说是国营店，但是很棒。我给这两种面拍照时，服务员斥责道："也不打个招呼就随便拍照！"面的味道不错，所以想再点其他的，可是服务员生气了，说什么也不给我做。任凭我怎么夸奖、央求都没用，一口咬定"没有""卖完了"。很显然，我被嫌弃了。

普陀山——海产品的宝库

餐后，因为要去普陀山，所以向宁波的港口移动。开往普陀山的"明珠湖号"不是从海港出发，而是从甬江的河港驶出的。等船的工夫，我向甬江里望去，看见江泥里有什么东西在欢快地游动，是同样栖息在日本有明海的弹涂鱼。

‖ 普陀山

‖ 紫菜面（普陀山）。这也是浇头面，配菜只有紫菜

‖ 蛏子面（普陀山）。这也是浇头面，面里有很多蛏子

看着它们，我想起来了，我们公司佐贺分社曾经接过宁波弹涂鱼考察团的业务。听说这里的鱼和日本的完全是同一品种。

　　船延迟了20分钟才出发，途中经停舟山市，用了三个半小时抵达普陀山。看着海面上分布着众多的小岛，我知道，这里是能够躲避恶劣天气的天然良港。

　　和五台山、峨眉山、九华山并称为中国佛教四大圣地的普陀山，也与日本有着深厚的渊源。普陀山被称作观音道场，源于10世纪时日本僧人慧锷把五台山的观音像留在了这个岛上。现在，这里建了不肯去观音院[1]。

　　马上就是午饭时间了。普陀山四周环海，正因如此，海鲜摆了满满一桌子。可是我吃不来海鲜，加之我想在观光途中找面吃，所以基本没动筷子。

　　仅次于普济寺的普陀山第二大的法雨禅寺周边有很多纪念品店，还有菜单以海鲜为主的餐馆，一家挨着一家。我一眼就看到了面的菜单，于是进了这家店，点了三种没怎么听说过的面——蛤蜊面、紫菜面、蛏子面。这几样都是根据浇头取的名字，即所谓的浇头面。面上分别盖着蛤蜊、紫菜、蛏子做的浇头。贝类的面，我见识一下就可以了，于是只吃了紫菜面。

坐奔驰去吃头汤面

　　回上海，仍旧乘船。普陀山到上海的途中会经过舟山群岛，我非常期待美丽的景致。可遗憾的是，船是夜行，外面漆黑一团，什么都看不到。

　　此船是可以承载50人以上的大船，有设施完备的食堂，准备了含螃蟹在内的豪华海鲜大餐，所以我很期待他们的面，就额外点了面。不承想，面被装在像是铝制的金属盆里端了上来，味道也并不值得期待。

　　第二天早上5点，船停靠在了上海黄浦江畔的客运码头。我先到酒店洗了脸，吃了早饭，上海旅行社的周龙山来接我，坐上他的奔驰，去苏州的老面馆——朱鸿兴吃头汤面。虽说这是家老店，也不过只有三间房宽，20人左右就

---

[1]　据历代山志记载，日本僧人慧锷从五台山奉观音菩萨回日本，船经普陀山洋面时受阻，以为观音菩萨不愿东去，便靠岸留下佛像，由此得名。——译者注

会坐满。上海牌照的漆黑奔驰停在店门前，引起中国食客纷纷侧目。坐着上海牌照的奔驰来吃5元钱一碗的面，的确让人感觉有些不可思议。

我第一次知道朱鸿兴的头汤面，是因为读了1988年我买的一本陆文夫写的小说《美食家》（陈谦臣译，松籁社出版）。该书对于主人公美食家朱自冶和朱鸿兴的面，是这样描写的（略长，因为有关于面的专门用语，所以引用在此）。

（中略）吃还有什么吃法吗？有的。同样的一碗面，各自都有不同的吃法，美食家对此是颇有研究的。比如说你向朱鸿兴的店堂里一坐："喂！来一碗××面。"跑堂的稍许一顿，跟着便大声叫着："来哉，××面一碗。"那跑堂的为什么要稍许一顿呢，他是在等待你吩咐吃法：硬面，烂面，宽汤，紧汤，拌面；重青（多放蒜叶），免青（不要放蒜叶），重油（多放点油），清淡点（少放油），重面轻浇（面多些，浇头少点），重浇轻面（浇头多，面少点），过桥——浇头不能盖在面碗上，要放在另外的一只盘子里，吃的时候用筷子搛过来，好像是通过一顶石拱桥才跑到你嘴里……如果是朱自冶向朱鸿兴的面店里一坐，你就会听见那跑堂的喊出一连串的切口："来哉，清炒虾仁一碗，要宽汤，重青，重浇要过桥，硬点！"

一碗面的吃法已经叫人眼花缭乱了，朱自冶却认为这些还不是主要的；最重要的是要吃"头汤面"。千碗面，一锅汤。如果下到一千碗的话，那面汤就糊了，下出来的面就不那么清爽、滑溜，而且有一股面汤气。朱自冶如果吃下一碗有面汤气的面，他会整天精神不振，总觉得有点什么事儿不如意。（中略）必须擦黑起身，匆匆盥洗，赶上朱鸿兴的头汤面。吃的艺术和其它的艺术相同，必须牢牢地把握住时空关系。[1]

---

① 陆文夫.2018.美食家［M］.南京：江苏凤凰文艺出版社.

Ⅲ 焖肉虾仁面（苏州朱鸿兴）。老字号朱鸿兴的招牌面，是浇头面，但老店的面和汤有独特的味道，面上盖着焖猪肉和虾仁

Ⅲ 朱鸿兴的面锅。头汤面是指这锅里煮的第一锅面

Ⅲ 乡下汤面（上海）。面如乌冬面一般粗，汤里加了奶粉，略带有甜味。汤中加牛奶的面，在内蒙古自治区倒是见过，这家店是偶然为之吧

就是这种格调的。我也一样，如果早晨吃了糟糕的面，之后半天心情都会很糟糕，也许这一点和朱自冶很相似。

话说这头汤面，正像前面书中描写的那样，不是指面的种类，而是"头一锅汤煮的面"，已经国营化了的朱鸿兴面馆的俞水林总经理如是说。这一天到店里时已经将近 11 点，我吃的焖肉虾仁面可不是朱自冶认可的头汤面。但是，这面的味道已经足够好了。汤，香味浓郁；面，像九州拉面，比较细；面上盖着的焖肉，味道也很香。据说制作这道焖肉要花 4 个小时。朱鸿兴面馆 1938 年开张，当时每天大概要出 3 000 客面，不难想象，要煮这么多的面，第一锅和最后一锅，味道肯定是有差异的。

我还另外点了猪肚做浇头的肚片面，竹笋、猪肚、虾仁、蛋黄、葱花做浇头的什锦面，把肉切成细丝做浇头的肉丝面。尝过各种面之后，我认为苏州菜特有的微甜的调味与面完美地结合，形成了独特的风格。

最后，我要写一写上海旅行社的刘厚彬特意为我搜索到的一家叫"家"的餐厅。这里除了冬笋雪菜面、鸡肉辣酱面这样在上海比较常见的面以外，还有一款特色面——乡下汤面。汤汁里放牛奶，是浓郁的白汤。这家店最早是在外滩的，有客人说"咖啡里可以放牛奶，不知道面里放了会怎样"，于是店家就真的把奶粉加到了面汤里。面，用的是乌冬面，很受上海人欢迎，面汤里带着微微的甜味。但是很遗憾，在我回国后不久，这家店就关张了。

発现『炮仗子』之旅

1995 年 4 月

西安 · 敦煌 · 安西 · 吐鲁番 · 乌鲁木齐 · 吉木萨尔

西安的"鱼鱼面"

《人民中国》1994 年 1 月号上有个专栏叫作"中国来的航空邮件",上面刊登了我驻在北京时写的文章,文章的最后提到了一种我只听说过名字但还没吃到过的面——新疆的炮仗子。

关于这种面,我是在北京和二十一世纪饭店的中方工作人员一起吃饭时听说的。我一度非常自信,自认为几乎了解中国所有的面,当我听到"炮仗子"这个陌生的名字时,还是很震惊的。为了收集有关这种面的信息,我向中国各地的朋友询问,结果得知这个面好像在新疆。但是,还没来得及去那里,我就调任回国了,之后一直念念不忘。

就在那时,西安的王一行问我:"咸阳的'鱼鱼面'听说过吗?"这种面,我也不知道。这些事情告诉我，我不知道的中国的面还有很多很多，需要重新认识它们。

这样，从这一年开始，我利用黄金周连休去中国，踏上了继续寻找未知的面的旅程。

这一年，我和中学时代的朋友两人一起去丝绸之路旅行。朋友很早就想去丝绸之路，特别是敦煌，我也一定要去新疆寻找炮仗子，所以关于目的地我们达成了一致。我上一次去新疆是1991年，已经过去四个年头了。

这一次我们先去西安。朋友是第二次到西安，但是没有去过西安的郊外，这次既然来了，我就要带他逛一逛郊外的名胜。我带他看了乾陵，还有两座陪陵——永泰公主墓和懿德太子墓。这两座墓因残留着色泽鲜艳的壁画而广为人知。

吃新疆的面之前，我先来一碗久违了的面——以前吃过的乾陵酸汤面。这种面的作料只有韭菜，清汤爽口，略略带些酸味，这是我大爱的滋味。一般人来这里都会去乾陵博物馆用餐，但全无好评。

我们还去了茂陵，之后利用登机前仅有的一点时间去吃咸阳的𰻞𰻞面。迄今为止我多次到过咸阳，却根本不知道这里有如此多的面馆。

这"𰻞𰻞"二字，如下页照片所示。大修馆书店出的《新汉日辞典》里收录的笔画最多的字是"齉"，三十三画，可这"𰻞"字有六十四画。有种说法是《康熙字典》里有这个字，我没有亲眼得见，所以确切与否不能肯定。我问中国人这个字的意思，谁都不太清楚。

关于𰻞𰻞面的制作场景，介绍如下：擀好的又扁又宽的面剂子，手拽住两头拉抻，同时在案板上摔打两三下，案板上绑着洋铁皮，所以面摔在上面发出"biangbiang"的声音，这就是面名的来历吧。可字为什么要那样写呢？谁都不知道。大师傅把刚才抻好的宽面片用手撕开投入锅中，同一口锅里还煮着豆芽、青菜。用盐、酱油、辣子、番茄酱、炸酱等做调料加入面里，盛在大碗里，最后淋上热油，就制作完成了。味道很咸，概因如此，附面汤一碗。

吃了𰻞𰻞面，险些误了飞机。到了机场，去往敦煌的航班上我的座席已经给了别的客人，不管怎样，反正我拿到了新登机牌，刚登机就起飞了。

Ⅲ 懿德太子墓壁画

Ⅲ 邋邋面横幅

Ⅲ 邋邋面（咸阳）。现在所用汉字也许是造字。面得名于抻面时面在包着铁皮的案子上摔打时发出的声音。面很宽，最后一步要浇热油，同油泼面。味咸，附面汤。发祥地似乎在咸阳

在敦煌出席挂牌仪式

一到敦煌，旅行社的常立新和甘肃省旅游局的卫孺牛局长就来接我了。卫局长大老远从兰州赶过来，我感觉有些异样。原来，"明早，在敦煌宾馆的大门口有个甘肃海外旅游公司敦煌分公司成立的挂牌仪式，希望您能出席"。而且我是主宾之一。不是开玩笑吧！这次和朋友一起，纯粹是私人旅行，衬衫、西服、领带、皮鞋，完全没有准备。我拒绝，但是对方再三请求，"这些全由我们给您准备"，加之三年前我那甘肃省旅游局顾问的证书是从卫局长手上接过来的，无奈，穿着借来的行头，我出席了仪式。所谓挂牌仪式，就是把招牌挂在门上的仪式，类似于日本的招牌揭幕式。这一天，敦煌宾馆庭院里的沙枣花盛开。

仪式过后，我和朋友分头行动。朋友初到敦煌，当然要看著名的莫高窟；我已经来过敦煌很多次了，所以这次我要去的是终于对外开放的榆林窟和锁阳城，便和卫局长出发去安西县（今瓜州县）。早些时候，在日本见到安西县县长时，他对锁阳城大大宣传了一番，所以给我留下了很深的印象。

我们租了一辆吉普，从敦煌去安西的路上，三危山就在右手边。前文我曾经写过，每次看这座山，好像都能看到很多佛坐在那里。据说，公元366年，僧人乐尊就是看到了夕阳照耀下的三危山，开始挖凿莫高窟的。可能乐尊和我一样，也看到了三危山岩块上显现出的佛像群。

安西出发，接近榆林，是一段非常要命的路。路面上积了厚厚一层沙尘，车轮轧上去，沙尘呼啦呼啦地飞扬，前面什么都看不见了。即便车窗紧闭，可是不知道沙尘从哪儿钻进车里，喉咙被呛得难受。听说细沙尘是相机的大敌，所以我竭尽全力保护着我的相机。就这样，从敦煌到榆林窟花了两个小时。榆林窟，是在叫作万佛峡的峡谷的东西两侧开凿出来的。我们没有办法到达东侧，所以只参观了西侧。第2窟的《玄奘取经图》和第29窟的供养人画像好像最为引人注目，然而，熟知莫高窟的我并不怎么为之所动。

再度回到沙尘中，又走了一个多小时，到达戈壁滩中的锁阳城。在那里，裕固族的人们为我们准备了午饭。当地人和卫局长大白天的就欢快地喝起了白酒。我吃了裕固族的面片，参观了锁阳城。遗迹中沙土堆积，迈不动步子，只得骑马

Ⅲ 榆林窟

Ⅲ 锁阳城（安西）

Ⅲ 去哈密的路

参观。途中，当地向导拦住马停下来，在沙土地里挖掘，居然挖出了"锁阳"！环顾四周，好像到处都是。传说唐代名将薛仁贵被困城中等待援军，靠锁阳充饥挺过难关，后来将此城改名为锁阳城。锁阳的形状像男人的命根儿，日语叫"肉苁蓉"，是一味草药，是"可以比肩朝鲜人参的补药"（引自滨田英作译《丝路传说》）。也许正是这种功效使薛仁贵大军得以坚持，直至援军的到来。

晚上，我和朋友会合，去鸣沙山。朋友说："中国历史太过悠久，参观古迹一定要事先做好功课才行。可是骑着骆驼上鸣沙山就不一样了，放空大脑只顾欢乐就好了。"

一路驱车，向新疆维吾尔自治区挺进

第二天，我们开车去哈密。这条路是 1979 年我首次到访敦煌时从兰新铁路上的柳园火车站反向走过的，我曾被周围独特的景致感动。人迹全无的戈壁滩延绵不绝。细细看，黑戈壁、红戈壁、草滩戈壁、沙漠、石滩的颜色和外观，时时刻刻都在变化着。几度看到行进前方的海市蜃楼，时而小小的龙卷风扫过。柳园火车站前面向左拐，从这里开始的这段路我第一次走。前面是唯一一段铺设得很好的收费道路，道路两边广阔的戈壁滩上新架设了光缆线，今后的通信会变得更加便利吧！

从敦煌到甘肃省和新疆维吾尔自治区交界处的星星峡花了两个半小时。以前仅是到柳园火车站就要花这么长时间，现在真是快太多了。从星星峡向前再走 10 分钟左右，就看见了白雪皑皑的天山。这里到处都看得见坎儿井（灌溉用地下水道）。果然，与甘肃省的风景大不相同。

到哈密酒店时已经过了下午 1 点 30 分。若是平常，这时已经解决了午饭，可是这里的午饭在下午 2 点以后是很普遍的事，晚饭就要在 8 点以后。很多来到新疆的日本人，按当地人的生活时间睡觉，按北京时间起床，生物钟都混乱了。

午餐吃的哈密式炸酱面。所谓"哈密式"，指面上浇的酱变成了用羊肉、豆腐、蒜薹、土豆做成的。当地人也不管这叫"炸酱"，叫"杂搅"。"搅"就是把各种料搅和在一起的意思喽。

我们当天下午 3 点 30 分从酒店出发，去参观哈密王墓和盖斯墓。此外就没有什么可看的了，于是利用富余的时间去自由市场一带转转。制面用的蓬灰在这里有卖的，由此可见，一般家庭里制面也要用到蓬灰。仔细观察了几家餐馆，我发现陕西风味出奇地多。还看到其中有过油肉拌面和大盘鸡，晚上在酒店用餐，我们叫厨房做了这两样。

过油肉拌面是当地比较受欢迎的面。羊肉和青椒、洋葱、木耳、番茄、冬笋等一起炒，浇在煮过的面上，好像是当地很传统的吃法。大盘鸡不是很早以前就有的，是那时新出现的美食。巨大的盘子里，半盘煮好的面，半盘香味十足的鸡肉。鸡肉调味一般用辣椒、胡椒、花椒这三种香辛料，对普通日本人来讲也许有点辣得过度了。

哈密的早餐是揪面片。又宽又长的面片，单手揪成小片投入锅中。这种煮碎面，味道近似日本的面疙瘩汤。

考察鄯善机场的包机

我们从哈密向吐鲁番移动，这条路的路况非常恶劣。从有机场设施的鄯善开始，尤为恶劣。一般丝绸之路旅行的最佳路线是围绕敦煌和吐鲁番两地活动。这次我们全程开车，在哈密住一晚，就增加了天数。一般行程可以选择坐夜行列车。但是这趟车的座席预约是得不到保障的，平常我们经常购买的一等座席，即软卧的车厢很少，有时拿到手的旅游团队的票，经常一部分是软卧，一部分是硬卧，这简直是旅行社的噩梦。

因此，鄯善机场和敦煌机场之间如果通飞机的话，就不用坐夜行列车了，那些在体力上缺乏自信的人不是也可以轻松加入丝绸之路的旅行了吗？出于这样的考虑，我拜托这次与我同行的常立新，与管辖鄯善机场的军方进行商谈，原来已经实现了包机通航。但是我至今都没见过鄯善机场的样子，所以这次就顺便去看看。尽管已经通航，但是包机从 7 月才开始飞，现在没有，所以机场里空无一人。跑道的一隅只有个小房子，是候机室。从鄯善飞到敦煌需要 1 小时 20 分。从敦煌坐车来到这里的我，再次见识到了包机是多么方便啊！可遗憾

Ⅲ 哈密式炸酱面（哈密）。哈密当
　地人把这面写作杂搅面，其实
　是浇了用羊肉和豆腐做的酱，
　所以该叫哈密炸酱面

Ⅲ 过油肉拌面（哈密）。当地的
　传统吃法。羊肉和青椒、洋
　葱、木耳、番茄、冬笋等蔬菜
　一起炒过之后浇到面上。面是
　拉条子

Ⅲ 大盘鸡（哈密）。当时时兴的面
　食。鸡肉用花椒、胡椒、辣椒
　调味调得很重，盛在面旁。对
　于日本人来讲，太辣了。鸡肉
　换成羊肉就是大盘羊

Ⅲ 炒炮仗子（吐鲁番）

的是，从机场出来之后到吐鲁番，车要一直走在糟糕的路上，很是痛苦。虽然是铺设过的道路，但是坑坑洼洼，车走在上面摇摇晃晃，提不起速度。从鄯善机场到高昌故城跟乘飞机所花的时间差不多。

当天晚上，在吐鲁番的绿洲宾馆，我吃到了盼望已久的炮仗子。听说这种面是新疆特产，才特意跑到当地来吃，可是在吐鲁番当地却被告知："炮仗就是爆竹的意思，过去这是汉族人吃的面。"这种面的发祥地会是哪里呢？又是个课题。在这里，我吃了番茄口味的那不勒斯意面风炒炮仗子和带汤的炮仗汤面，面软软乎乎的，炒面似乎更合我口味。我还要了杏壳面，和猫耳朵是同类，在敦煌又叫"杏皮面"。这是同样的面因地域不同而叫法不同的例证。

吉木萨尔——将士们梦之痕迹

第二天一大早我们就出发了，这一天要从吐鲁番出发，经过乌鲁木齐，然后再向前行驶约 160 公里，到吉木萨尔去。虽然新疆也使用北京时间，但是人们有着自己的生活时间，所以早晨 7 点，酒店的餐厅一般还没开门。这样我们省去了早餐，估摸着时间就出发了。外面的餐馆已经开门，早餐我们吃了牛肉面。

目前为止，每次我来乌鲁木齐一定是狂风大作、沙尘飞扬的天气，这次也不例外。因此，乌鲁木齐没有给我留下什么好印象。还有个原因，就是乌鲁木齐的路况极差。我们很快经过了乌鲁木齐，又走了 1 个小时左右，在与天池方向的路的分岔口（地名是阜康），有家天池宾馆，我们在那里吃了午饭，吃了三种面——回民凉面、那仁、丁丁炒面。

回民凉面是用黄面做的，面上放面筋和葱花，根据自己的喜好再放盐、辣椒、酱油、醋等调味。样子像日本的中华冷面，不太好吃。

那仁是哈萨克族人常吃的面。面片上放羊肉和洋葱、胡萝卜，再撒上盐调味，有的地方会淋上油。这种面葱蒜味浓重，不大合我的口味。

丁丁炒面，就是把普通的炮仗子切成一半，和番茄丁、芹菜丁、羊肉丁等一起来炒。在哈密我就见到过这种面的名字，当时没时间去吃，在这里却吃到了，真是难得。

目的地吉木萨尔，在唐代时是掌管天山北麓的重要据点——北庭都护府所在地。据说当时此地屯兵两万。如今，杂草丛生、土块成丘，正是"将士们梦之痕迹"[1]，连写着"全国重点文物保护单位·北庭故城"的牌子都显得寂寞难耐。

但是，这附近的北庭高昌回鹘佛寺里，遗留着精彩无比的壁画。这寺里的壁画是 1979—1981 年被发现的。当时，NHK 刚好在丝绸之路各地进行拍摄，节目的第 6 集是有关北庭故城所在地——吉木萨尔的内容，可是这座佛寺却完全没有提及。大概那时还在保密阶段吧。我们得到特批参观了这座佛寺，可惜的是寺内不能摄影，所以没能留下照片。

从乌鲁木齐回北京，我们乘坐的是俄罗斯造伊尔超大型客机。看上去就巨大无比的机体，声音也震耳欲聋。起飞时仿佛要去拼命似的，无舒适度可言的一次飞行体验。自那以后，我尽量不再坐俄罗斯制造的飞机了。

---

[1] 日本俳句大师松尾芭蕉的俳句。——译者注

Ⅲ 北庭故城遗址（吉木萨尔）

Ⅲ 回民凉面（阜康）。回民食品，黄面做的，要自己用盐、辣椒、酱油、醋等调味

Ⅲ 丁丁炒面（阜康）。丁丁是细碎丁的意思，面比炮仗子更短，一样要用羊肉丁、番茄丁、芹菜丁来炒

桃花源和米粉

1996 年 3 月

长沙·张家界·天子山·常德

15 小时，北京到长沙

1996 年 3 月，一年一度的中国旅行社会议将在长沙举行。上一年 8 月的三峡之旅结束后去了张家界，那里的景色精彩纷呈，不久的将来一定会崭露头角，因此中国各地的旅行社才更应该重新审视当地周边的旅游资源，对于会议的议题，我就是这样考虑的。其实，包括张家界在内的天子山地区和索溪峪一带，在 1992 年就已经被联合国教科文组织收入《世界遗产名录》了。

长沙是湖南省省会，当时从日本去长沙，无论怎么走都要转机。从上海飞，需要 1 小时 40 分钟；从香港飞，需要 1 小时 15 分钟；从北京飞，需要 1 小时 40 分钟。可这次我要从北京坐火车去长沙。

这是因为，从 1996 年 1 月 21 日开始有新的项目要涉及北京西站，所以我要从北京西站乘车考察一下。北京西站的地面由大理石铺成，无形中给乘客一种威压感。一旦下雨，地面非常湿滑。像现在这样的小雨天气，恐怕那里已经步履维艰，很容易摔伤了。

北京到长沙约 1 600 公里，当时乘车时间是 15 小时。从北京西站一起走的有康战义、徐军、李书贵，途中经过河北省省会石家庄、河南省省会郑州，参会的石家庄的张铁民、郑州的张晓平会和我们在车中会合。这么多人一起，到长沙的列车之旅悠闲、欢乐、不寂寞。

第二天一早 7 点，我们一行人到达长沙。长沙华天国际旅行社刘芬珍社长来接我们，带我们去吃早点。知道我有吃面的喜好，刘社长特意为我事先做了一番调查，找了找长沙市内的面馆。

我知道，长沙已经属于"粉（米）圈"，而非"面（小麦）圈"，所以听说长沙有老面馆时我还是吃了一惊的。甘长顺和杨裕兴，就是两家老面馆。

我们先去了甘长顺，它位于长沙的繁华街道黄兴路上，是清光绪九年（1883 年）开业的老店，也是长沙最古老的面馆。菜单上有汤面、炒面、锅面。我点了三鲜锅面，面被盛在大瓷碗里。过去是用铁制的锅盛面，所以名字流传至今。

接着我们去了杨裕兴，也是家老店，清光绪二十年（1894 年）开张。在这儿，我点了酸辣面和冬菇面。酸辣面的味道本该是又辣又酸的，可是这面只辣不酸，好吃！湖南菜的辣，是不用花椒的，所以合我的口味。花椒的麻我是吃不消的。冬菇面就是放了干香菇的面。无论哪家店，汤、面都差不多，类似上海风格的浇头面，只是用料不同，也许创业者是从上海迁移至此的。汤的味道好极了。

回酒店的途中我看到米粉专营店"和记"，就去坐了一下，点了放猪肾的腰花粉、放鳝鱼的鳝片粉。这一家也是老店。这一带是粉、面水乳交融的地区。

会议从第二天开始，所以我利用空闲的时间去了从没去过的醴陵，与海南的陈国江和乌鲁木齐的王磊一起。醴陵是陶瓷之城，我便去参观了制瓷作坊。在这里买陶瓷可真便宜，一套杯子 10 个，才 8 元钱！

▮ 甘长顺后厨

▮ 三鲜锅面（长沙甘长顺）。以阳春面为基础，加
入三鲜。器具原本是铁锅，后来变成瓷质容器

▮ 酸辣面（长沙杨裕兴）。酸辣面、冬菇面都是浇
头面，所以基础面同为阳春面。浇上酸辣浇汁，
就是酸辣面，浇上炒冬菇就是冬菇面

▮ 冬菇面（长沙杨裕兴）

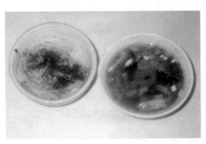

▮ 酸菜荷兰粉（长沙火宫殿）。火宫殿也是老字
号，招牌酸菜荷兰粉其实不是粉，口感像魔芋

从长沙向南走大概 50 公里就是彭德怀的故乡——湘潭，再向前走 40 公里就是毛泽东的故乡——韶山。我很惊讶的是，中国旅行社的人当中，去过韶山的出乎意料地少。这样，有 40 人左右，利用会议结束后的时间去了韶山。我之前去过两次，所以就在酒店里悠闲地休息。吃午饭的地方是个地方菜餐厅，这也是一家有 100 年以上历史的老店——火宫殿。这是家经营传统小吃的店，有 60 多种装着小吃的盘子排列开来。其中尤为著名的是油炸臭豆腐，但是我对味道厚重的东西有些吃不消，就此罢手。我要了另外一种名小吃酸菜荷兰粉。我以为是米粉，但是从口感判断，用料似乎更像是魔芋。

天子山绝景

和从韶山归来的人一起，向着张家界出发了。以前的机场叫大庸机场，现在已改名为张家界机场。机场停着两辆由长沙空驶过来的大巴，还有导游在等着我们。

第二天早晨 7 点，我起床后去张家界街上散步。餐馆都已经开门了。这里确实属于米圈了，基本都在卖米粉。我选了其中一家店，吃了牛肉米粉，这里的米粉是扁平的。

去年（1995 年）8 月来张家界时，我强忍着酷暑，顶着突降的暴雨，气喘吁吁地爬上了黄狮寨。被淋成了落汤鸡的我，如果不马上回酒店换衣服，即便是夏天也会染上感冒，结果没能好好看看金鞭溪，非常遗憾。即便如此，山上的壮丽景色还是足以令我忘掉路途中的一切苦难，张家界入选世界自然遗产，实至名归。

这一次，是去去年没去过的天子山。从酒店到天子山，路况绝对算不得好，可一路美景，油菜花盛开，犹如绒毯一样。但是气温很低，比较寒冷。进入山路之后就开始起雾了，周围一片苍茫。这样一直走下去会什么都看不见，无奈，我们只得停下等待雾散，顺便去一家叫神堂湾的餐馆吃饭。没想到，餐桌的旁边竟放着点燃的炭火盆，大家欢声一片。外面如此寒冷，却能有砂锅吃，太难得了。饭后，又等了 40 分钟。没有白等，终于云消雾散，奇峰怪石显现出来。

最棒的造型是"仙女献花""御笔峰"等，都被起了名字。这里的建筑物是与自然风光极不相称的观景台，但这里是观赏风景的绝佳之地。海拔大概有1 000米吧。

此外，山上还建有纪念在此地出生的贺龙元帅的公园，巨大的石像矗立在那里。

这一天住宿在张家界森林公园入口处的琵琶溪宾馆，这是去年8月以后我第二次住在这里。酒店的晚餐有汤很油腻的三鲜米粉，更像素米粉，三鲜在哪里，我却找不到。

张家界附近居住着少数民族土家族，所以第二天早餐我要了土家族风味的米粉。土家族的米粉又圆又黑，之后要去的常德的米粉则是又圆又白的。

时日尚早的桃花源

一早，我们一行人分为两组，分头出发。一组是去张家界的黄狮寨、金鞭溪，要在那儿住一晚。像我这样已经去过张家界，更期待遇见桃花的，则去桃花源（桃源）、常德，这是第二组的行程。时雨时停真算不得好天气，黄狮寨够呛吧，大家议论纷纷。果不其然，后来听说他们好像中途放弃了。即便爬到山顶也不敢肯定就看得见风景。如果换作我，我一定会赌一把的。

驻在北京期间，我曾偶然看到明十三陵桃花盛开的情景。在此之前，我脑子里完全没有"此时正值花期"的概念，仅当作去明十三陵的高尔夫球场时，偶然遇到的风景。东京近郊的桃花3月下旬开，北京的桃花花期则在4月中旬。这天是3月22日。比起北京，这里地处华南，我企盼着即将抵达的桃花源，一定像它的名字一样桃花盛放。

"晋太元中，武陵人捕鱼为业。缘溪行，忘路之远近。忽逢桃花林……"以此开头的陶渊明的《桃花源记》，记得我上学时曾经学过，可现在只模模糊糊记得一些。印象深刻的是1990年日本芥川奖得主辻原登的小说《村名》。陶渊明笔下的世界完全是异度空间，是现实与梦幻胶着的世界，我觉得这是对桃花源最佳的诠释。

‖ 天子山御笔峰

‖ 桃花源的桃花

‖ 土家族米粉（张家界琵琶溪宾馆）。当地人吃的
土家族米粉。味辣，粉圆，感觉颜色有些发黑

‖ 三鲜米粉（常德）。功能齐全的摊档做出的米
粉，三鲜指肉、木耳、摊鸡蛋

在桃花源我游览了福地洞天桃花山。这桃花，再怎么夸张地说，也不能算是盛放，只零零散散地开了一些。据说桃花节是 3 月 28 日开始，我们还是来早了。赏花之旅真是难以掌控。在方竹亭，我吃了这里的特产"擂茶"。"擂"是砸成粉末的意思，即把生米、生姜、胡椒和茶叶放入研磨钵里捣碎，然后注入开水。

我看见旁边的餐厅门前吊着老鼠，很大一只。听说是可食用的，我却完全生不出食欲。

在常德的一家酒店——芷园宾馆吃晚饭，没有期待已久的常德米粉，却只有挂面。

第二天一早，我去外面找常德米粉，发现了有趣的小摊子。有点像日本的拉面摊子，台子上嵌着成套的煮米粉的锅、温着汤汁的锅。我在北京见过同时温着各种做盒饭的菜的小摊子，能拥有同样设备的粉面摊子，这我还是第一次见。在这个摊子上，我点了三鲜米粉。汤里面加了肉、木耳、摊鸡蛋三种料，所以叫"三鲜"。早听闻常德米粉是圆白的，可这里的却是白的、宽扁的。

这次旅行几乎没有碰到好天气，但是我仍为天子山的壮丽风光所感动。我再次认识到，包括上一年去过的张家界在内的世界自然遗产武陵源从此必将吸引越来越多人的目光。

丝绸之路南道：拉条子之旅

1996 年 4 月

敦煌·花土沟·若羌·且末·民丰·和田·喀什·卡拉库里湖

和卫局长约好的丝绸之路之行

1990 年 1 月到 1994 年 4 月，我一直在北京的事务所工作。那期间正好赶上甘肃省旅游局的卫孺牛局长来中央党校学习。他是个很直爽的人，我们俩比较合得来，在北京时经常一起吃饭。卫局长说他喜欢吃咖喱饭，我就叫他来我在北京的住所，让太太做咖喱招待他。我和卫局长曾经约定，趁都在北京的这段时间，一起去敦煌以西，即所谓的丝绸之路南道旅行，可是还没等成行，我就调任回国了。

从敦煌继续向西延伸的丝绸之路分为经哈密的北侧道路和经玉门关过楼兰的道路。从楼兰再往前就又分为塔克拉玛干沙漠以北的天山南路和沙漠以南的丝绸之路南道。经哈密去往吐鲁番、乌鲁木齐一线很早就对外国人开放了，但是从楼兰开始途经米兰、且末、民丰一带直到 1994 年 3 月才终于有一部分开放，那里的交通状况不容乐观，从日本到丝绸之路南道的旅行至少要有 10 天的时间，所以我调任回国后，旅行计划一直没能实现。最终实现与卫局长的约定是在我回国后两年，即 1996 年的黄金周假期。这一年，前后假期调整可以连休 12 天，于是我利用其中 10 天，实现了旅行的约定。此外还有一个缘由，这一年我在筹备一条用时 20 天的新路线，即从敦煌出发，环塔克拉玛干沙漠一周，再回到敦煌。因此实地考察工作也是很有必要的。

4 月 25 日出发，我先在北京住一晚，第二天经由西安飞到敦煌。从兰州开车到敦煌的卫局长、常立新等中方人员在等着我。住宿的酒店是敦煌宾馆，我的房间是北楼 210 室，据说是日本前首相竹下登曾经住过的房间。

4 月 28 日，我们一行人向着丝绸之路南道出发了，出发前吃了美味的牛肉拉面。

这次旅行成员有我、我的朋友岩佐、北京的康战义、兰州的常立新，还有卫局长和兰州金城宾馆的总经理、旅游局的人，一共 7 个人。分开两辆车，其中一辆是为这次旅行新买的。此去所到之地没有手机信号，两辆车上都备有无线对讲机以方便联络。

行驶在输油路上

按照地图计算了一下，第一天的行程是 690 公里。先走上了阳关大道，至今我已经经过很多次阳关。路的左边是连绵不绝的鸣沙山。过了去阳关的三岔路口，上了去喀什的道路，这是一条从未走过的路，让我心情激荡。离开敦煌 1 小时之后，从甘肃省进入青海省，经过了叫阿克塞的小镇。车上显示仪显示此地海拔 2 300 米。在这里，车向西拐，离开了大路，再一直前行，就是从格尔木到拉萨的青藏公路。我寻思着什么时候顺着这条路去趟拉萨。

11 点，到了冷湖镇。在这里稍事休息，加油，吃饭。沿着路，餐馆一溜排开，距路边也就 50 多米。我们找了一家相对比较干净的，吃了白皮面。所谓白皮面，就是米饭的替代品，根据自己的喜好就着菜吃。

‖ 油沙山油田的油井

‖ 白皮面（冷湖镇）。白皮面里什么都没有，只是水煮过的面。像吃米饭那样，就着菜吃，或者把菜浇
  在面上拌着吃

到这里的道路状况出乎意料地好。之所以这么好，是因为要把西边开采出的石油运送到东边的敦煌，青海省石油管理局就铺设了这条路。正因如此，油田以西的路况仍然很糟糕。

再次出发，车行驶在戈壁滩上。路况还是很好。我在地图上寻找自己所在的位置，没有这条路。可以理解，这条路是石油管理局刚刚建好的。道路类似于从四边形对角线延伸，使我们到达这天的目的地花土沟少跑了不少。

我们从冷湖镇出发，走了3个小时，能看到周围油库多了起来，这里是油沙山油田。到达花土沟是下午4点，从敦煌到这里是600公里，比计划少走了90公里。

可是，已经预约的酒店说没有房间了，甘肃省的一行人在前台交涉了一个小时，还是没能拿到房间。在这期间，北京来的康战义不知从哪里领来一位男士，也不知道怎么的就可以了。问了得知，他去二楼找到了正睡着的酒店负责人，毕恭毕敬地请求了一番，我们成功拿到了房间。好不容易到手的房间在二楼，爬楼梯时，我突然感觉喘不上气，一个趔趄。我觉得很奇怪，看了一下高度计，花土沟的海拔是2 900米。

第一次踏上若羌之路

第二天，4月29日。一夜无梦补足了精神，我在酒店周围散散步。昨晚强风四起、沙尘飞扬，犹如西部片场景的小城，现在一下子平静了。我在附近的集贸市场看到"兰州牛肉面"的招牌，赶紧进去瞧一瞧，有饸饹汤面，我点了这个当作早餐。即便叫饸饹面，用的还是小麦粉，只不过用饸饹床作为压面的工具而已。这天刚好停电，电动的小饸饹床动弹不得，只得手工把面压出来。

这一天的目的地是若羌。其实，我当时所在的公司正在策划的旅行路线就包括这一段，所以我这次旅行的目的之一就是实地考察可行与否。这次与我同行的人中谁都没有走过这条线，道路状况如何、有无餐饮等，没有一个人清楚。不出所料，从酒店出发后不久，就变成了坑坑洼洼、很糟糕的路。道路伸向阿尔金山中。经过一个半小时，我们跨越了海拔3 000米。像覆盖着白雪一样的大山近在眼前，让人产生少有的窒息感，那是石棉矿山。在日本，石棉被指定为致癌物质，在这座矿山劳作的人们安然无恙否？正思考着，车已经由青海省进入新疆维吾尔自治区了。

30分钟后，真正的雪山出现了，在行进方向的左侧，大概是阿尔金山脉的一座山峰吧。右侧是辽阔的湖水和草原。这个时期，草还是干枯的，夏天到来的话，我想这里一定风光无限。看着湖水，一时间，心一下子沉静了下来，不一会儿，又进入山路。已过下午1点，我们到达似乎海拔最高的地方，休息。下起雪来了，气温也降到了0摄氏度，显示海拔为3 600米。景色壮观，但是冷得不能在外久留，大家合影留念后赶紧回到车里。

接下来是下山，下山途中，路况渐渐变得恶劣起来。不像是路，倒像是旧河床，或者是道路被洪水冲毁后的遗迹也未可知，到处横着巨大的岩石，如果不是四轮驱动就绝对无法通过这条道路。一直到下午两点以后，没看见一个人影，餐馆什么的更是全无踪迹。终于看到护路工的家，我们跟人家要了热水，拿自带的康师傅方便面、酒店的煮鸡蛋、炸鸡作为午餐。大概是在坑坑洼洼的路上把肚子摇晃空了，这样的一餐显得美味无比。餐后，我们沿着尚未解冻的米兰河前行，走了40分钟，终于又见人烟，立着"新疆建设兵团三十六团场"牌子的三岔路口出现了。三岔路口向右，是去米兰古城遗址的路。

至此，海拔1 000米在高度上已经没有什么令我担心的了。接下来将要面临的，是自古以来就令人闻风丧胆的被称作"黑色风暴"的沙尘暴。

当时米兰古城遗址尚未正式对外国人开放，要得到特别许可才行，即便有了许可证，要去遗址，还要缴纳300元。此外，外国人的话，每带一台相机需要额外缴纳200元。

米兰遗址，是由斯坦因发掘的，最为有名的是色彩浓重的希腊风格的"有翼天使"壁画。不知为什么，应该称得上是米兰的象征的佛塔，在广阔的遗迹中显得如此瘦小。穿过遗迹北上，就是迷失之湖罗布泊，再向前就是楼兰。这次我们沿反方向，向若羌行驶。这一日走了425公里。

我们在若羌宾馆吃晚饭，主食仍是拉条子。这一根面，很长很长。用筷子

‖ 米兰佛塔

‖ 拉条子（若羌）。拉条子是由一根面剂子拉成的，没有断口，是长长的一整根。若羌拉条子里面没有
　配菜，可以叫白皮面

夹起面站起来，面都不会断。制面时，大概是左手拖着又粗又长的面剂子，右手不断拉抻制成的吧。

沙尘暴中奔赴且末

第三天，4 月 30 日。我在早晨散步时听说，酒店前有一家从四川来的女士开的餐馆。虽然也能做拉条子，但是我要了一碗满满是汤的肉丝面片。只因为大师傅是四川人，所以满满都是川菜常有的花椒味。

这一日，我们就要出发了，在丝绸之路南道上，从保留着古老地名的若羌到且末。不过，古时候的丝绸之路在遥远的北边，已经被湮没在塔克拉玛干沙漠里了。

出了被绿色环绕的绿洲城市，周围景色一下子变成了黄色调。天气还算好，但是天并不蓝。刮了一夜的风还没有停，依旧漫天沙尘。这个地区每年从 4 月到 5 月是强风季节，细沙尘漫天飞舞，完全看不见前方，所以会迷失方向。这种沙暴被称为"黑色风暴"，自古就令人恐惧。

出了若羌 1 小时后，在我们参观瓦石峡古城时天气还好，在江尕勒萨依仅有的一家餐馆（房子也仅此一间，主人是电话线管理员，兼职经营餐馆）吃拉条子的时候开始，风大了起来。车外，沙尘猛烈得让人根本睁不开眼睛，我赶紧把事先准备的风镜取出戴上。

日本产四轮驱动在狂沙与沉沙中几度抛锚，走走停停，下午 4 点多，我们和后一辆车失去了联络。对讲机也失去了作用。风越来越大，可见度仅在 5 米左右。沙尘狂舞，根本看不清路与沙漠的界限。大概 30 分钟后，我们终于通过对讲机知道了那辆车的位置，于是调头返回去找。原来，后面的车因为看不见我们的车，在该拐弯的路口没有拐，继续直行，所以走丢了。

调头走了一段我们又停下来，准备等沙尘暴减弱一些再走。得知两台无线对讲机取得联络时直线距离也就 10 米左右，仅仅这个距离，彼此已经不在视野之内了。

到达且末的酒店已经晚上 6 点了。行驶距离 410 公里。风势没有渐弱，酒

Ⅲ 肉丝面片（若羌）。汤汁有花椒味，问过得知，大师傅是四川人

Ⅲ 拉条子拌面（江尕勒萨依）。江尕勒萨依仅有的一家餐馆的拌面，编花绳式拉出的面入锅，非常好吃，可是沙尘透过墙壁的缝隙吹进面里，断送了美味

店四周高大的白杨树在风中摇曳，发出"咻咻"的声音。

戈壁滩中驶向且末古城遗址、民丰

5月1日。酒店周围一家餐馆都没有，早餐吃面的想法几乎化成泡影，好在酒店餐厅里有"揪片"（面片），类似日本的面疙瘩汤，可不怎么好吃。

这一天的行程是由且末到民丰。风还没有停，我们向着且末古城出发了。只有且末是离过去丝绸之路南道最近的城镇，却没有像样的路通到且末古城，我们只好在戈壁滩中向前挺进。我们拜托酒店的一位负责人做向导领路，他之前去过那里很多次，可是到了出发时间，这个人迟迟不出现。司机对路线一无所知。刚巧这一天是劳动节，又是古尔邦节。我们忐忑不安地等了20分钟，那人出现了，终于可以放心地上路了。

玄奘、马可·波罗都曾到访且末古城，然而去那里的路是沙漠之路，没有向导是绝对无法辨认出的。听说这条路上至今都散落着陶片、织物片，稍稍挖掘就可以出土些什么。

出了且末绿洲40分钟后，胡杨林映入眼帘。光秃秃的胡杨林风景，令人心生畏惧。胡杨是650万年前就生存在地球上的古老植物，据说世界上90%的胡杨都在中国。

在一个有餐饮街（确切说是4间土坯房）的地方，我们吃了拉条子拌面作为午餐。面是手工制成的，番茄、辣椒调味适中，味道相当不错。

查看这一带的地图，安迪尔古城遗址就在附近，但是这次时间不够，所以没有去成。进入民丰之前，我们走了一段耗费3年时间，1995年才全线通车的沙漠公路。这条路正好把塔克拉玛干沙漠分成两半，由北道的轮台至南道的民丰，全长550公里，是一条铺装完备的道路。对于直面生死、横穿塔克拉玛干沙漠的斯文·赫定来说，完成这样一条道路，简直是不可想象的事情吧。铺设这条道路，也全仰赖于沙漠中发现的油田。晚上6点40分，我们终于抵达民丰，全程300公里，算是比较轻松的一天。

民丰的酒店里，除了拉条子，还出现了稀有的米饭。把自带的即食牛肉咖

Ⅲ 揪片（且末）。同是小麦粉做成的，为什么拉条子好吃，揪片就不好吃呢？小麦粉的味道很浓，是烫
　　面疙瘩，也叫面片

Ⅲ 拉条子拌面

喱倒入面和饭里，得到了随行人的好评。

和田的"玉古勒"

5月2日。这一天是从民丰到和田。民丰有斯坦因发掘过的民丰尼雅遗址，非常有名，但是地处离城中心100公里以外的沙漠里，只为游览而去的确有点勉强。从这里到喀什，一路是知名的绿洲城市，路况也非常好。

花费了1个小时多一点，我们先到了于田——曾经的克里雅。这里有种独特的风俗习惯，女人头上戴着一顶茶碗大小的喇叭形小帽，叫作"太力拜克"。我非常想见识一下，就跑到城中，看到偶有经过的女士戴着那个。

我们在策勒的雄鹰餐厅吃午饭。和一路所经过的不同，这是家很气派的餐厅。大家据自己所好，分别点了拉条子拌面和炒面两种。这里的拉条子，是两手翻花绳似的制作方法。大家每样都吃一半，两种都是番茄口味，味道不错。

和田城东边，白玉河缓缓流淌。和田过去叫于阗，这条河也曾叫于阗河，是玉的著名产地。通常每年7月，雪水融化带着玉石流入河中，10月枯水期开始采集。现在是5月，还不是采玉的季节，我就捡了几块白色的像玉的石头做纪念。

从于阗国都城的约特干遗址发掘出的黄金制装饰品曾在日本展出，知名度很高。沧海桑田，如今那里是一片田地。但是即便在今天，土沟里随便挖一挖，就会有古钱币被发掘出来。在郊外，还有一处被称作"于阗的西城"的玛利克瓦特遗址，还有一些看似建筑物的遗留。只因和田有机场，所以与别处绿洲不同，这里人口众多，商业发达。特别是与日本箭羽纹相近的艾德莱斯丝绸和丝毯，闻名中国。

这一天走了350公里。晚上去夜市找面。有种面叫作"玉古勒"，面里有种出产在和田叫"恰玛古"的蔬菜（对心脏有好处的药）。面和恰玛古一起放在锅里煮，放盐调味。端上桌之后，根据自己的口味撒上孜然、胡椒、香菜。有趣的是，吃这种面不用筷子，要用勺子。

Ⅲ 玉古勒（和田）。面里有和田特产恰玛古。面的粗细似兰州拉面，热汤，要自己调味。第一次遇见要用勺子吃的面

让我眩晕的卡拉库里湖

　　5月3日，行程即将结束，我们从和田前往喀什。沙尘漫天飞舞，导致始终没能得见的昆仑山脉终于露出真容。风好像停了。路上来往的卡车多了起来，行人也渐渐多起来。路两边，高大成熟的白杨树整齐地排列着伸向远方，完全感受不到这里已经是边境地带。

　　翻过皮山，到叶城的登山宾馆吃午饭。这里吃的当然还是拉条子拌面。从叶城向南有一条路，沿这条路经过西藏的冈仁波齐，可以到达拉萨。而且，从喀喇昆仑山、喜马拉雅山中国一侧登顶的登山队要经过此路，必须在这里用餐，所以宾馆起名为登山宾馆。

　　从这里再向前，就是莎车、英吉沙等绿洲城市，都是我在读过西域探险的书之后深深印在脑中的地名。一鼓作气走下去，我们在晚上7点到达喀什的酒店。这一天行驶距离是560公里。从敦煌出发，6天时间共走了2 600公里。

当晚，同行的卫局长为首，甘肃省以及新疆维吾尔自治区旅行社的人，还有一路长途驾驶的司机师傅与我频频举杯。我大概兴奋过度了吧，竟有些喝多了。本来约好了再去喝第二轮的，不承想一进屋我就昏睡过去，连衣服都没脱。后来听说，他们来叫我时，看我睡得正香，就没叫醒我。这顿大酒，严重影响了第二天我在卡拉库里湖的游览。

　　去卡拉库里湖，汉族人需要办通行证。我们是前一天才决定去这里的，所以同行的汉族人没能办成通行证，最后只得维吾尔族的艾斯凯尔和我们两个日本人一起去了。

　　因为去年的洪水，道路遭受严重的破坏，车前后左右剧烈地晃动。路断掉了，我们就在河里走了一段。海拔渐渐升高，身体感觉有些异样。卡拉库里湖在海拔7 546米的慕士塔格峰脚下，海拔3 600米，和富士山差不多的高度。我完全没有感觉到已经来到了如此高度，全赖前一晚的一场大酒。

　　终于到了卡拉库里湖。两座高峰被云雾遮挡住了，看不到踪影。即便看到了，就我当时的身体状况来看，估计也没有余力欣赏风景了吧。我感觉越来越不妙，几乎站不住了。摇摇晃晃奔向厕所，在里面坐了很长时间。即便到了午餐时间，我也一点食欲都没有。同行的人特意让厨房给我做了多汤的挂面，喝下这汤，感觉身体渐渐恢复了正常。云，没有散去的迹象，我们只得早早离去。和来时一样，路况很糟，但是身体舒服了很多。到达喀什后，和昨天完全没有两样。当晚举行告别宴会，我没有接受教训，又喝了一顿。

　　这次旅行，让我再次领略了新疆维吾尔自治区的魅力所在，同时，也让我充分认识到了无处不在、无不美味的拉条子的可贵之处。

‖ 卡拉库里湖

‖ 拉条子拌面（叶城）。除了番茄味的，还有一种很受当地人欢迎，以羊肉为主料的拌面

长白山和地道的延吉冷面

1996 年 8 月

哈尔滨 · 牡丹江 · 镜泊湖 · 敦化 · 长白山 · 延吉 · 沈阳

哈尔滨的刀切面和疙瘩汤

在北京时，有个延吉冷面馆我一直想去来着，但总是人山人海的。听说绝对算不上很干净的店，但是非常受北京人欢迎，最后我也没能去成。北京的店怎么也得算是分店吧，要去也得去真正的延吉，想着这些，我踏上了旅程。旅行目的，当然是延吉冷面，顺便还可以看看那附近的名胜古迹——渤海国遗址、东京城、镜泊湖、长白山。路线是由黑龙江省哈尔滨向吉林省移动，然后从辽宁省回日本。

第一天，我在北京换乘航班，与北京的康战义、郑州的张晓平、济南的张心梅会合，飞到哈尔滨。通过日本的航空公司在北京转机，当天就可以到达目的地，大大节省了时间。在哈尔滨，沈阳的李国庆也来会合了。

包括哈尔滨在内的中国东北地区的餐馆，门前都挂着幌子。听哈尔滨人说，这些幌子有着各自的含义。首先，幌子的颜色可以区分店的宗教差别。其次，

‖ 东北虎林园

‖ 刀切面（哈尔滨）。黑龙江省一带的手工面，面是刀切出来的，故名刀切面。茄子配面，比较罕见

悬挂幌子的数目也有特定的意思。挂一个，有什么你就吃什么；挂两个，菜品比较丰富；挂四个，可以承办宴会，设备齐全；挂八个，你想吃什么就有什么。幌子下面带着的穗子代表"面"，意思是说"这里有面吃"。知道了这些常识，就会觉得街上餐馆的幌子是那么有意思。

哈尔滨是沿松花江而建的城市，因为所在的黑龙江省紧邻俄罗斯，所以俄罗斯风格的建筑不少，城市氛围很好，但是值得一览的名胜不多。听说新建了一个东北虎林园，我决定去看看。身为保护动物的东北虎被放养在园中，人坐在车中看老虎。主要是看给老虎投食，老虎猎食。可是我们去的时候，老虎大概还不饿，投食过后，老虎就像没看见一样继续打盹儿。仔细看，大概投食过度了吧，老虎个个肥肥胖胖。真该好好思考一下正确的保护方法了。

午饭吃的是东北人常吃的刀切面。这种面和日本的面相同，要把面擀成平片，然后用刀切，即日语里的手打面。这里的面上浇着茄子卤。我还吃了在东北常见的疙瘩汤（这也算得上是面的一种吧）。两种味道都不是太好。

从牡丹江到镜泊湖

之后，我们坐火车向牡丹江移动，大约需要 6 小时。到达牡丹江火车站时，不知为什么在放烟花。晚餐时，我问牡丹江旅游局的人："今天是什么日子？"回答说："市民节日。"那天是 8 月 15 日。想起来了！日本战败投降日！室外烟花绚烂，我们却停止了关于烟花的一切话题，话题全部转向了吃。牡丹江当时人口 75 万，其中朝鲜族 10 万。

第二天开始，是面包车旅行。从酒店出发 10 分钟后，我们过了牡丹江大桥。水位很高，水很浑浊。说是到前天为止，这里一直在下大雨。我一般走到哪儿，哪儿就会下雨，这次雨走在了我的前面，真难得。

我们乘坐的面包车行驶了 1 小时 45 分，到达渤海国五京之一的上京龙泉府（今黑龙江宁安）。渤海国存在于 698—926 年，中心区就是上京龙泉府。遗址仍然令我眼前浮现出松尾芭蕉的俳句"将士们梦之痕迹"，杂草丛生，残垣、断壁、老井，湮没了昔日繁华。

附近的隆兴寺里留存着渤海国时代的佛教遗迹——石塔。虽然不如遣唐使那样广为人知，但是727年至929年间，渤海使曾35次到过日本，对日本文化的形成有着不可忽略的影响，这一课题最近才开始引起人们注意。

穿过上京龙泉府，车向镜泊湖驶去。接近镜泊湖时，到处可见水漫上了道路，主要还是受前天为止的大雨的影响。一开始车子还能勉强通过，最终还是抛锚了。行人都光着脚，挽起裤腿，走在水中。车中的我们该怎么办呢？——下车，搬石头，修筑一条能够通车的水道。通过改变水流方向而使车能通过，结果取得圆满成功。我们到达了镜泊湖。

镜泊湖是牡丹江水遇火山熔岩形成的堰塞湖，湖的出口有吊水楼瀑布。有赖前几天下了雨，此瀑布比以往宽广了很多。那么说来，瀑布下方的游人步道和桥全被淹没了。

午饭是在镜泊湖宾馆元首楼吃的。这里的面虽是手工制成的，却是中国难吃的面的典型代表。面装在大碗里，软乎乎的，很快汤就被面吸干净了。但是令我惊讶的是，汤没了，还可以再加。

‖ 镜泊湖

糟糕的午餐之后，是湖上游览。去时，游览船几乎不会摇晃，正如湖的名字，就像在镜子上航行一般；但是回航时，船好像走起了"之"字。我正纳闷，不经意间看了眼驾驶舱，天哪，掌舵的不是与我们同行的康战义吗？能看到的陆地还很遥远，周围又没有别的船，倒也还安心，但我还是马上去驾驶舱制止了他。他到驾驶舱跟船长胡说八道了什么，人家就把舵盘交给了他。真是个能折腾的家伙！

至极美味——玉米面条

离开镜泊湖，我们很快就从黑龙江省进入吉林省。这一天住宿在吉林省的敦化。在敦化，我邂逅了意想不到的面。黄面条，也叫玉米面条。事情的经过是这样的。

一早，出酒店散步，在街上寻面作早餐，是我每次旅行的例行活动。那天早上，我看见附近有自由市场，就进去瞧一瞧。一家餐馆的牌子上写着"玉米面条"。我懂"玉米"的中文意思，就问店家是不是像辽阳的酸汤子那样不带汤的面，回答说："带汤。"我赶紧点了一碗，这碗面，真乃至极美味。面入口即化，但又带着柔韧劲儿。汤里面放了腌制过的圆白菜和豆瓣酱，混合在一起，很有些日本味噌拉面的样子。我点的面是黄色的，也有白色的面，于是我又另要了一碗。玉米有黄色粒和白色粒两种，用料不同，面的颜色也不同。白色的叫白玉米面条。最先是我一个人来到这家餐馆，后来同行的 4 个人都在此聚齐了，一致认为这种面好吃。回去途中，我仔细观察了自由市场，干燥的黄玉米面条和白玉米面条摆在小摊上，在太阳的照射下闪闪发光，

早饭后，我们从敦化出发，行驶了一个半小时左右，开始进入山道，看到稀稀落落的白桦树。又向前两小时，到达长白山的入口，在这里缴纳进山费。中国人，15 元，而外国人需要 120 元，相当于前者的 8 倍。长白山海拔 2 744 米，山顶有叫天池的火山湖，这里是当时中国最大的自然保护区。各种各样的动物在此繁殖，特别是渐渐接近山顶时，植物分布呈现奇妙的变化，因此闻名遐迩。山顶的湖中有与朝鲜之间的国境线，那里是对望朝鲜的难得之地。这一

‖ 长白山天池

‖ 白玉米面条（敦化）。白色玉米做的面。店里没有挂面，现从市场买的。倒是挺好吃的，但是感觉不如黄玉米面条滑溜

‖ 黄玉米面条（敦化）。黄色的玉米粉做的挂面，入口爽滑筋道。汤里有豆瓣酱和圆白菜泡菜，有点像日本味噌拉面的味道，很不错。玉米粉竟能做出如此美味的面，令人惊讶

次幸亏有好天气，可以清楚地看到对面的朝鲜。据说很多人几次来长白山，但每一次都因为天气恶劣，没能看到天池的美景，我们这一行人真是太幸运了。

接着，登山。张心梅说有点头疼。后来回到日本，我查阅了资料，好像因人而异，有些人身处海拔 2 000 米以上的环境就会出现高山病的症状。

地道的延吉冷面

第二天我们去了去冷面的老家——延吉。有名的冷面馆里食客很多，所以不提供预约服务。我们只得拜托延吉旅行社的人，在时间差不多的时候就去排队等座。吃个冷面，即使在当地也不是件轻松事。

从长白山到延吉需要 4 小时，路况很糟糕。稍一疏忽就可能走错路，所以把要经过的所有地方的地名在地图上一一对照确认后，才没有走错。糟糕的路况使我们比原计划晚 1 小时到达延吉，多亏了事先去排队的旅行社的人，确保了我们的座席。店内已经满员。朝鲜语店名是"金达莱餐厅"，金达莱是杜鹃花的意思，这一家是延吉最有名的冷面专营店。仅 20 元一碗的面，比起日本的冷面，其花哨程度非同一般。先奉送 5 个小菜，有蟹肉棒、松子、鱿鱼、海参、小虾。等冷面（面里已经有牛肉、西瓜、鸡蛋、黄瓜、辣白菜、芝麻）端上桌，可以根据自己的喜好，把这些小菜加到面里。这面有劲儿，果真好吃，只是汤稍微厚重了些。在这里代替茶的，是一碗不放任何调料的冷面汤汁。

延吉是去往长白山的必经之地，也是延边朝鲜族自治州的中心地带，但是没有什么值得一看的地方。我们乘夜航飞到沈阳，利用空余时间去了一个与朝鲜接壤的边境关口——图们。架设在图们江上的大桥，是连接朝鲜与中国的通道。中国一侧排列着旅游纪念品商店，热闹异常，可是与之相比，朝鲜一侧静悄悄的。从观光望远镜里能看到对面的玉米田，有没有结出玉米就不得而知了。

之后，我们又回到延吉。在韩国大宇集团出资修建的豪华酒店里，太太们喝咖啡稍事休息，利用这个空当，我去了另一家冷面馆——服务大楼。这里的冷面味道几乎和日本一样。不辣，辣白菜要另点，试着把辣白菜拌到面里，非常好吃。价格 6 元，相比之下，之前吃的那家面太过豪华了。

Ⅲ 架在中朝边界上的桥（图们）。河对面是朝鲜

Ⅲ 延吉冷面（延吉金达莱餐厅）。延吉最具人气的冷面，很难预约。面码全部放进面里，5 种面码，也可以根据自己的口味爱好添加。汤很浓，不是很酸，面筋道好吃

Ⅲ 延吉冷面（延吉服务大楼）。这家店的冷面与日本的相同，所有面码都加进面里。还有鸡蛋，味道也与日本的无异。这里的面更符合日本人口味

秦始皇、孟尝君遗迹：令人遗憾的
福山拉面

1996 年 10 月

青岛·烟台·赣榆·连云港·秦山岛·临沂·徐州·上海

出行前的三个目的

　　1995 年 9 月出版的宫城谷昌光的《孟尝君》，位居日本图书畅销榜榜首。我也读了这本书，再怎么熟知"鸡鸣狗盗"的典故，可这样一本有那么多陌生的地名、人名，还有那么多难认汉字和难懂熟语的书，居然能成为畅销书，让我深感意外。孟尝君是战国时期齐国人，所以我拜托山东省中国国际旅行社帮我查找与孟尝君有关的古迹。后来得知，孟尝君的薛国就是现在的滕州，那里有薛国故城遗址和孟尝君墓。于是，我们在 1996 年 2 月设计了一条关于孟尝君的旅游路线，并开始招揽参团者，令人惊讶的是，居然招揽到了 600 名游客。这时我才意识到，就连我自己都没有到过孟尝君故地呢。

　　还有一个地方引起了我的注意，那就是日本NHK电视台播放的《秦始皇帝》中出现的秦山岛。这个岛位于山东省和江苏省两省交界处，在赣榆村沿海，这个村子因有徐福的子孙生活着，曾经引发不小的话题。潮落，这个岛就会和大陆连接在一起，据说这条连接之路就是秦始皇修筑的。退潮后的镜头给我留下了深刻的印象，什么时候能去看看呢？

另外，烟台附近的福山，也是格外引起我注意的地方。我曾经在书上读到过，据说那里是拉面的发祥地，特别是在明代，那里出产的细面曾上贡给朝廷。面由于非常细，就获得了"有如龙须一般"的褒奖，"龙须面"由此得名。

1996 年 10 月，为亲眼鉴证这三件事情，我向着山东省出发了。

去拉面发祥地——福山

上海转机，飞到青岛。青岛的经济开发如火如荼，郊外也渐渐发展起来。新的酒店也建在郊外，但是为了方便在城里找面吃，我还是预定了老城区的酒店。为了第一顿面，我去了餐馆密集的沈阳街（现为沈阳路）。但是这里餐馆的菜单上大多是肉丝面、牛肉拉面、刀削面、炸酱面等常见的种类，没有一家是有地方特色的。

第二天一早，我在酒店附近的一家叫奥林酒店的餐馆吃了清水面。面的浇汁和煮过的面是分别端上来的。浇汁中有肉、鸡蛋、青菜，但是味道很寡淡，另外又上了酱菜（酱油腌制过的咸菜）。这是种靠酱菜来调味的面。

从青岛到烟台，大概正中间的位置，是一个叫莱阳的城市，当时正是收获季节，莱阳特产莱阳梨摆在道路两边，试吃之后可以购买，所以把车停在路边买梨的人很多。每遇到这种路边摊就率先下车试吃却从不掏腰包的人也是有的。同行者之一、北京的康战义就是这样的人。

又走了一会儿，向东就到达了烟台的半岛度假村，很像日本的疗养中心。我们公司之前在这里招待来日本的原牡丹江旅行社的故交邱魏，所以他特意安排我们在这里吃午饭，但是我的目标是吃福山拉面，拒绝了，没有入席。一开始，同行者都说："现在已经没有做福山拉面的店铺了。"（他们在骗我）我不听他们的，就去了福山华侨饭店。听青岛那边的人讲："这一家做的是福山拉面。"

Ⅲ 卖莱阳梨的小摊

Ⅲ 福山拉面（刀切龙须面，烟台福山区）。虽然叫福山拉面，但不是拉面，是切面，应该叫"刀切龙须面"。仅仅是借用了名字，其实不是福山拉面。面做成了阳春面（面里没有任何配料）

Ⅲ 红薯面（烟台）。也叫地瓜面，是红薯粉做成的面。味道不太好

Ⅲ 南方裤带面（烟台）。裤带面是西安一带的特色面。是大宽面。拌酱来吃。与西安吃法不同，所以冠以"南方"之名

Ⅲ 麻糖龙须面（烟台）。据说福山是龙须面的发祥地。此乃正宗，非刀切。油炸过之后蘸甜芝麻酱来吃，更像是甜点

我请求店家带我到后厨看看。厨师把和好的面团擀成薄薄的一张面片，反复折叠几次，切掉两端，像切大葱一样用刀切面。要把面切得非常细，这技术可不简单。可这不是拉面，是切面。打听了一下名字，这叫"刀切龙须面"。大概是我在说明此行目的时，过度强调了"龙须面的发祥地"。然而那时我是信以为真的，"原来这就是福山拉面啊！"后来证明了这是我的知识欠缺。

之后我又做了各种调查，完全是两回事，那天吃的更像是阳春面。大家都只是看着我把面吃完，最后还是回到半岛度假村正式吃了午餐。

酒店餐厅实在用心，端上来各种各样的面。第一碗是烟台的红薯面。这种面和我1993年在烟台吃的地瓜面相同。这面里用了红薯粉，所以煮熟的面很黏，要过一下水，温吞吞的。第二碗是蓬莱的蓬莱小面。第三碗是宫廷翡翠面，菠菜汁和的面，所以是绿色的。第四碗是南方裤带面，这种很宽的面本是关中的特产，吃法和炸酱面相同。最后是麻糖龙须面，虽叫龙须面，但是并没有那么细，油炸过后，浇上拌了糖的芝麻酱。每一种都是山东省特有的，邱魏以此感谢在日本时我对他的关照。

虽然这顿是午餐，但大白天的大家就喝了酒，餐后都去蒸桑拿或按摩了，我不太喜欢那一套，就和张心梅还有酒店负责人去度假村的卡拉OK唱歌，等其他人。事后思考了一下，我到了福山却没能吃到福山拉面，所以此次烟台之行可谓毫无意义。

秦山岛的"神路"

第二天我们乘轮渡横渡胶州湾去黄岛，目标先指向名声远扬的秦始皇巡幸地——琅琊台。乘渡轮大约30分钟就到达了黄岛。琅琊台最高处建有雕像，描述的像是秦始皇要去生长着长生不老仙药的蓬莱，还有向徐福下旨的情形。这雕塑还算过得去，可是远处军队的雷达就严重破坏了历史遗迹的氛围。传说秦始皇曾在此逗留了3个月，的确，这里的海景异常壮观。之前这里曾经遗留着秦二世胡亥下令开凿的琅琊石刻。现在石刻已不在此地，而是在中国国家博物馆里。

半山腰当时正在建徐福庙。徐福的出生地在琅琊台以南大概 170 公里的一个叫赣榆的地方。迄今为止关于他的出生地有诸多说法。赣榆有个村子叫徐阜村，出现了自称徐福子孙的人，一时间，这里成了受人瞩目之地。如今的赣榆，建起了气派的徐福像、徐福祠。

这一天的午餐是在日照的酒店里吃的，可我在街上溜达时发现了一家做山西面的店，看到了些不认识的字眼，所以进店去打探一番。这里管白面剔尖叫"白面便尖"，管饸饹叫"河涝"，管红面抿节叫"红面擦尖"（红面就是掺了高粱粉的面）。

晚上，我在连云港吃了小刀面，比福山的面要宽，但是制作方法大致相同。面的味道很好，但是面上的小青菜有点苦。

我事先查了一下秦山岛退潮的时间，这天是下午 1 点左右。要想看到秦始皇修筑的道路——神路，必须等到退潮以后。等待退潮的工夫，我去了连云港唯一的一处景点——花果山。据传，出身江苏省淮安的吴承恩在写《西游记》时就是以花果山为原型的。山中有水帘洞，近海，山也不太高，深山幽谷，令人遐思。

到秦山岛的船叫"江苏游 01 号"，我们一行六人包下整条船，船上还有船员一家。10 点 45 分出港，计划两小时后到达，所以午饭在船中解决。一口大锅里面煮着挂面，只加鸡蛋，非常简单的面，亏得肚子很饿，我吃了不少。12 点 50 分，到达秦山岛。因为退潮，大船无法接近陆地，只好换乘小船登陆。从等小船到登陆，花了 25 分钟。登陆后，我向左前方望去，不禁"啊"了一声。"神路"蜿蜒伸向海面，远处尽头渐渐隐没，据说全长有 20 公里与陆地相连。真想试着走完全程，可是走到半路涨潮了该怎么办啊？我想仔细看个清楚，于是登上高台。在那里我遇到一个日本人。我问他在这里干什么，他说在指导当地养殖紫菜。这么说，秦山岛周围紫菜养殖也很发达呢。据说，经指导之后收获的紫菜运到日本，就变成了日本紫菜。

此外，这一带螃蟹和海螺也很多，退潮后徒手就可以捕到。船员一家就是来抓螃蟹和海螺的，为此开船离港推迟了 20 分钟。

Ⅲ 琅琊台上的秦始皇和徐福雕像

Ⅲ 连云港花果山水帘洞

Ⅲ 小刀面（连云港）。和福山的一
　样是切面

尽管如此，这里的景色的确太壮观了。"神路"仿佛把陆、海、天连接在了一起，不似此世间之景。换乘小船时相当危险，算是当时的一个问题，但我希望日本的观光团将来也能够看到如此美景。

孟尝君之墓

登陆后，我们离开江苏省连云港向山东省临沂而去。临沂有著名的银雀山汉墓。1972 年，在汉墓中发现了很多竹简，据说其中就有《孙子兵法》和《孙膑兵法》，此为重大考古发现。现今，这里已是博物馆（银雀山汉墓竹简博物馆），另外，临沂还有王羲之故居，不知为什么名胜辞典和旅游图册里都没有记载。

从临沂到滕州，途中路过枣庄，稍事歇息。那里有小摊子，在做着煎饼和砂锅面，香气扑鼻。食客很多，我想那味道一定也差不了，就点了这两样。煎饼里裹着韭菜和圆白菜、粉丝，已经 11 点了，正好肚子也饿了，味道真不错。听说山东省的煎饼和点心类最好吃，果然不错。砂锅面用的是绿豆粉和小麦粉混合的杂面。一般杂面都不太好吃，味道寡淡的山东省的面里居然能有如此稀有的厚重味，我要把它归类为美味的面。

这一日，从徐州要坐夜行列车，所以必须考虑好时间安排行程，为的是不误车。但是，我们在接近滕州时开始询问我们的目标孟尝君墓在哪儿，却发现谁都不知道。山东省当地的张心梅曾经去过那里，上一次是反方向过来的，所以也不清楚。道路状况混乱，车走不动的一段，大家都下了车，分别向周围的人问路。结果，张晓平问来的，只是大概的方向。接着问："大概需要走多久？"回答："马上就到！"车动弹不得，我和张晓平两个人决定走过去，走出来固然是好，但是完全看不到目的地。车动弹不得，又不能调头回去。我俩只得继续向前走，终于看到了像是老城墙的地方。已经过去了 50 分钟。看来在中国，50 分钟也可以算是"马上"。

快到孟尝君墓的时候，车也能动起来了，结果车到达的时间和我们差不多。孟尝君田文之墓，和其父田婴之墓，好像是这里的管理员自己考证之后建的墓

154

Ⅲ 孟尝君田文之墓（滕州）

Ⅲ 清水面（徐州）。4 种酱汁各有不同，根据自己的口味喜好，加入面里，有雪菜面酱汁、牛肉面酱汁、肉丝面酱汁、炸酱。第一次尝试这样的吃法。曲阜的串子面有两种酱汁，也许是这种面的变形

碑。墓碑还很新。管理员得知我是日本人后，说："今年来了好多日本人呢！"虽然是平淡无奇的一座墓，但是正因为有了它，日本的旅行社才能大赚一笔，我怀着感谢的心情，给了管理员一点儿小费。

在徐州，若干计划延迟，我们有 30 分钟，但必须飞速看完汉墓。1995 年 6 月在山东省曲阜发现一种面叫"串子面"，听店主说，这种面不是曲阜当地的面，是来自徐州的，所以我一定要在徐州吃到这种面。于是，我跟徐州人打听此面，可怎么也打听不出来。去做面比较拿手的天朝大酒店问，回答说根本没听说过什么串子面。我只得放弃了，就在这家店吃了晚餐。面和浇汁分开来上的面的典型代表是炸酱面和打卤面两种，这里的清水面多少与别处不同，雪菜面、牛肉面、肉丝面都是面和浇汁分开来上的。这些浇汁叫作浇头。面和福山的一样，是切面。

我从徐州乘火车，一大早到达上海站，吃了老面馆老半斋的辣酱面，匆匆忙忙奔向机场。一大早就客满的，也就是老半斋了，辣酱面真叫一个棒！

武夷山和素面之乡福建

1996 年 12 月

福州·武夷山·厦门·安溪·泉州

去福建找寻手抓面和素面

福建省与日本的文化交流自古有之。弘法大师空海身为遣唐使的一员，就是在福建省福州的赤岸镇登陆的；在京都宇治创建万福寺并且把普茶料理①带入日本的隐元，是福建省福清市生人；站在厦门鼓浪屿眺望台湾方向的郑成功，出生在日本的平户。

关于面，在日本人气极旺的杂烩面，就是生于福建的华侨发明的；素面的制法，就是由镰仓时代到中国禅修的留学僧从中国带回日本的，很有可能是由浙江省或福建省传来的；同样，冲绳排骨面是由 14 世纪从福建省来的册封使传入的。

---

① 斋宴。——译者注

Ⅲ 炒面线（福州）。福州称细挂面为面线。这种炒面线很软乎，没有嚼劲儿

Ⅲ 排骨面线（福州）。面线做成汤面，很软乎，易于消化。在当地，加入黄酒的面线作为营养品供产妇
产后每天食用，持续1个月

考虑再三，我觉得很有必要去趟福建省。就在这时，我看见电视上正播放的有关漳州"手抓面"的节目，我从没听说过这种面，所以决定利用年末和新年的假期带妻子一起去名胜武夷山看看，去福建再度开启寻面之旅。

第一天，在上海转机去福建。我预约了上海玉佛寺的斋面，计划利用转机的空当去吃。可是等到了玉佛寺的食堂，面已经卖光了。那天刚好是弥勒佛诞辰，来拜佛的人非常多，每个来拜佛的人几乎都要吃斋面（中国叫素面），所以面卖光了。我就是为了吃斋面才来这里的，没有面可吃就没必要来了。这种时候，我是非常不开心的。同行的上海朋友大概察觉到了，从外面买来面，叫寺里的人给我做了雪菜冬笋面。面是吃上了，可是这不能算玉佛寺的面啊，还是提不起精神。这之后，发生了更加令人泄气的事情。

这一年上海的天气，是往年少有的暖和，所以总是起雾，严重影响了飞机的起降。这一天也赶上大雾，我们只得在机场候机。我们该乘坐的航班还没有飞抵上海，尚在杭州待机。等了三个小时，航班取消了，我们只得在上海住一晚。

第二天一早就开始在上海机场等待，终于确定了时间，11 点飞。航班延误，为了保证到达后能参观福州机场附近的挂面工厂，福州的旅行社为我变更了预约好的时间，帮了我大忙。一下飞机，我马上赶了过去。在福州，管"挂面"叫"线面"或者"面线"。日本的挂面源于中国，所以制作方法大致相同，但是这里的面不是竖挂着晾的，而是横扯起来进行干燥的。

在福建，像这样如丝线般细的面，都是在春节等特殊日子或生日才吃的，为了庆祝长寿、幸福。具体吃法有两种，放两个煮鸡蛋进去叫"太平黄"，放入鸡汤叫"太平面"。参观过工厂之后，午餐时我赶紧点了两种面线。一种是炒面线，另一种是有排骨汤的排骨面线。细面总是会变得太软，大多时候，比起汤面，炒面更好吃一些。这种带汤的排骨面线软糯，有利于消化，再加上些黄酒更有利于血液循环，据说在中国妇女产后的一个月内每天都要吃这种面[①]。而且，这种面里是绝对不放辣椒的。

---

① 中国北方并没有这种习惯。——译者注

出自福建的杂烩面与锅边糊

在福州，我们参观了鼓山的涌泉寺。驻在北京期间我来过一次，那里建有空海上岸纪念碑。但是经过后来调查得知，空海登陆并不是这里，而是另有他处。

晚餐我本来预定了住宿酒店西湖大饭店的餐厅，可是后来行程有变，就不住这里了，改成了乘夜行列车去武夷山。在福州站等车的工夫，我在附近溜达。因为近在海边，所以海产品商店尤其多。在附近的餐馆里点面的时候，要自己选择配料。这里的面很像日本的杂烩面，面条很粗，是黄色的。在福州管这叫"碱面"，味道果然和日本的杂烩面相同。

说起日本的杂烩面，出生在福建的陈顺平在日本长崎开的中华料理店四海楼，就是拿这杂烩面当看家菜的。用福建话打招呼的"吃饭了吗""你好"等词汇被日本长崎人当成了"吃饭"，即"杂烩"①，据说这就是杂烩面名称的由来。但是从面里的用料来看，更像和冲绳方言里意思为"掺合"的"chanpuru"关系密切。

到达武夷山后开始观光，重点有三。一是乘竹筏沿九曲溪漂流，二是爬山，三是参观武夷特产"岩茶"的加工厂。腿脚不大好的，登山确实有些麻烦，可九曲溪漂流无论对谁来讲都是件开心事，我们大约玩了两个小时。福建省，古名为"闽"。门里有个虫，这虫就代表蛇，仅此就足以说明武夷山里蛇够多。参观武夷宫过后就看见特别多与蛇有关的土特产。重庆的唐常毅就买了蛇的相关物件当作手信。

第二天早晨，和以往一样，我在酒店周边散步找面店。土特产全部是面向来武夷山的游客的，以土特产纪念品店为中心的小城里，餐馆一大早就开门了。在那里我发现了福建省特产"锅边糊"。原料是米粉，不是长又细的面类，应该是米粉、河粉的同类，所以起了那样的名字。先热锅，然后把米糊洒到锅里，

---

① 日语中"杂烩面"的发音 chanpon 和福建方言"吃饭"的发音 chapon 几乎相同。——译者注

Ⅲ 武夷山（福建省）

Ⅲ 煮面（武夷山）。碱面同蔬菜、肉一起下锅并加入调味料煮得的面。面很粗，不知怎的，想起了日本的杂烩面

把米糊结成的片揭下来放进事先调好味的汤里来吃。上学路上的孩子们都吃得很香。我吃的是"煮面",面很软,味道很清淡,让我想起了日本的杂烩面。

又寻杂烩面

之后,我们从武夷山飞到厦门。厦门机场设施完善,1996年11月刚刚交付使用。这个机场,最令我感动的是它的厕所。人方便过后站起身的同时,会自动冲水。中国的公厕里经常会遇到坑里残留着别人的排泄物,这种肮脏是经常被人诟病的。如果将来都变成厦门机场这种方式,那这种诟病也会烟消云散的!

一到厦门,我便赶紧去吃当地名吃"沙茶面"。驻在北京期间我曾经吃过一回,给我留下了很好的印象。"沙茶"是厦门的方言,正式名称应该是"沙爹酱",花生酱里加入辣椒、盐、糖,是种很独特的酱。因为加了糖,所以微甜,但是又不腻人,非常好吃。为了找到杂烩面源头的确凿证据,我点了海鲜碱面,的确和杂烩面很相像。为此我坚信,杂烩面出自福建。

第二天早餐,我吃了"扁食"(在福建管云吞叫"扁食"),辣汤的叫"红汤扁食"。饭后赶紧上车,向泉州驶去。虽然已是12月末,但是街道两边仍然摇曳着紫红色的紫荆花,田地里到处是甘蔗和香蕉树。的确是亚热带气候风貌了。

泉州和福州之间有福建省的干道——324国道相连,但是我们故意绕了个远,经过安溪。安溪是日本人最喜欢的乌龙茶的产地。在这里我们参观了有1 500名工人的安溪茶厂。这个工厂出产的80%的茶叶都出口到日本,三得利、麒麟、朝日,都在使用这里的茶。我们参观过后,刚才还在工作的女工们齐刷刷地停下手里的活,回家了。一年的最后一天(12月31日),本该下午就放假了的。这么一想,从刚才工人的人数来看,怎么也不像是有1 500人的大厂,我想可能是为了接待我们参观而特意赶来加班的吧,为此深感歉意。

在安溪,我吃了厦门面线糊和湖头什锦炒米粉。厦门面线糊是厦门的特产,汤里放猪血,再用淀粉收汤。"糊"就是汤里加淀粉,做成像糨糊一样黏糊糊的东西。炒米粉冠上"湖头"二字,这湖头是地名,离安溪大概30公里。米粉像粉丝,弹性很强,配料多为蔬菜。

Ⅲ 厦门机场

Ⅲ 沙茶面（厦门）。厦门特有的面，用来调味的是
沙茶酱，酱里有糖、盐、辣椒，所以味道奇妙

Ⅲ 海鲜碱面（厦门）。煮面的一种，但是配料用了
鱿鱼、贝类，所以成了日本杂烩面的样子。称
得上是杂烩面的先祖

Ⅲ 安溪的乌龙茶厂

Ⅲ 厦门面线糊（安溪）。糊是糨糊的意思。面汤勾
芡，把面线做成黏稠的糊状，更像粥

不像面的手抓面

之后，我们奔泉州——马可·波罗曾经到过两次的地方，他用"刺桐"这个地名记录这里。"刺桐"是一种树的名字，在冲绳也很常见，是亚热带植物。在马可·波罗生活的元代，泉州作为海上丝绸之路的起点曾经非常繁荣。在泉州海外交通史博物馆看到当时的船只时，我不禁惊叹，居然如此庞大！泉州的另一处名胜是保留着双塔的开元寺，据说这里有《西游记》里孙悟空的原型——神猴哈奴曼的像。

中国的正月指的是农历，阳历新年只休息元旦一天。泉州的公园在新年期间免费开放，老人们唱着地方戏，打着麻将，下着象棋……我们一行人也跟着欢乐。这时有小孩过来赖着讨钱，有的小孩干脆抱住人腿不放。环顾周围，远处有大人指使他们选择目标下手。对待这种纠缠要保持沉默。一旦搭话给了钱，小孩就会一个接一个拥上来。没能悠闲地看看这座城市，很是遗憾。

泉州名面有三样，炒线面、炒米粉、面线糊。其中，在酒店早餐吃到的面

Ⅲ 开元寺（泉州）

线糊，和在安溪吃的完全不一样，好像根本就是两回事。面线和干贝、虾、肉末、鱼胶、葱一起在锅里煮到黏稠，简直就像广州的煲粥，味道非常棒。

马上就是最后一站漳州了。目标是期待已久的手抓面。从安溪用了两小时到厦门的集美（这里有华侨陈嘉庚捐资修建的集美学校），在这里，我和妻子分头行动。妻子是第一次来厦门，要去鼓浪屿，我已经是第三次来这里，所以去漳州探访手抓面。厦门旅行社的人与当地人已经联系好，我才得以见识一下制面过程。制面作坊在城中心，面积只有 5 坪[①]。我所见到的手抓面（不是指一道菜，仅指原面）是这样制作出来的：

> 和其他面相同，机器制面，然后在大锅里煮（燃料是木屑）；煮好的面盛在笊篱里一边控水一边用手抓揉；取适当量的面在手里（全凭感觉），为去除水汽把面团成团放在竹床上；除水 15 分钟，把面做成面饼状，完成。

接下来是面的吃法，正好可以作为午饭吃，我到旁边的店铺好口福饭店去求证了一下。原来是用面饼把蘸了酱汁的配菜包起来，下手抓着吃。豆皮松肉做配菜的叫"五香抓面"，油炸豆腐做配菜的叫"油豆腐抓面"。这些配菜要蘸的酱汁有花生酱、番茄和醋做的番茄酱、芥末酱这三种。此外还有芝麻酱、蒜头酱、甜酱。可是，即便把面塑成了面饼状，但是面中间还是会有缝隙，手抓起来吃的时候，面里的酱汁就会流下来。这一操作艰难的吃法，使得面不像面。

我在街上又找了找还有什么具有当地特色的面，结果发现了鲁面。汤有些黏糊，鱿鱼的味道很浓。面是碱面。吃了这种面，我终于找回了吃面的感觉。之后，我和去了鼓浪屿的妻子会合，从气派的厦门机场出发，经由上海，回到日本。

---

① 大概 16.5 平方米。——译者注

Ⅲ 手抓面（漳州）。仅存在于漳州的稀有的面。面里夹着配料用手抓着吃。配料带的汤汁会从面的缝隙里漏出来，不好上手

Ⅲ 制作手抓面（漳州）

Ⅲ 鲁面（漳州）。汤里用了鱿鱼，勾了芡，面用的是碱面。"鲁"同打卤面的"卤"

三峡游：花 9 小时吃 1 元钱的
四川燃面

1997 年 3 月

重庆·自贡·宜宾·大足·三峡

在重庆与旧友相聚

1997 年，新的三峡大坝在建设中，我预感到三峡游的热潮就要来了。因此，一年一度的例行大会之后，我决定在重庆召开会议，让参会的中国各地旅行社的各位能够体验一下三峡游。

1997 年 11 月，为建设三峡大坝的主体工程，将阶段性实施大坝合龙。但是，由于一部分报社、旅行社武断地宣传"景观马上将要发生巨变"，致使三峡游的热火被点燃了。往年的 3 月不是三峡游的季节，游客寥寥，可是 1997 年的 3 月，游客已经开始行动了。

于我而言，此次旅行还有另一个目的。听说四川省宜宾有燃面，既然已经到了近旁，我就一定要去尝一尝。这种面其实便宜得一碗只要 1 元，所以同行

Ⅲ 奥灶面（昆山奥灶馆）。昆山特色面。奥灶馆的建筑有着清代的风格。原本指红油爆鱼面，卤鸭面也很受欢迎，索性合二为一出了个"双喜面"。很棒的面。图片为双喜面

Ⅲ 酸辣面（重庆）。除了辣椒还要用到花椒。花椒麻，我很怵这个味道，但是酸辣面花椒用得不多，酸辣相调和，味道很不错

的中国友人事后评价我"花9个小时去吃1元钱的面"。可后来一想,不是花了9个小时去吃面,而是连吃面带饭后回到酒店,一共花了9个小时。那一天一共走了大约230公里,各种事情加在一起,不过9个小时。

会后要和与会者同游三峡,所以要先去宜宾,我在上海转机,抵达重庆。那一天,按照惯例,换乘接续航班,有5个小时的等待时间,所以我花了一个半小时去昆山吃了奥灶面。汤汁色重,看上去脏兮兮的,但一如既往地美味(奥灶面上海话发音为ozomi)。只是,我感觉和以前相比,汤没那么浓了,面变得细软了,于是向店长沈勇健先生打听是怎么回事。答:以前用的是老汤,现在出于卫生方面的考虑,每天都要重新做汤;面呢,以前是买外面的,现在是在自家店里做。吃的世界也在与时俱进啊。

在重庆,我和老友兰小康叙了旧,住在假日酒店。这一带我非常熟悉,第二天一早,我就出去溜达找面吃。重庆是"雾都""坡道之城",这一天早上就真的浓雾弥漫了。这天吃到了酸和辣调配得刚刚好的酸辣面。我不怕辣,但是花椒的麻就让我有些吃不消了。可重庆人说了,重庆的面基本都放花椒的习惯,没办法。

着实美味的自贡云吞——抄手

沿着重庆与成都之间的高速公路,我们先向着自贡出发了。自贡是一个因恐龙、盐和灯笼节而知名的小城。市内游览安排在第二天,我们先去看看50公里以外的荣县大佛。自贡处在重庆与成都正中间的位置,一般由成都经乐山再到荣县是比较顺当的,但是,在成都调了一番得知,连接乐山和荣县的道路正在施工,无法通过。所以,要去荣县,只得由自贡往返了。荣县大佛为唐代所刻,于宋代年间重修建造,高约36.7米,如此规模,在四川省仅次于乐山大佛。

从荣县回到自贡时,我们在市里撞见有趣的一幕——以天然气为动力的公交车车顶上顶着巨大的气囊。鼓鼓囊囊的,说明动力充足;气囊瘪了,说明燃料不足,一目了然。

晚上，我们住在沙湾大饭店，晚餐上了我喜欢的臊子面和牛肉面。但是，二者皆为我总爱说的"典型的面的最糟吃法"，一桌上一大盆面，再由大盆里盛出面，放进小碗，分给在座的每个人。这样一来，在分面的时候，面吸饱汤汁就会变得软塌塌的。面对这样的面，我是完全生不出食欲的，身旁的中国人却毫不迟疑地吃起来。

为换个口味，我出门搜寻餐馆。有个小摊子，铁皮桶做的炉子上烧着砂锅。我让摊主给我做了砂锅面。味道有些清淡，并且面的配料太多，汤却所剩无几，不太好吃，吃了一半我就放弃了。又去另找别家，一家叫"郑抄手饭店"的店里飘出阵阵香气。在四川，人们管云吞叫"抄手"，我想店里一定有抄手吧，马上进去一看究竟。我点了清汤抄手，意料之外地好吃。还有汤里放了辣椒的红油抄手。第二天我还想来吃，所以打听几点开门，答曰早上7点开门。8点30分出发去宜宾的话，时间足够，我肯定带几个人过来，再吃清汤抄手。

这一天的日程是中午时分抵达宜宾即可，所以，在这之前的时间用来参观自贡的名胜。一处是酒店后面的自贡市盐业历史博物馆，中国的"全国重点文物保护单位"。馆址为西秦会馆，原来的关帝庙。另一处，是仍然和盐有关系的"全国重点文物保护单位"——燊海井，180年前（清道光年间）挖凿的1 000米以上的深井，被称作"科技史上珍贵的史料"。此外，这里的侏罗纪地层里恐龙化石非常多。在发现了恐龙的地层上方建了自贡恐龙博物馆。光看这些，就要花大约两小时时间。之后，出发去宜宾。

称心如意的燃面和9小时苦难归程

3小时后我们到达宜宾。再重复一遍：不是9小时！宜宾位于长江源流金沙江和主要支流岷江的交汇处，是中国极受欢迎的白酒之一——五粮液的产地。可罕见的是，同行者中谁也没有张罗午饭时喝五粮液。午饭已近下午两点，大家都饿着肚子，也许都没有畅饮的心情。

面馆里，我们一行8人，根据各自的喜好点了面和点心，以燃面为主，还有三鲜面、炖鸡面、口蘑面、鳝鱼面等。除了燃面以外，其他各种面的汤汁、

Ⅲ 砂锅面（自贡）。原本看起来只有汤，我特意叫摊主买来面加进
去，料多汤少，味道差了

Ⅲ 清汤抄手（自贡）

Ⅲ 燃面（宜宾）。宜宾特色面。

基础面完全相同，只是根据配料不同而起了不同名字的浇头面。燃面没有汤，煮好的面上放芽菜、芝麻、花生碎、葱花、辣椒油、调味盐，拌着吃。花生碎、辣椒油、盐等调料混合在一起，生出美妙的口感。也有不放辣椒油而放糖的。写在店里墙上的介绍说，燃面产生于民国时期，制作时，加入油，多重用料，就像火将要被点燃的样子，因此得名"燃面"。我觉得是因为口感辣得像在燃烧所以得名，看来不是的。1992年四川省美食节品评大会上夺得小吃类金奖的燃面一跃成名。我们一行8人加司机师傅，吃得肚歪，一共花了80元。大家纷纷表示，太满足了！但是，乐极生悲，接下来可惨了。

车窗外油菜花盛开，很是漂亮，但是因道路施工，路况极差，无法前进。到达110公里以外的泸州，竟然花费了6个小时，以约每小时20公里的速度前行。然而对于我来讲，差到极致的是，当天在泸州帅府大酒家晚餐时吃到的面，和自贡沙湾大饭店的如出一辙，味道更加恶劣，恶劣到了极点。这一天的住宿地在大足，到酒店的路路况很糟糕，晚饭后又走了3小时，以至于到达酒店时已经是凌晨0点过了5分。如此这般，从宜宾到这里，花了9个小时。

怀旧之地——大足独特的炸酱面

大足，是给我留下美好回忆的地方。1985年前，大足宾馆还叫作大足县招待所，我住宿在那里时正好赶上我的生日，那天晚上的宴会上，居然给我准备了生日蛋糕。当时的大足还是农村，根本没有做蛋糕的技术和设备，那个蛋糕是花了6个小时从重庆运过来的。如今的大足发生了翻天覆地的变化，能唤起我回忆的昔日旧景已经荡然无存了。

第二天一早，我照例出门散步，看到街上有很多面店，头一天睡眠不足的感觉马上烟消云散，我开心了起来。这儿看看，那儿看看，发现"炸酱面"的招牌很多。与北方的炸酱面不同，这里的炸酱面是带汤的，汤面上再浇上酱，很像日本的味噌拉面。汤是猪骨炖的，面很像九州拉面。街边就有卖香菜的，可是搭配这种面的青菜不是香菜，而是豆苗，开心！这种面还特别好吃！也可以不浇酱直接吃，那就叫"小面"了。

‖ 炸酱面（大足）。四川的炸酱面
　与北方炸酱面不同，是带汤的，
　汤里加酱

‖ 制作扯麦粑

‖ 扯麦粑。听说是荣县的特色。
　两手把面扯成膏药大小再下锅
　煮，煮好的面上浇酱汁来吃。
　在重庆被叫作铺盖面，很少见

那一天在大足游览。大足的石窟有两个可看之处，即宝顶山石窟和北山石窟，宝顶山石窟色彩丰富，北山石窟的雕刻年代更早些，佛像法相庄严，我更喜欢这一边。

这次比较特别，我们参观了石门山石窟，建于宋代，遗留两窟。在宝顶山石窟出口处，发现有家餐馆招牌上写着"荣昌小吃扯麦粑"，这吸引了我的注意。下面还写了云南米线、炸酱面，我想扯麦粑可能也是面的一种，于是问过店家，答"是"。赶紧让店家给我做一碗，我被惊到了。面剂子拿在手里扯得大大的，像过去的膏药的样子，丢进沸水中煮，煮好后浇上酱汁吃，不是太好吃。据说这是荣昌的特产，但是之后从大足到重庆要经过一个叫龙水的地方，我在街上看到很多同样写着"扯麦粑"的招牌，看上去像是这一带大受欢迎的食物。

三峡游的意外始末

之后，重庆会议顺利结束，我们乘"中驿号"游船开始了三峡游。这是我第五次游三峡，所以我希望他们安排的日程里有我从没到过的石宝寨和神农溪，但是后来得知是长江水量的缘故，石宝寨无法登岸，所以就马上将目的地变更为云阳。"中驿号"是大型船，要去看云阳城对岸的张飞庙，就必须在云阳换乘小船前往。张飞庙我之前去过了，所以没有登小船，和重庆的陈伟勃一起在云阳闲逛。新的大坝建成后，这座城将被淹没，一部分居民已经开始向上游 30 公里处一个叫双江的地方迁移了。

走着走着，我看见一家店铺招牌上写着"肥肠面"。是带汤的面，满满盖着炖肥肠，即猪大肠。汤里面花椒味很重。这一带，一碗面要附带一碗骨头汤。问其缘由，回答有二。一说是"这边湿气重，所以吃面之前身体要预热一下"，另一说是"面汤里的花椒会令舌头发麻，所以要喝白汤"。此外，这家店里还有包面，据说这是此地对云吞的叫法。云吞，因各地方言而叫法不同。

"中驿号"从云阳出发了，下一个目的地是白帝城。去往白帝城，也要在奉节换乘小船。但是由于联络有误，小船迟到了 40 分钟。我之前到过白帝城，此次前往另有缘由。1997 年冬天，我们公司出资在面向白帝城出入口的右手边立了座诗文碑，我来看看这座碑。

> 朝辞白帝彩云间，
> 千里江陵一日还。
> 两岸猿声啼不住，
> 轻舟已过万重山。

这是日本人耳熟能详的李白的名诗。前年到访白帝城时，我发现这首诗仅被刻在半山腰的石椅子腿上，于是决定捐赠一座诗文碑。看着大家在碑前拍照留念，感慨万千。

第二天早晨，我们要去众所期待的神农溪。当然，我也没去过。一早便开始下雨。去神农溪也要换乘小船。这小船能载8人，棚子勉强能将人遮住，挡小雨还凑合。大家都坐进船里，可船迟迟不动。降雨导致神农溪山洪暴发，这是与当地通过无线电联络得知的结果。好像有一定的危险性。很遗憾，中方旅行社的人们大多担心出现安全问题，无奈我们决定放弃了。接下来，行程改成了去秭归的屈原祠。

结果，特意排进日程的石宝寨和神农溪都没去成。然而祸不单行，船因为发动机故障，停了3个小时动弹不得，本想着马上就要到葛洲坝了，可是又被命令等待1小时。

最终抵达宜昌港时，是夜里11点之后。原来预计当天下午4点到达的。计划之后从武汉回各自城市的人们直接坐上大巴奔向武汉。恐怕抵达武汉时已经凌晨4点了吧。这是草草收场的一次旅行。在酒店吃迟到的晚餐时，康战义模仿我吃面的样子，逗得大家哄堂大笑。这笑声算是留给我们的一丝安慰吧。

Ⅲ 肥肠面（云阳）。带汤的面，加了满满的炖肥肠，花椒味浓，附赠骨头汤

河西走廊与牛肉面之旅

1997 年 4 月

银川·中卫·武威·张掖·嘉峪关

北京的金丝猴是染了发的猴子

1997 年的五一黄金周，我带着妻子还有朋友夫妇俩，从宁夏回族自治区首府银川出发，在河西走廊上转了一圈。

在北京稍事停留，我问朋友有什么想去的地方，他说想去北京动物园看看。驻在北京时，因为想看熊猫的人特别多，我陪人去过很多次，这是调任回日本后久违的动物园之行。过去，熊猫是户外放养，脏兮兮的，如今的熊猫也被保护在了落地玻璃墙里。想起回日本前我走在北京动物园里曾经感叹："北京的肥胖儿也渐渐多起来了。"这次看到携家带口来动物园游玩的人群中的小朋友，我有同样的感觉。不，可能应该说肥胖儿又增加了许多。中国那时实行独生子女政策，独生子女被父母的双亲（祖父母辈 4 人）和父母溺爱（这被称作四二一综合征），好吃的、爱吃的吃个够，肥胖儿越来越多。这样的独生子女当然是任性地成长起来的，在中国，管他们叫"小皇帝"。

在北京动物园，我们看了熊猫和金丝猴。金丝猴，全身披着金光闪闪的美丽毛发，据说京剧里孙悟空的妆容就是模仿的金丝猴。看着这猴子，妻子用"染了黄头发的猴子"来形容，真是有趣。对啦，日本年轻人染的黄毛就是模仿的金丝猴吧，想起这些，感觉这猴子都可爱起来了。此时正值北京的泡桐花开，动物园附近车公庄街道两边的泡桐树正开着淡紫的花，已成一景。

从北京先去银川，十几年前我曾到过那里一次。那时是 11 月，是夜晚走在外面会感觉到寒冷的季节。但是，住宿地宁夏宾馆还没有生暖气，早晨我是被冻醒的，窗外是一片银白世界。当时与我同行的摄影家福岛武先生当然不会错过这个按动快门的机会，再度驱车前往前一天已经去过的西夏王陵，拍摄那里的雪景。出门时天光尚暗，被灯光照射着的雪中的西夏王陵仿若在梦幻之中，这幅图片曾被日本的《读卖新闻》以彩照形式刊载出来。那时的情景至今难忘，

Ⅲ 蒿子面（银川）。蒿子黄色的种子磨成粉，和小麦粉混合而成，据说这样会使面筋道。面里配料用的是瓠瓜，不知为什么有一点咖喱味道

但是后来的 10 年中，中国发生了翻天覆地的变化，所以即便是第二次到这里，对从机场到酒店之间映入眼帘的景物，我也已经完全没有了记忆。我最新的印象是，这个城市的街上，牛肉面和刀削面的招牌多了很多。

听说晚上有宁夏回族自治区旅游局局长安排的晚宴，所以我利用空余时间出去寻面，就发现了蒿子面。《中日大辞典》给出的解释是，蒿子即茼蒿菜，也就是春菊。蒿子籽磨成粉和小麦粉混合在一起制成蒿子面。店员告诉我，蒿子是野生植物，下一个目的地中宁一带是蒿子的产地。蒿子可以使面变得劲道，还有助消化的作用。我尝了尝，面的味道很像日本的荞麦面。汤是番茄味的，混合着胡椒和咖喱的味道。配菜用了西葫芦，实属少见。银川人说这里的羊肉臊子面很有名，但是我觉得早晨来一碗牛肉拉面是最棒的。酒后的清晨，我尤其想吃牛肉拉面。这天的牛肉拉面里有切成丁的豆腐（兰州牛肉拉面放的是萝卜）。牛肉拉面一般会放香菜，可我特意叫店家给我放蒜苗（牛肉面里只有放了香菜或蒜苗才正宗）。

在中宁市场找蒿子面

黄河流经银川的东部郊外，水量丰沛，这一带土地肥厚，自古就有"塞上江南"（塞指的是万里长城）之称，11 世纪西夏在此建国，都城设在兴庆府。遗留至今的西边的承天寺塔和北边的海宝塔寺都是兴庆府的代表性建筑。西夏遗迹，在银川市以西 40 公里的地方，有宏大的西夏王陵。初访西夏王陵那年，被认为是西夏开国皇帝李元昊之墓的周围散乱分布着一些色彩鲜艳的瓦砾残片，当时我还捡几片带了回去。可如今，那些残片已经荡然无存。

这一天参观了西夏王陵和贺兰山岩画。贺兰山岩画是初次得见。看似人脸或动物的阴刻，都是些简单的图案。究竟是何时刻画，又有何种意味，尚无人知晓。

贺兰山麓有影视村。这里的老板是作家张贤亮——1985 年因大胆的性爱描写而引起争论的小说《男人的一半是女人》的作者。据说宁夏有五宝，可以用五种颜色代表，其中蓝色代表贺兰石，其他四宝分别是红色的枸杞、白色的滩

Ⅲ 贺兰山神秘的岩画

Ⅲ 羊肉搓面（银川）。把较粗的面剂子切成食指长短，再用手掌搓细搓长。好像这与摔打面剂子作用相
　同，面能变得筋道。很像乌冬面。通常情况下，叫羊肉臊子面

羊毛皮、黑色的发菜、黄色的甘草。

午饭，其他人都在银都大酒店吃，因为在街上发现了羊肉搓面馆，所以我和郑州的张晓平出去吃面。这也是羊肉臊子面的一种，但用的是搓面——把面块切成粗粗的面条，手上蘸油，一边在案子上揉搓面条，一边抻长、抻细，很像乌冬面。配料里除了羊肉，还有豆腐、蒜苗、萝卜、葱，赶对点儿的话，还会有豇豆、蘑菇，用盐和辣椒调味，味道厚重。当然，会有人喜欢加香菜。

餐后，出发，车行驶的路线基本与黄河平行。不知是不是有青铜峡大坝的缘故，这一带的黄河水不是黄色，看着不像黄河。在青铜峡水库乘船去看一百零八塔。白色佛塔在山腰处呈金字塔形排列，此镜头曾在日本NHK纪录片《大黄河》中出现，给我留下了极其深刻的印象。十几年前，在这些佛塔中发现了用西夏文字镌刻的碑文，这才揭晓了原来这些佛塔是那时候的建筑。在中宁渡过黄河大桥，进入县城，我去市场走了一遭，为的是寻找在银川听说的蒿子，以及蒿子面。很快我在卖香料的店里找到了蒿子。接着去找蒿子面，这市场里只有小摊子，而且，银川的面是用蒿子粉现做的，这里用的却是成面。考虑到卫生方面的问题，我还是打消了吃念，接着，向这天的住宿地——中卫驶去。

接近中卫，就看到了像土方似的明代建造的长城，也不难看到，广阔的腾格里沙漠已经步步紧逼到了居民的家门口。

中卫的旅游名胜沙坡头

中卫的清晨，又吃了一顿牛肉拉面。市场附近有家店，名为雍大拉面馆，其实更像个小摊子。先上来的一碗面太软了，所以我要求再做一碗，待我说明缘由，他们竟然不收我第一碗的面钱，很是感动。第二碗面软硬适中，非常好吃。

中卫有旅游名胜沙坡头。黄河奔流，旁边就是紧逼而来的沙漠，这里有沙坡，名为鸣沙坡。坐着雪橇样的板子从顶上滑下来，一路沙响。还可以骑骆驼在此漫步。我说骆驼驮着体重将近100公斤的西安的王一行，看上去好像累得生气了，逗得大家笑成一片。

此外，看有人乘羊皮筏子渡黄河也甚是有趣。我也试着上去坐了一下，非常不平稳，感觉有些害怕。其实大可不必担心，为了乘羊皮筏子游黄河，当地人在周围筑起了堤坝，减缓了水流。

沙坡头游玩过后，因为工作的关系，同行者各自回自己的城市，和北京的张国成、西安的王一行、太原的彭江川告别后，我们继续向西行进。黄河向南拐了弯，渐渐看不见了，铁道与之平行，我们的车从宁夏回族自治区驶入了甘肃省。

人数减少，吃饭就省事了。肚子一叫，就可以随便在哪儿停下来填饱肚子。我在一个叫白墩子的地方吃了白皮面（面是主食，另外配炒菜），再继续向前，就到了长城附近。停车，登上长城。到处是看似烽火台的遗迹，一些台上有石造建筑。在一个叫大靖的镇上，长城被道路分成两半。这一带的长城是保存得比较好的一段。没过多久，就看到了称得上河西走廊标志的祁连山脉。河西走廊上第一个绿洲——古称凉州的武威，到了。接近武威时，已经傍晚5点30分了，但是天光尚亮，我赶紧去参观雷台汉墓和武威文庙。1969年，雷台汉墓出土了铜奔马（马踏飞燕），无论是技术、保存状态还是器型都属上品，因此闻名遐迩，中国国家旅游局（中华人民共和国文化和旅游部）以此图案作为自己的标志。1979年读卖新闻社和中日文化交流协会在日本主办的"中国丝绸之路文物展"的海报也用了铜奔马的图形，图片摄影者正是曾在西夏王陵拍雪景的福岛武。展示着西夏文字雕刻的西夏石碑的文庙，已经变成了博物馆，那时刚好贴着印有铜奔马形象的丝绸之路文物展的海报。

在武威的夜市，我新发现了好几种面。一种是转百刀，几张擀得又薄又平的面片摞起来，用刀斜切成长约5公分的面条，"转"就是改变方向的意思。面煮好后，盛上用青椒、茄子、番茄、肉等炒好的菜拌着吃，这是拌面。另一种是香头，擀得又薄又平的面片对折成3公分左右的宽度，用刀切成细面，面的形状与转百刀不同，面条两端没有尖，面放入锅中，与番茄、青椒、羊肉一起烩，会变成糊状，黏糊糊的。两种面都软乎乎的，味道差点儿意思。此外还有搓鱼，这是张掖特产，后面再讲。还有行面拉条，问了名字的来历，说是"行"就是实行的意思，做好的拉条子要醒一下。

‖ 牛肉拉面（中卫雍大拉面馆）

‖ 白皮面（白墩子）。面和菜分开，
根据自己的喜好往面里夹菜来吃

‖ 转百刀（格尔木的酒店）。转百
刀是用刀切成的两头尖尖的面。
常见于河西走廊一带。面没劲，
不好吃

‖ 香头（武威）。把面擀成薄片，
把面片切成宽约3公分的长
条，再用刀把长面片切成细
段，与转百刀不同，切口是直
角。面和菜一起下锅煮，类似
炝锅面。面的名字来源不详

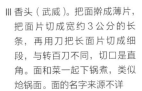

在张掖见识地道的搓鱼

第三天在武威的早餐吃的是兰州金鼎牛肉面。金鼎是连锁店的名称，主营带萝卜的兰州牛肉面。那段时间当地好像很流行把茶叶蛋放进面里，客人点餐时根据需要进行准备。住宿地天马宾馆那边的早餐有洋芋米拌面和牛肉菜面。洋芋米拌面虽然起了个面的名字，其实是土豆和栗子混在一起熬的粥。牛肉菜面虽然用的是挂面，但是非常好吃。在中国，好像武威的挂面是出了名的好吃。

我上午去了地处武威之南的天梯山石窟。从武威到那里用了一个半小时。白雪皑皑的祁连山脉倒映在截断了黄羊河的黄羊水库中，异常美丽。可是为了维护1958年建成的水库，用钢筋混凝土筑了堤防，致使石窟底部浸水，石窟遭到了严重的损毁。更有甚者，部分佛像的脸部被损坏。目前那里支着巨大的脚手架，正在进行修复工程。

武威有麦田和白杨树林，是广阔的绿洲。白杨树笔直地向上生长，被用作防风林、防沙林。当地人说，这种笔直向上的白杨树，正是西北人性格的鲜明写照。

现在贯通河西走廊的道路，即甘新公路（连接着甘肃和新疆），在武威和张掖之间的河西堡再次截断了长城。这一段，汉长城和明长城并存，有一定的高度。保存状态良好的是明长城。10年前来这里时，我登上了长城，看到长城连绵不断的雄姿，拍了纪念照，可是现在的长城被丑陋的铁丝网围了起来，登不上去了。

要说张掖的特产，那得说搓鱼，晚上我出门寻找。有了有了！几乎都是甘州风味的搓鱼。第一次看见这面，是4年前在嘉峪关的小摊上。看到制作者右手每一揉搓，两头尖尖的面鱼就跃然而出，我深感惊奇。这天我来到搓鱼的老家，环顾所有制作场景，佩服每一个制作者的技艺都如此娴熟。在这里我还看到了以前在新疆找到的炮仗子。想起那时听新疆人讲"这本是汉族人的吃食哟"。武威、张掖的面，转百刀、香头、搓鱼，无不是短短的，所以这炮仗子的出身真有可能是在张掖呢。

大佛寺和马蹄寺石窟

第四天，在张掖吃的早餐是临夏牛肉面。临夏在兰州西南方车程两小时左

Ⅲ 制作搓鱼

Ⅲ 搓鱼（张掖）。张掖的夜市里到处都有。手每动一下就有面鱼从手中跳出，很不可思议的制面手法。
　　面很短，两头尖。很筋道，汤面、拌面、炒面皆可

右的地方。这里的面不放香菜，上来就放大葱，好吃哦！北京的付金安一大早就一下子干掉两碗面。

在酒店用餐时，上了臊子面。臊子原本指切碎的肉丁，可这里却换成了豆腐丁。没有肉的臊子好像叫素臊子。胡椒味很重，用淀粉勾了芡。

张掖古称甘州，13世纪后半叶，马可·波罗曾在此逗留一年时间，他在《马可·波罗行纪》里有如下记录——"甘州是一大城，即在唐古忒境内，盖为唐古忒全州之都会，故其城最大而最尊。居民是偶像教徒……"这里的偶像教徒指的就是佛教徒。另外还记载，"偶像教徒依俗有庙宇甚多，内奉偶像不少，最大者高有十步，余像较小……。"

这座有巨大偶像的寺庙就是大佛寺，如今睡佛和他的弟子都安在。大佛寺就在酒店的附近，步行可达，参观之后，我们向着马蹄寺石窟出发了。这座石窟寺院是与敦煌莫高窟同时期开凿的，是座藏传佛教寺院。其中，开凿在坚硬的岩壁上，攀爬才可到达的三十三天石窟，弥足珍贵。这个石窟从外面看呈马蹄形状。

马蹄寺石窟所在地属于肃南裕固族自治县。裕固族中有信奉藏传佛教的藏族人和信奉伊斯兰教的维吾尔族人，这里则属于藏族人聚居地。附近有裕固族的民族村，进村时端上来的欢迎酒，不喝是不行的。在藏族毡房里，一边唱歌一边敬酒，离开时也必须喝酒（与其说这是藏族习俗还不如说是蒙古族习俗）。那时候，刚好我的肝脏有些问题，不想喝酒，所以就请付金安代饮。他也不是很能喝的那种人，结果骑马时因为酒醉从马上摔了下来。幸好没出什么大事。

我们本来计划这一天住宿在酒泉的，可是因为去了长城西端而耽误了工夫，只得更改住宿地为嘉峪关。

第五天，在嘉峪关的早餐是兰州清汤牛肉面。

这次旅行中，连续5天早餐吃的都是牛肉面。每处都是好味道，没有让我失望过。西北地区，无论去到哪里，都能很轻松地吃上牛肉面。正因如此，我最爱西北旅行。

‖ 大佛寺（张掖）

‖ 马蹄寺石窟（张掖）

‖ 牛肉面（临夏）。临夏牛肉面中也放包萝卜，大致与兰州相同。临夏是回族自治区域的中心，回族人众多，也许是牛肉面的源头

‖ 臊子面（张掖）。通常指的是肉丁，可这里的臊子是豆腐丁，是不用肉的素臊子，所以叫"素臊面"更恰当吧

香港回归：尼姑面和马肉米粉

1997年6月

广州·桂林·海南岛（三亚、海口）·香港

"南船北马"与"南粉北面"

1997 年 7 月 1 日，是香港回归中国的日子。小时候的确学过，英国从中国租借香港，租期 99 年，可是这 99 年其实就是半永久的意思。半永久，字典给出的释义是"接近永久"（三省堂《新明解国语辞典》）。但是现实是，香港回归近在眼前。两年前，我曾对香港友人讲："回归日我一定要在香港！"可是又觉得，酒店房间恐怕很难保障吧。3 月到来的前几天，朋友说："确保你有房间住，一定来哦！"正好在那一时期，广东的旅行社来文邀请我对广州的导游进行培训，所以我此行可以培训广东导游兼见证香港回归，顺便再去从来没有去过的海南岛转一圈。

中国的地形经常会用"南船北马"一词来形容。从交通方式上看，南方多

Ⅲ 云吞面（广州）。云吞用虾做馅是广东特有的，汤里也带虾味。但是面用的是鸡蛋面或伊府面，做成
　　汤面时往往不用上等面，很是遗憾。一般汤味寡淡

Ⅲ 全蛋面（鸡蛋面）（广州）。用鸡蛋和碱和成面剂子，所以面有独特的口感。经常用来做云吞面，但也
　　会做成别的面，在广州地区最受欢迎

水所以乘船，北方内陆多骑马出行。用食物来形容的话，就是"南粉北面"。南粉，就是南方人吃米粉；北面，即北方人吃小麦粉。正如这些说法所表现的，我觉得南方没有什么好吃的面，广东亦然。

广东的粉面代表是河粉，叫沙河粉。和米粉的原料相同，都是大米。但是米粉是用石臼把米的水分捣掉，再蒸，之后像压饸饹那样把蒸好的米粉挤压成型；而河粉是把大米粉和成糊状，倒入铺着屉布的笼屉上蒸，蒸好后像一大张纸一样，再切成条状。

广东没有什么好吃的面，但是有特别的面。用小麦粉和面时不加水，只加鸡蛋，做成全蛋面（鸡蛋面），为了长期保存，用油炸过，就是伊府面。特别是后者，油炸过后的面再用开水还原，所以也可以说伊府面是方便面的原型吧。这些面都不大好吃，虽然说汤面都不大好吃，但是如果做成炒面，就会变得美味了。

广东另一种很有名的面是云吞面。北方的云吞馅多是用猪肉做的，可广东云吞里包的是虾或鱼，云吞和面组合在一起，很独特的吃法。我每次去广州，必吃云吞面。1995 年日本的电视节目里出现过一家老字号面店"欧成记面食专家"，之前我也去过一回，早晨去这家想点碗云吞面吃，不承想一大早就已经卖完了。结果，吃了代替云吞面的水饺面，面里有水饺。广州还有牛腩捞面、炸酱捞面、蚝油捞面等，都是捞面。广州的捞面，汤是另外一碗，面里加了调料和配菜。

广州的导游培训工作顺利结束了，我去海南岛和从日本飞来的妻子会合，利用等待的时间，我去了趟桂林，当天往返。

事先预约好了桂林月牙楼的尼姑面。关于这种面，《中国旅游报》1996 年 9 月 19 日刊曾介绍过，说它是保持了 100 年传统的面，我一定得尝一尝。中国有很多独特的面，但是很少会有相关介绍。从 1978 年第一次去桂林以来，我已经去过 10 次以上了，但是从来没有听人说起过尼姑面，马肉米粉倒是早有耳闻，但是一直没有机会吃到。中国真是个不可思议的国度。

桂林的尼姑面

要去桂林，早早从广州白云机场飞，就一点儿都不会紧张。因为早早到桂林，早餐就可以去吃好吃的云吞。6月底的广州白云机场，店铺里的荔枝堆积如山。驻在北京时，广州旅行社的人给我带来的荔枝，至今难忘。要说为什么，因为这荔枝解决了妻子和同期驻在北京的另一个日本人的太太之间的一些麻烦。桂林好吃的云吞在中山路的"清真牛肉馄饨店"。云吞小小一只，一口一个，入口即化，咸味的汤也好喝。云吞20个，3元；40个，4元。过去住宿在桂林时，我吃完这家又吃别家，味道全无瑕疵。这里的云吞馅与广东不同，是牛肉的。

桂林的漓江游和钟乳石洞吸引了全世界的游客云集于此，但是酒店设施并不理想，五星级酒店也就相当于其他地方的两星。长久以来，导游的口碑也不是很好，过度热衷于带游客购物，备受诟病。我认为，桂林是世界级的旅游名胜地，当地旅游部门缺乏这种认识，极为可惜。这次来桂林的主要任务是和漓江船运公司商谈签订包船合同的事宜。

上午，出现了意想不到的问题。桂林旅行社在前一天已经确认过的月牙楼突然说不能吃尼姑面了。原因是，上级指示三天后要进行为迎接香港回归而举办的纪念活动的预演，所以预约要全部取消。这次来桂林的目的之一就是吃尼姑面，这下全泡汤了。真是太遗憾了。

尼姑面其实就是斋面，听说其他地方比如寺庙里也有这种面，于是我决定去看看。寺庙的名字是能仁禅寺。堂前的牌子上写着"素面"。面是挂面，汤是咸味的。配菜放了很多种，但是腌制过的花生和豇豆很少见。即便如此，桂林旅行社的人大概还是觉得过意不去，就在桂林车船公司（经营漓江游船的航运公司）的餐厅里吃午饭时，又准备了尼姑面（把这当成了斋面的代用名了吧）和被称作桂林特产的酸笋米粉。酸笋米粉里面的腌制小菜的酸味令人喉咙舒爽（真正吃到月牙楼的尼姑面，是在一年半以后的1999年2月。与能仁禅寺的斋面不同，油炸花生、黄花菜、胡萝卜、豆芽等配菜多多）。

当天下午去了之前从没去过的尧山。乘索道可以到达制高点俯瞰桂林全景，与坐船游漓江有着不同的风情。下山时，可以乘坐类似有舵雪橇的滑板顺滑道

Ⅲ 清真云吞（桂林中山路清真牛肉馄饨店）。牛肉馅小、皮薄，入
　口即化，口感非常棒

Ⅲ 尼姑面（桂林车船公司）

Ⅲ 马肉米粉（桂林又益轩米粉
　店）。桂林的传统食品，被称为
　桂林美食一绝。无论汤粉还是
　干粉（卤菜），马肉片与整碗面
　的味道相结合，都好吃。过去
　本是冬季食品，现在一年四季
　都能吃到

一路滑下山去。可以控制速度，这让我想起小时候曾向往的长长的滑梯，大人也可以玩得无比开心。

晚上，回广州之前，我准备在这儿吃晚饭，就去了寻找多年的马肉米粉店。桂林的马肉米粉曾经出现在我以前读过的一本中国小说里，小说的名字已经忘记了，米粉却总萦绕在我脑中，挥之不去。

《中国旅游报》曾经刊载过的老字号"又益轩"（招牌上写着"老牌又益轩米粉店"）在信义路上，是个正面宽三间、进深两间的小店。这一天无风、酷热，店里的小椅子摆到了路边，食客们边喝冰啤酒边吃米粉。除了桂林的赵志明，广州的李载荣、香港的马培民，包括我在内，都是第一次吃马肉米粉。马肉米粉原本是冬季的传统食品，就着热汤吃，不要汤的是"卤菜米粉"。一听说是马肉，也有人接受不了，但是这个马肉米粉的确好吃。特别是喝着冰镇啤酒，那卤菜米粉就是最棒的下酒菜。李载荣吃了 4 碗，我吃了 3 碗，包括司机师傅在内，一共 5 人，连啤酒带米粉吃到肚歪，共计 40 元，真便宜！店主名叫洪顺英，已经 80 岁高龄，做了 60 年米粉，真可谓老将。我回到日本后又查阅了些资料，得知明代就已经有马肉米粉了，1937 年到 1945 年是快速发展的阶段。这与洪顺英开始做米粉的时间刚好吻合，所以这个人才如此有名。

海口的抱罗粉和海南粉

第二天，我在广州白云机场和从日本飞来的妻子会合，加上马培民，三个人一起飞向海南岛的三亚。这是我从事与中国相关的工作 23 年以来，第一次去海南岛。海南岛过去本是广东省的一部分，1988 年海南建省，升级为省一级行政区，以至于我没去过的省又多了一个。那时的海南岛作为经济特区在旅游开发方面引入诸多外资，但是受到日本泡沫经济和亚洲金融危机等影响，发展状况并不尽如人意，岛上随处可见中途停工的烂尾建筑。

这里的海的确漂亮，有天涯海角、鹿回头等风景名胜，气候温暖，热带植物繁茂，盛产菠萝、香蕉、橡胶、咖啡豆等，还有温泉。以黎族为代表的少数民族，有着与汉族文化迥异的民族风情，对此我非常感兴趣。这里还是与鉴真和尚有因缘的地方，鉴真为日本带来了律宗和文明。这里还有日本僧人荣睿、普照同行到过的遗迹。此外过去日本军队修筑的铁路还在，至今还在跑着蒸汽机车。能够吸引日本游客的旅游点很多，但是还没有开通日本直航的航线，所以当时还仅仅是中国国内游客的休闲度假之地。

当时，与世界级的度假胜地相比，这里还仅仅是个有名的娱乐街而已。今后，以度假胜地为目标的发展建设，无疑是海南岛具有明显优势的地方。真希望海南省旅游局带头就此更好地规划一番。

海南省省会海口和旅游中心城市三亚之间有高速公路连接。这条路是中国罕见的没有收费口的高速路，我疑惑，不交过路费真的可以吗？原来不是的，过路费含在汽油费里了。

吃在海南也很方便，不管怎么说，四周环海，海鲜便宜又新鲜（我讨厌海鲜的腥味，所以几乎没吃过，新鲜与否也无从谈起）。说到面，这里是南方，还要说米粉。这次我粗略地游览了一下三亚的景点，随后去了有民族村的通什，当日往返，绕道温泉胜地兴隆，沿高速公路去海口。海口附近的米粉抱罗粉很是有名。抱罗是个地名，在海口的东南车程一个半小时左右的地方，在去以文昌鸡而闻名的文昌的途中。这次没有时间去抱罗，所以我强烈要求在海口一定要吃上一顿抱罗粉。抱罗粉被盛在大盘子里，米粉下面铺着一层花生碎，米粉上面盖着削成片的香肠，还有一堆香菜。米粉近乎透明，有弹性，口感像朝鲜冷面，非常棒。只可惜放了那么多香菜，减分！这里还有海南粉，我也要了一碗。酱汁用另外一个碗盛着，把米粉夹到自己盘子里浇汁吃。但就米粉原粉来讲，抱罗粉更胜一筹。

去即将回归的中国香港

6月30日，终于飞向香港。去香港没有晚航班，所以我们先飞到深圳，然后进入香港。海口是海南省省会，高楼林立，但是历史遗迹并不多，值得一看的也就是五公祠。酒店也大多面向商务客人。同行的马培民教给我下面几句话，据说在南方广为流传。

||| 天涯海角（海南岛）

||| 抱罗粉（海口）。一个叫抱罗的地方的面食。米粉下面铺着花生，粉上面盖着香肠碎和香菜。米粉近乎透明，如朝鲜冷面一般有弹性，好吃

||| 海南粉（海口）。粉和酱汁是分开的，把粉盛到小碗里再浇上酱汁吃。米粉也有弹性

到了东北才知道胆小，

到了北京才知道官小，

到了广州才知道钱少，

到了海南才知道体力不好。

　　这也许能充分体现海南的现状吧。海口机场临近城区，候机楼是一栋很像百货商店的建筑。从这里飞向等待回归的香港。从深圳进入香港时，由于中国人民解放军进驻，交通管制非常严格，大概因为我们到得比较晚了，所以很顺利地过关到了香港。这时候起，雨下个不停。原计划 7 月 1 日零时的放烟花仪式和大游行会不会受影响呢？然而，不可思议的事情发生了，活动期间，雨停了，烟花在空中绽放，所有活动都顺利进行。香港回归那一天的早晨，英国国旗消失了。雨照常下了起来，但是回日本的航班还是按时起飞了。

九寨沟、黄龙：渣渣面

1997 年 9 月

兰州·夏河·川主寺·黄龙·九寨沟·成都

兰州面与临夏面的区别

　　我知道，九寨沟和黄龙于 1992 年被联合国教科文组织指定为世界自然遗产，而且从四川省的旅行社那里也听说这个地方特别漂亮。但是从作为根据地的成都出发，乘巴士要花 12 个小时以上，而且听说一旦下雨，路况就会变得异常险恶，巴士能否通过也是个未知数，所以我想，要实现一般游客能自如前往，大概还要等相当长的时间。这一等，5 年过去了。道路状况好转了一些，从成都过去需要 9 小时，又听说从兰州也可以过去，所以我决定从兰州出发，通过红军长征曾走过的沼泽地的边缘，再到黄龙、九寨沟、成都，沿着这样一条路线，终于可以去那里看看了。

　　一般情况下，要先在兰州住一晚，然后轻松地参观藏传佛教圣地夏河的拉卜楞寺，可是当时我决定乘夜车从西安到兰州，不住宿，直接去拉卜楞寺。然而，本该上午 10 点抵达兰州的列车，却不知何故，一直晚点，直到下午 3 点才到站。但是，从兰州到临夏还有大约 3 小时车程，如果按这个时间，晚餐的时候到临夏去吃面，也许刚刚好呢。

晚上 6 时 30 分抵达临夏，正好是晚餐时间。临夏的牛肉拉面没有辜负我的期待，相当好吃。兰州和临夏的拉面里都放萝卜，像是同宗同源。吃过面，我发现旁边一家店的招牌上写着"广河面片"。广河是临夏东边的一个小城，距离临夏大概 40 公里。这家店的面片的做法，是将擀得平平的面拿在左手，右手继续拉抻，一边扯断成面片一边丢进眼前的锅里。锅里熬着加了调料，用羊肉、葱、青椒、粉丝做的汤。这个也很好吃。

拉卜楞寺旁边的拉卜楞宾馆，海拔已经接近 3 000 米。大概是坐车上来的缘故，我并没有感觉到空气稀薄，但是，即便是 9 月，夜里也非常寒冷。因为火车延误 5 小时，所以格鲁派四大寺之一的拉卜楞寺，当天没能参观成。

进入四川省

为了参观拉卜楞寺，我一早 7 点就出发了。

藏传佛教寺院，特别是规模较大的寺院，外观蔚为壮观。进入寺院中，到处弥漫着酥油与线香的混合味道，待得久了会头疼。

夏河以西连接着青海省的桑科草原幅员辽阔，记得十几年前我来到这里时，看到藏民的石头房子很是新奇，想走近一看究竟，结果被一只龇着牙的大狗狂追不舍。

参观过后出发，到了离夏河车程一个半小时的合作镇，那里有家清真文山餐馆，我们在那里吃早餐。我看菜单上有"带汤面"，就要了一碗。面里有白萝卜、木耳、豆腐、番茄、青椒等很多配料，是烩面，肉用的肯定是羊肉。外面那么寒冷，这碗热汤实在是太棒了！

餐后，我们接着向去黄龙的根据地——川主寺驶去。草原之路伸向远方，平缓的山坡草场上，绵羊、牦牛、山羊悠闲地吃着草，高度在缓缓抬升。在尕

Ⅲ 带汤面（合作镇文山餐馆）。用料十足，白萝卜、木耳、豆腐、番茄、青椒等和面一起一锅烩

Ⅲ 加工拉面（若尔盖草原旅行社餐馆）。写着拉面，其实是面片。牛肉和面很多，汤少，感觉不太像面

海小憩，这里海拔是 4 000 米。我蹲下摘一朵盛开的小花，起身时，一阵头晕目眩。尕海的"尕"是藏语，"小"的意思。远处的湖隐约可见。这里是长征途中给红军带来困境的沼泽地的一部分。

进入四川省后的道路要缓行，好不容易到了有饭吃的若尔盖，已经是下午 3 点了。这之前根本没找到可以吃饭的地方，所以虽然饭吃得很晚了，但是谁也没有怨言。我们进入了挂着"草原旅行社"招牌的餐馆。餐馆里有四五个藏族人在吃面，于是我们也点了面。等面的当儿，同行的付金安试着跟藏族人搭话，但是基本讲不通。好像是问他们，我和付金安谁看上去更年长些，都回答说看我们俩年龄差不多。其实付金安比我小 10 岁呢，大概是因为他头发太少了。

若尔盖的面，写的是"加工拉面"，其实是面片。把面拉平，用手揪成片，投进锅中，面里有牦牛肉。汤很好喝，但是牦牛肉有些硬。

午餐后的风景有了些许变化。草地在右手边延伸，远远看见旌旗招展的藏族村落，看起来很像堡垒。这种堡垒被称为"寨子"。车照旧行驶在海拔 3 000 米以上，车停下来走几步，就体会到了步履蹒跚。

到达住宿地川主寺镇时已经是晚上 8 点了。妻子出现了些高原反应的症状，没有吃晚餐，开始吸氧。连我也没了食欲，只尝了一口啤酒，就回了房间。可这一天刚好是中秋，明月高悬，无缘高原反应的两个当地人在我们房间外的空地上唱歌、跳舞到 12 点，害得我怎么也睡不着。

西藏的青稞面

第二天，我和妻子两个人完全适应了，恢复了元气。饭前在川主寺镇散步，没有找到可以吃面的店。这一带，红军长征时曾经经过，酒店后面的山上有红军长征纪念碑园。四周就是红军经历过的最大险境——沼泽地，广阔无边。从川主寺镇到黄龙的路，仅够一辆面包车通过，而且随处可见滚落的砂石，危险至极。但是，走了一个小时之后，眼前出现了海拔 5 588 米的雪宝顶，接着是黄龙的壮丽景观，所有危险都被抛诸脑后了。黄龙海拔 3 100 米的游步道与山顶的高度差是 350 米，从游步道到最顶部的黄龙寺折返，至少要预留 4 个小时的时间。游步道的一侧是呈梯田状排列的翡翠绿水池，另一侧金黄色的池水像瀑布一样落下。真乃绝景！天工造物不可思议，周围游客的惊叹声此起彼伏。午餐预订在瑟尔蹉宾馆，但是我在车里看到黄龙的入口处有家私人餐馆前挂着"青稞面"的牌子，于是我准备去这家吃青稞面。青稞麦是裸麦的一种，种植在高海拔地区。这家店用的是松潘出产的青稞干面，汤微微发甜，味道相当不错，美味秘诀似乎在于用了中药当归。吃过面后，我回到酒店，对在酒店用餐的人说："着实不错哦。"有几个人说很想尝尝，于是，我带着他们又返回了那家店。除了面以外，有人还点了青稞葱花饼，我尝了尝，味道也很好。青稞麦是藏民的主食，所以问店里人是不是藏族，回答说是回族。牛肉面也是回族的，所以我打心里觉得回族饭菜的味道真是棒！

去九寨沟的路也很不好走，许多路段在施工，车走走停停。道路两边的农家在晾晒刚刚收割的青稞麦。九寨沟的酒店在海拔 2 600 米处，至此，因连续跨越 3 000 米高度而悬起的心，终于可以放下来了，在酒店举杯庆贺了一番。这又

Ⅲ 九寨沟

一次大大影响了我第二天的行程。其实是我搞错了，九寨沟的海拔并没到 2 600 米。确实，九寨沟入口处、管理局所在地海拔仅 2 000 米左右，可最先抵达的长海海拔就达到了 3 100 米，那附近也有山峰超过了 4 000 米。

下车没走几步，我就开始感觉不舒服，翡翠绿的五彩池的台阶没登几级，腿脚已经完全动弹不得。沈阳的李国庆（平常体力就不是很好，还是极度恐高症患者）说早晨起床时觉得有点不对劲，在回去的台阶路上也迈不开步了。这对于平时爬山登台阶总是打头阵的我来说，是难以置信的。即便如此，我还是硬撑着到了珍珠滩，以及极具九寨特点的诺日朗瀑布、五花海、熊猫海等，等到了午餐时间，我感觉身体已经接近极限了。很少见的，这山里有挂着"拉面馆"牌子的餐馆，我坚持着走进去，点了拉面和前面客人正在吃的黑乎乎的蕨根粉。坐在椅子上等的工夫，我感觉很难受。粉、面端上来了，可我的身体完全不能承受。真的是尝了一口就晕头转向地回到了其他人吃饭的餐馆，只喝了点儿茶。和在新疆维吾尔自治区的卡拉库里湖时一样，这种时候我只想去厕所。再次晕头转向地走出去，我刚跨进公共厕所的门，李国庆也跟了进来。后悔昨天喝了酒！下午 3 点左右，我终于好些了，肚子紧跟着就饿了，在一个叫"树正寨"的地方，我吃了洋芋面（这家店的老板娘是藏族人，老板是汉族人，管这种面叫"面块儿"），掺了很多土豆的面。若在平时我肯定觉得不那么好吃，可是对于没吃午饭空着肚子的我来讲，这就是美味珍馐。

一边与高原反应做斗争一边观赏美景，我得出结论，九寨沟是不同于黄龙的另一种美。大小 108 个湖泊（中国称之为"海子"）、17 个瀑布，还有原始森林，我重新认识到，在中国，无论是黄龙还是九寨沟，都是自然环境保持得完美的景区。

晚上，在酒店与九寨沟旅游局局长共进晚餐时，吃上了荞麦面和用荞麦粉做的煎饼。不丹是荞麦的原产地之一，我原来一直认为，藏族一定也吃荞麦，所以，看着眼前的荞麦制品，不知怎的，舒了口气。荞麦面被盛在一个盆里端上来，如果换作普通的面，到这一步味道就已经很糟糕了，可是荞麦面就不一样了，面里的辣椒辣味十足，汤的味道也很好，与小麦粉做的面不同，面并没

‖ 青稞面（黄龙）。用松潘制作的青稞挂面做成的，汤里用了当归等中药，面非常好吃

‖ 洋芋面（九寨沟树正寨）。汉族店主叫它面块儿。面上堆着洋芋，饿着肚子吃起来很香

‖ 荞麦面（九寨沟宾馆）。大盆端上来的面，但是如此好吃的荞麦面是第一次吃到。面的粗细规整，像是机制面。辣椒、酱油调味，非常可口

有被汤泡软，很劲道。席间，我和局长提起了有关尾气排放的话题，这里的自然景观如此知名，随着游客的增多，巴士、小车的数目也会相应增加，车排放的尾气将大大破坏这里的自然环境，不知引进电动车是否可能。局长表示认同，但是嘀咕着："资金是个问题呀。"（如今，游客乘坐的大巴要在九寨沟入口处进行消毒，然后再进入景区，从2000年开始，改成了游客一律换乘景区专用车方可进入。这情形与那年去的长白山天池相同，是为了防止我所说的环境污染，还是出于经济方面的考虑？没有确切的答案。但是听说这些专用巴士是以天然气为动力的。）另外，这次在游览途中遇到一个像是泰国华侨的旅游团，他们看见透明的水中有鱼在游动，就把吃剩的面包投入水中。鱼看见美味佳肴蜂拥而至，看起来趣味横生，但是这样一来也会污染水质，希望能唤起人们的警醒。

发现渣渣面

我们本来计划第二天住在汶川的，但是听说汶川的住宿条件不太好，所以一大早没有吃早饭，就向着成都出发了。6点30分，天还黑着。可是走了半天，天还是不亮，感觉很奇怪，原来是天气不好，一直阴着。走了大概1小时20分钟，开始下起雪来。居然看到了秋天的雪景，大家喜出望外。

在松潘吃早餐。店家准备餐食的当儿，我去街上溜达，发现了渣渣面。这是我计划到成都后一定要吃的面。问了店家得知，"渣"本是渣滓、碎末之意，"渣渣"指的是把所有配料切碎来用，面因此得名（但是，这好像并不是正宗的渣渣面。后来在四川省的金川和崇州吃的渣渣面里放的是猪肉松，据说这才是真正的"渣渣"）。的确，猪肉、葱、青菜等都切得很碎。汤里用了酱油、油，还有少许的醋。我问店家有没有松茸，店家回答说有，就又要了盘炒松茸，一盘10元。超低的价格让我完全忽略了松茸的珍稀。在我吃渣渣面的时候，有人在另一家餐厅吃了酸菜面。我也去尝了尝，酸菜的酸味非常刺激。

从松潘出发，车沿着岷江干流行驶。最初江面也就10米宽，渐渐开阔了起来，达到了100米左右。道路是铺设好的，但是岷江对岸壁立千仞，"注意落石"的标志频频出现。如果发生地震，岩壁崩塌，则没有替代的交通方式，情况堪忧。事实上，岷江边上的湖——叠溪海子，就是 1933 年地震中岩壁崩塌形成的堰塞湖。这附近还能看到羌族独特的建筑——碉楼。车一直沿着岷江前行，经过茂县、汶川、都江堰，晚上 7 点 40 分抵达成都的酒店。

黄龙、九寨沟的景观精美绝伦，但是，道路状况还是很令人提心吊胆的，这是我此行最直观的感受。

Ⅲ 渣渣面（松潘）。这也是四川独特的面。渣渣是指面的配料要细细切碎，但是我之后得知渣渣指猪肉松

武当山和地道的热干面

1997 年 12 月

襄樊·武当山·十堰·神农架·兴山·武汉

阴差阳错的郑州行

　　杂志 *Joyfull*（近畿日本旅行社发行）1997 年 7 月刊上登载的《中国面食纪行》里，写到从长江三峡到武汉的记事时有关于武汉热干面的桥段。我曾向武汉旅行社的导游求证过，这确实是热干面，但是当我把那篇文章拿给来日本做销售的武汉市海外旅游公司的苏永宁总经理看时，苏总惊呼："这可不是热干面哟！"以中国面专家自居的我，羞愧难当。

　　即便订正了发表在杂志上的文章，但是没有吃过正宗的热干面就没有资格谈论。正好那一年，湖北省的武当山寺院建筑群被联合国教科文组织指定为世界文化遗产，所以我决定利用新年假期去武当山看看，再去吃一碗地道的热干面。当时武当山的知名度还不算高，连我都不知道该从哪里去最近便。经过调

‖ 三鲜烩面（许昌）。烩面是河南特色。各种食材皆可煮汤，这是特地用了三种料（羊肉、香菇、白菜）为主料，因此称之为三鲜

‖ 豆面（南阳梅溪宾馆）。面是混入了豆面的杂面。配料用了芝麻叶子和大块姜，很奇特。味道不佳，却可暖身

查得知，距离最近的能够通航的城市是襄樊，从北京乘坐小小的BAe146喷气式飞机可以飞到那里。十几年前，我曾经从武汉乘夜车到过那里，那时还没有机场。

飞机从北京首都国际机场按时起飞，接着，我以为比预定时间提前着陆了，但不是襄樊，而是降落在了郑州。据说襄樊天气状况恶劣，要在郑州等待那边天气好转后再飞。这时候，在中国逐渐被广泛使用的手机发挥了威力。我在候机室给襄樊那边打了电话，询问天气情况，回答说那边雨下得并不大。我想可能不会等太久了，就一边吃着机场派发的盒饭一边继续等，可迟迟没有消息。非但如此，直到刚才都还不错的郑州的天气也开始糟糕起来。我频繁地用手机和襄樊联系，没能迎来希望。好像襄樊机场进出港的航班全部停飞了。考虑到第二天开始的行程，我想今天无论如何也要到襄樊。计算了一下从郑州到襄樊的距离，要经过许昌、南阳、新野，大概350公里，需要8小时，于是我决定如果等到下午3点还不能飞，就坐车去。下午3点了，仍然没有要飞的意思，我就和郑州旅行社取得了联系，请他们安排好车，从机场出发时是下午3点50分。正常行驶的话，当天应该可以到襄樊。结果，车行驶得很顺畅，在许昌下高速时是下午4点30分。既然已经到了河南省，我决定去吃一顿许昌名吃三鲜烩面。12月的雨使气温降得很低，感觉热乎乎的烩面会很棒。

晚上9点到了南阳。已经到达襄樊的河南省郑州旅行社的张晓平又折返到南阳来迎我，还预订了梅溪宾馆的晚餐等我。我在这里吃到了豆面，一种放了生姜和芝麻叶子的有点奇怪的面。到襄樊还剩下100公里，再走两小时即可到达，所以踏实吃了饭，结果坏了事。吃着饭，雨开始不停地下，饭前张晓平过来时走过的道路，因为下雨变得泥泞，大卡车的轮子陷了进去，造成交通堵塞。到襄樊的路走了一半，就再也走不动了，车外一片漆黑。等了一会儿，没办法，只得掉头走别的路。别的路也一样糟糕，走了很久也无法到达目的地。我坐在车里想着既来之则安之，就闭上了眼睛，正迷迷糊糊的，听见车外有声响，睁眼一看，原来是因为担心我而从襄樊过来迎接我的人。指针已经指向了凌晨3点30分。居然已经这个时间了！都这个时间了还来接我，我满心都是感激。最后，到达酒店时是凌晨 4 点，据说因为中途掉头时太暗，我们走错了路。

正宗武侯祠之争

　　酒店就在襄樊车站的前面，第二天我 6 点就起床（几乎没有睡觉的工夫）出去找面。寒冷的早晨，一碗带着热汤的面那是最好不过的。先来一碗看着最热乎的面！面里有豆芽、火腿，还有我认为对于不靠海的湖北省来说应该不算常见的海带。面里的胡椒味让我回想起儿时吃过的中华荞麦面的味道。问这面的名字，答"wozi 面"，可是写作"锅子面"（wozi 的话是不是就该写成"窝子"呢）。旁边的一家私人餐馆里也在煮着一大锅漂着一层豆腐，看上去很好吃的汤，问其名字，答"豆腐面"。豆芽、海带和面一起煮，再浇上豆腐汤。这个面可真辣！一般汤不是用来喝的。这两家店的面里都用了海带，可是在别的地方我都没有发现过，这可能也算是湖北省的特点之一吧。

　　襄樊有著名的古隆中。《三国志》里刘备三顾茅庐，诸葛亮献策三分天下的

Ⅲ 古隆中（襄樊）

Ⅲ 锅子面（襄樊）。配料用的是
　豆芽、火腿和海带，放胡椒，
　令人想起过去日本的中华面的
　味道

Ⅲ 豆腐面（襄樊）。豆腐丁入大锅
　熬汤，面里先放豆芽和海带然
　后浇汤。汤很辣，暖身

Ⅲ 铁锅面（武当山）。很像日本
　的锅烧乌冬面。原来用的是砂
　锅，但是容易破损，换成了铁
　锅。面里也有海带

故事就发生在这里。清代建筑三顾堂、武侯祠、草庐等保留至今。可是，昨天吃晚饭的地方——南阳，既有武侯祠又有三顾堂。时至今日，湖北省与河南省的本家之争从未停止过。我曾经到过南阳的武侯祠，那时候南阳人问我："坂本先生认为谁是正宗的呢？"我回答："不知道。"

昨天夜里太黑了，什么都看不见，今天再次出发时，看到襄樊一带的水稻田和小麦田是共生的。流经市区的汉水南岸有襄樊城，城墙至今保存完好。这是忽必烈大军攻了好几年才夺下的铜墙铁壁。

到达武当山所在的武当镇时，刚好是中午。道教圣地武当山上的建筑群，大部分是明永乐年间建成的，1994年被联合国教科文组织收录为世界文化遗产。武当山主峰天柱峰，海拔1 612米。1997年10月刚刚开通了缆车，当时道路、缆车站的一部分尚在施工。乘坐缆车时，下起雪来，我们欣赏到了金殿银装素裹的美丽景象。

大家都在武当山宾馆吃晚餐，我趁机去吃刚才在街上发现的用铁锅煮的面，因为我感觉寒冷无比。当地人称之为"铁锅面"，据说原来是用砂锅煮的，可是砂锅容易损坏，后来就改成了铁锅。用砂锅的时候就叫砂锅面吧。这儿的面里也有海带。

稀有的咖喱味的面

这天住宿在十堰。武当山的游览线，多为往返同一条路。但作为游览动线，这不是最好的选择，所以我们不打算走回头路，而是从十堰到神农架去。遗憾的是，这条线上没有什么值得一看的地方。

在十堰也一样，例行找面。出门太早，没几家店开门。终于找到一家，有非常少见的咖喱清汤面。久违的咖喱味道，很是期待，但是汤没有咸味，只好要来盐，自己加。

从十堰出发，中午在银耳产地房县吃午饭，之后的车道渐渐变成了山道。神农架是一座神秘的山。超过3 000米的六峰相连，原始森林保持着原貌。据说这里是金丝猴、熊猫等珍稀动物的栖息地。特别是当时，目击野人成为话题，日本的电视节目里曾经特别报道过。相传古代传说中的帝王神农氏为在此采集草药而搭建了塔架,神农架因此得名。进入神农架,驶向海拔 1 500 米的地方,这时,雪再一次下了起来,山顶渐渐地变白了。同行的中国人也对野人感兴趣,巴士中关于野人的话题持续不断,突然,一个刹车!看车前方,那不是个长毛野人吗?"野人!"我大叫,车里沸腾了。

其实,那是专门来迎接我们的野人研究家张金星先生。满脸胡须,黑暗中看起来和野人别无二致。因为他过度沉迷于研究,太太和他离了婚,现在他继续一个人坚守着。张金星先生说可以带我们去看看曾见到野人的地方,但是毕竟下着大雪,我们没有去,急忙回了酒店。在计划此次旅行时,我曾经咨询过武汉的旅行社:"冬天也能去神农架吗?神农架的酒店有暖气吗?"在得到确认后才开始付诸实施。但是,我们住宿的神农山庄只有餐厅的一部分有暖气,房间里没有。武汉的旅行社大概也知道这一点,特意从武汉带来电暖炉放在我的房间里,真是万分感谢。但是一想起其他人要在没有暖气的房间里过夜,真是万分抱歉。

终于见到了地道的热干面

第二天,雪转小雨。参观过新建的神农坛,向着王昭君故里——兴山驶去。神农坛边上有一棵 6 人能勉强合抱的古杉树,在树干上找对角度就可以看见有人脸的形状出现,这棵树生长在这神秘的神话世界里真是再合适不过了。

午餐预约了兴山的餐馆得月楼,可我和香港的马培民还是在外面找面吃。发现了老万酒店的肥肠面。面里有猪大肠,用花椒、辣椒调味,味道厚重,问了店家得知,大师傅是四川人。

餐后,我们告别了野人研究家张金星,出发去香溪的港口。到香溪的路,路石松动,我问为什么,原来要在这条路的上方再加筑一条新路。新的三峡大坝建成后,这条老路将被淹没,所以路石松动也没人管了。从香溪乘金山号高速船驶向宜昌。船舱四周是玻璃窗,我本想好好欣赏一下外面的景色,可是玻璃带有线条,还有玻璃外面的污垢,致使坐在舱内几乎什么都看不见。时速 60

Ⅲ 咖喱清汤面（十堰）。罕见的咖喱味的面。不很咸，多加些盐就更好吃了

Ⅲ 热干面（武汉蔡林记）。蔡林记是热干面的老字号。食客众多，接单后，把事先煮好的面（有地方称之为水面）再次入锅加热，滤水，装碗，加调料，拌着吃。面是热的，所以才得此名吧。无汤，大多就着粥吃。照片为普通热干面

公里，几乎不会晃，可用作游览船的话，我感觉不太合适。1 小时 10 分钟之后抵达宜昌，接着换乘高速巴士向武汉驶去。

在长江大饭店吃过饭，大家都去卡拉OK庆祝新年。只是，中国人都看重农历新年，所以元旦就不会有什么特别的庆祝活动。

元旦，我终于与地道的热干面见面了。店家也是热干面最老的店铺——蔡林记。蔡林记的门脸儿很窄，但是店内空间很大。热干面上来了，一看，确实和我之前写的热干面大相径庭。没有汤汁，面是事先煮好的，接了单，就刷地过一下开水，给面加热，捞出后，加入酱油、芝麻酱、葱花等调味，和面搅和在一起吃即可，有点像宜宾的燃面。感觉化学调料的味道似乎重了些，总之味道不错。这是普通热干面，加了炸酱的叫炸酱热干面，加了虾仁的叫虾仁热干面。面不带汤，所以在当地，很多人都就着一碗白米粥或者黑米粥吃。这样的热干面，如果吃过一回，就不可能会搞错的吧！

前面写过的热干面，如今看来，仅仅是碗牛肉面而已。能够予以订正，太好了！

丝绸之路三大石窟与拌面

1998 年 4 月

乌鲁木齐·库车·吐鲁番·敦煌

去乌鲁木齐

从北京到新疆维吾尔自治区首府乌鲁木齐要飞 4 个小时，我是夜里 9 点 12 分到的。用时与从成田到北京的航程差不多。虽然这里写作"夜里"，但天还亮着。北京和乌鲁木齐两地间的经度大约相差 30 度（时差两小时），不过这不要紧，因为同用北京时间。对于游客来讲，白天按照北京时间活动，晚上按照新疆时间就寝，导致生物钟紊乱的情况不在少数。

我们之所以有这次丝绸之路之行，是因为 1998 年日本 NHK 在 BS（直播卫星电视）台连续 4 晚播放了共 200 分钟，名为"丝绸之路·复活了的克孜尔石窟群"的节目特辑，节目中第 4 次出现的库木吐拉的新一窟、新二窟的镜头，给人的印象尤为深刻。于是我咨询当地旅行社有无可能参观，回答说不是没有可能，所以我计划去看一看。此外，丝绸之路三大石窟（拜城县克孜尔千佛洞、吐鲁番柏孜克里克千佛洞、敦煌莫高窟）我还想去实地勘察一番，试试在 8 天之内能否走完全程。过去的新疆，说到吃，只有羊肉，多少会吃腻的，可现如今，个体经营的餐厅渐渐多起来，随处可以吃到新疆特色食品拉条子。无论在新疆哪里，拉条子都是好吃的，这也是旅行中的一大乐趣。

到达乌鲁木齐那天，酒店特意为我做了我最爱吃的手工牛肉拉面。可惜的是面太软了，总感觉酒店里的面没有外面的好吃。

第二天，我同乌鲁木齐旅行社的杨青和从喀什来的维吾尔族人艾斯凯尔一行，乘上叫作ATR①的法国造螺旋桨式飞机飞往阿克苏。因为螺旋桨式飞机只能飞 4 000 米左右的高度，翻越巍峨的天山山脉时，可以看得非常清楚，景色壮丽。这种飞机，这一年夏季开始将被我们公司包机飞吐鲁番与敦煌之间的航线，初次乘坐，感觉安静、舒适。

阿克苏机场，由乌鲁木齐空驶过来的巴士在等着我们，天山南路的巴士之旅就要开始了。天山南路的绿洲城市中，数古称龟兹国的库车名胜最多。以克孜尔千佛洞为代表，还有库木吐拉石窟、克孜尔尕哈石窟、森木塞姆石窟。另外还有苏巴什古城、库车大寺等。

先去克孜尔千佛洞。道路是铺设过的，但是路面凹凸不平，颠簸得厉害。

克孜尔千佛洞

新疆维吾尔自治区的午餐，一般从下午两点开始，但那天早上按北京时间吃的早饭，所以还不到下午 1 点就准备在一个叫五团的地方吃午饭。虽然稍微早了一点，但错过了这儿，也许就找不到适合吃饭的地方了。当然，还是拉条子。道路边的小店在做拉条子，食客能够看到。在这里，先把面做成粗细相同的一根根长条，一次 10 根左右，两手拽住两头，一边抖动一边拉抻，不时地要在案板上摔打几下，很有特点。煮熟的面要再过水紧一下，然后把带有羊肉的

---

① 一家由意大利和法国合组的飞机制造商的名字。——编者注

Ⅲ 克孜尔千佛洞

Ⅲ 制作拉条子

Ⅲ 玉古勒（库车）。粗细相当于兰州拉面的二
　　细，带汤的面，维吾尔语叫作玉古勒。面里
　　放了茴香

配料盛在面上搅拌着吃，是拌面。胡椒味浓，很好吃，但是一碗 8 元，比起甘肃省和陕西省的面来可贵了不少。近处还有卖馕的小店，这东西凉了之后很硬，牙口不好的人可消受不起，但是稍稍加热一下就会变软，非常好吃。1 元 1 个，也稍稍贵了点。一开始我想会不会因为一看是外国人就得多赚点儿，结果是我想多了，中国人买也是 1 元 1 个。

饭罢出发，到克孜尔千佛洞用了三个半小时，但是这条路不会让人感觉无聊。刚刚还是骆驼刺丛生的蛮荒之地，可一下子车却驶入了两侧都延续着奇形怪状土丘的山路；正以为进入了梨花、杏花盛开的绿洲，突然眼前又出现了能让人联想起月球表面的戈壁滩和名为却勒塔格的秃山。天山山脉在左，克孜尔水库右转，没多久就看到木扎特河，克孜尔千佛洞到了。克孜尔千佛洞被喻为塔克拉玛干的秘密宝藏，能看出壁画的色彩有多么鲜艳，但是洞窟内的壁画中，几乎没有一张保存完整的脸，站在被破坏的洞窟中，我的心在隐隐作痛。

夜晚，我和维吾尔族的艾斯凯尔在库车街头散步，学习一下拉条子以外的有关面的知识。首先是玉古勒，这种面的粗细很像拉面，是带汤的，汤里有茴香。夹面是比较宽的拉条子，一般做成拌面。

早晨，如同以往，我想吃带汤的面，就去街上。结果吃到了美味的面，面里有羊肉、葱和芹菜，淡淡的咸味。昨天学到的新词要用一下，我问店家这是不是玉古勒，答是"tangman"。我又问："这'tangman'是维吾尔语吗？"回答说是的！看来是把汉语的"汤面"引用到维吾尔语中来了。如此看来，面不正是由东向西传过去的吗？在这家店里，当地人把馕掰碎，放入没有面的羊肉汤里。在西安把馍掰成小粒然后加入汤里，称为"泡馍"。这里的馕被掰成很大的几块。

橡皮筏漂流

一心期待的库木吐拉新一窟和新二窟终得一见。但是要收费的，1 000 元每人。日本 NHK 镜头中库木吐拉新一窟、新二窟前流淌的木扎特河河面宽阔，可眼前的河面要比电视中窄得多，即便如此，也是无法涉水渡河的。等了 30 分钟，驴车驮着橡皮筏终于来了。筏子是要充气的，不太好操作。好不容易充好了气，这回是三人乘坐一个筏子，拽着连接对岸的绳子，自己牵引渡河。但是这个不太听使唤，橡皮筏飘忽不定，仿佛要被卷入水中。

大家终于顺利过河，看到了新一窟和新二窟。穹顶上描绘的菩萨像，比我迄今为止见过的任何一处库车石窟都精彩。在破坏者势力扩张到此处之前，石窟就被填土埋了起来，所以每一张脸都保存完整，色彩也异常鲜艳。1 000 元绝对不能算便宜，但是想到为了不让壁画接触空气，保护工作需要投入大量的人力、财力，就觉得物有所值了吧。

回程渡河时发生了意外。我妻子和西安的王一行、重庆的唐常毅所乘坐的橡皮筏脱离了绳子，漂了出去。这种筏子上只有一支桨，一个人划桨，筏子原地打转，前进不得。幸亏水量不大，水流不急，三人以手代桨，终于平安划到了岸边。靠牵引绳子移动筏子，付金安干得最为出色，据说过去曾下放到农村，常干这活儿。

中午，听艾斯凯尔讲，如果没吃过维吾尔族的"乔普"（音译，原文チョップ），就不能算是了解维吾尔族的面，所以我们便出了门寻乔普。乔普在维吾尔语里好像是"宽"的意思，所以相当于汉语的"揪片"吧。

餐后，我们去了克孜尔尕哈烽火台和千佛洞、苏巴什古城，我已经是第二次去了，所以转道去了之前没有去过的森木塞姆千佛洞。这个千佛洞因洪水、风沙，被破坏得很严重，尚未对外开放。离开森木塞姆千佛洞，刚到苏巴什古城，天色阴暗起来，滴滴答答开始下雨。雨让妻子注意到帽子丢在了森木塞姆，却为时已晚。入夜，这场雨意外地变成了一场雷电交加的大雨。

形同意面的拌面

第二天，天还没亮我们就起床了。不吃早餐，7 点就出发。因为今天要去吐鲁番，一天之内必须走完大约 600 公里。亏得前一晚的大雨，空气澄澈了很多，沙尘被压了下去，实乃幸事。难道是因为雨太大吗？到处是被水截断的路段。因为我的到来，连这种地方都开始下雨。我果真是"雨男"，正说到兴头上，中国人说这不是自然雨，是人工降雨。前一晚电视上好像报道过了。我说如果这是真的，利用这种技术为降水不足的地方多降些雨，那该多好！有人说没有

Ⅲ 库木吐拉新一窟、新二窟入口。内有精彩壁画

Ⅲ 乔普（库车）。维吾尔语里乔普好像是宽的意思，相当于揪片

降雨条件的话一样降不成雨。看来仅仅是一项如何诱发降雨的技术，可不管怎么说，可真是雷雨大作的一晚。

从库车出发走了两个小时，在轮台吃早餐。那里一大早就开始卖烤羊肉串。早餐当然要吃拉条子，可我这一天要的是做成汤面的拉条子。从轮台开始，纵贯塔克拉玛干沙漠，到丝路南道的民丰，有550公里的沙漠公路连接着。1993年开始施工，历时两年半完成，所以昔日被法显描述为"上无飞鸟，下无走兽"的塔克拉玛干沙漠如今也可以在一天之内穿越了。

午餐计划在库尔勒的巴州宾馆吃。到库尔勒的路，路面到处坑坑注注，很不好走。午餐是拌面，配料里主要用了羊肉，此外还有蒜苗、豆角、洋葱、莴苣、辣椒、花椒一起炒的菜。面的软硬也很像意面，好吃。连不太喜欢吃面的妻子都在相册里写了同样的溢美之词。这里是库尔勒香梨的产地。新疆维吾尔自治区各地都有特产，比如库车的杏、喀什的无花果、伊犁的苹果、和田的核桃。

库尔勒城中有孔雀河流过。这条河由博斯腾湖的西南流出，紧连罗布泊，当年斯文·赫定顺流而下的时候，罗布泊在游移。赫定曾喻罗布泊为"仙湖"，使之闻名于世。

匪夷所思的奇石怪岩、寸草不生的荒地沙漠，我们欣赏着各种各样的奇妙景象，通过了天山山脉的一部分，夜晚到达吐鲁番时就要10点了。

吐鲁番是年降水量仅30毫米的干旱地区。可是第二天一早就开始下小雨。我开玩笑地问这是否也是人工降雨，对方很严肃地回答说不是。到了吐鲁番，为什么很多店都挂着兰州牛肉拉面的招牌？我期待着早餐。上午雨忽下忽停，我们走了常规路线，即丝绸之路三大石窟之一的柏孜克里克千佛洞、与玄奘有关的高昌古城和火焰山。下午离开大部队，我和没有去过的人一起去海拔–154.31米的艾丁湖。下午天气变成了雨夹雪，气温在急剧下降，起风了。艾丁湖在阴沉的天空下如此广阔，令人感觉仿佛到了另一个世界，我竟不可思议地想到：这湖的尽头会是怎样的景象呢？外面寒风凛冽，不能久留，我们早早结束了行程。

我们去艾丁湖时，其他人去了阿斯塔纳古墓，还参观了利用天山雪水的坎儿井。可不知怎么搞的，北京的韩辉在给大家拍合影时，向后倒退，一脚踏空，掉进了坎儿井。好在坎儿井的水很浅，也没受什么伤，但是照相机遭了殃。

珍贵的雨下了一整天都没有间断。晚餐过后，我们要去赶火车，就出发去车站，看到大滴的雨滴拍打在巴士的挡风玻璃上。

据说那一天的降雨量达到了 16 毫米，吐鲁番年降雨量的一半以上都在那天降完了。我再次惊讶我身为"雨男"的威力之大。我们和从喀什来的艾斯凯尔在吐鲁番火车站告别。当时少数民族乘火车好像也需要许可证，他无法与我们同行至下一站敦煌（柳园）。

虽说当天是 4 月 30 日，早晨在列车里醒来，看窗外时竟是银白世界。前一晚，雨变成了雪。直到下车，到离敦煌最近的一站柳园火车站，雪还在一直下。在我们向 100 公里外的敦煌移动时天气才慢慢变暖了，感觉回到了原本的沙漠气候。

我已经来过敦煌十九回了，大家要去三大石窟的最后一窟，同时规模最大的莫高窟，我和他们分头行动，去久违的玉门关看看。想起在此行的 20 年前，我曾在没有道路的戈壁上走了整整一天，从酒店带来便当在玉门关前吃，风很大，打开便当的一刹那，沙子被风卷了进来，饭吃到嘴里沙沙作响。玉门关和当年一模一样，旁边建了个简易的小房子，可以在那里面吃我从敦煌带来的便当。通常便当里会装一些水煮蛋、炸鸡、榨菜、馒头、面包什么的，可这次，敦煌旅行社的黄荣智副总经理特意带来小麦粉，给我做了手工面当便当。货真价实的手工面！我问他平常在家也做吗，他回答不做。可是他揉面的功夫可真娴熟。给我做了碗奇特的面，面上放了 3 种配菜和 1 种调料，拌着吃。3 种配菜是腌韭菜、煮白菜、煮韭菜，调料是醋加蒜泥。这种面我也是第一次吃，问面的名字，答拉面。这可不能表现面的特点。敦煌一带有带菜拉面，所以我就冒昧地给它取名为"拌菜拉面"吧。

到玉门关有了像样的路（据黄副总经理讲，1998 年旅行社将出资开通到玉门关的收费公路），所以时间尚早，不只玉门关，我还参观了汉长城，还有同属汉代的粮食仓库"大方盘城"（昌安仓），当日回了敦煌。总之，这次旅行足以证明，8 天之内可以遍览丝绸之路上的三大石窟。

‖ 艾丁湖。白色部分是盐

‖ 玉门关

‖ 拉条子拌面（库尔勒巴州宾馆）

‖ 命名为拌菜拉面的面（玉门关）。敦煌旅行社黄副总亲自制作的面。配料不同一般，腌韭菜、煮白菜、煮韭菜三种，再加调味料，拌好来吃。无疑是拌面，但之前从未见过

被洪水阻断的呼伦贝尔之行和内蒙古自治区的刀削面

1998 年 8 月

哈尔滨·大庆·齐齐哈尔·长春

心心念念的内蒙古自治区的面

　　1998 年 4 月 1 日，近畿日本旅行社把运营中国旅行业务的中国部独立出来，成立了 KIE CHINA 株式会社，使之成为分社。我理所当然地被调去做了社长。为此，我必须和中方的相关部门打打招呼，拜访一下。同年 4 月中旬，我去了北京和上海。在北京，我拜访了中国国家旅游局，和一位副局长会面。副局长，可算是了不得的高官了，相当于日本运输省次官的级别。我从事中国旅游相关业务达 20 多年之久并不断学习提高，在与副局长的此番对话中谈及中国的旅游资源，提到了内蒙古自治区的呼伦贝尔大草原，我说还没去过。"做了 20 多年的中国业务，居然连呼伦贝尔都没去过?！"副局长的反问令我印象深刻。我是个差不多已经把中国走遍的人物，关于中国旅游地的知识，我知道的恐怕不比这位副局长少。但是没去过就是没去过，没辙。正因如此，我下定决心，今年一定要去呼伦贝尔看一看。

内蒙古自治区有我一直惦记着的面。有一次我在书店里翻看柴田书店出版发行的月刊杂志《面》，偶然发现里面提到了内蒙古自治区的面：荞麦面片、竹叶荞麦面、手工荞麦面、饸饹。一提到内蒙古自治区，比较知名的城市有呼和浩特、包头等。这些城市我都去过，但这些城市也是汉族聚居地，所以我猜除了饸饹的那些面在呼伦贝尔那样的地方一定会有的吧。

呼伦贝尔的中心海拉尔在接近北纬50度的地方，比北海道更偏北，所以旅游季节最多也就7月到9月三个月。

洪水中，去大庆

8月。由于费用及时间的关系，我经由青岛先向哈尔滨飞去。在暑热中喝过青岛特产——冰镇青岛啤酒之后飞向哈尔滨，那里正下着雨。着陆时雨还不大，刚下飞机就变成了一场暴雨，雨刷器已经摆到最大限度了，可是仍看不清前方。我直接去了哈尔滨旅行社为我找的一家好吃的面馆。可这家并不经营黑龙江省本地的面，而是一家上海人经营的"上海风味快餐店"，东北人好像比较喜欢上海风味。我在这里吃了大排面。

第二天仍然下雨。雨中，我们乘一辆四轮驱动的车出发了。渡过松花江大桥时，街区一侧，人们在积极地准备着防洪沙袋，看河里的水，发现水面离岸边已经不到1米了，河水在暴涨。与市里街区相对的农村一侧，很多地段水已经溢了出来。道路要比周围地势高一些，看左右两边，已经是汪洋一片。感觉一条道路是在水中伸向远方。水中也有孤零零的民房。好像在发洪水了，但是车在驶进连接着石油城大庆的哈大高速时，完全没有感觉到洪水的影响。我们在安达下了高速，已经看不清道路了。乡村土路是没有经过铺设的，又是黏土土质，经过大雨的冲刷，已经变得泥泞不堪，就连四轮驱动的车都陷在泥里动弹不得。靠我们自己的力量是没有办法的，只好花钱请村里人出来帮忙，靠人力脱离了困境。继续这样走下去，难以想象还会发生什么。

‖ 大庆站前的油井

‖ 大排面（哈尔滨上海风味快餐店）。上海风味浇头面的一种，面上盖着猪肉（比较大的排骨）

‖ 双色面（大庆宾馆）。两种颜色的面装在同一个碗中。一种是菠菜汁面呈鲜绿色。另一种是胡萝卜汁面，呈红色。看起来还好，其实酱油味过重

接近大庆的时候，石油钻井渐渐多了起来，真不愧是石油城，就连大庆火车站前面都有钻井在工作。中国曾经号召"工业学大庆"，大庆就是这样一个榜样城市。经过艰苦奋斗，石油勘探队在这里找到了石油，并且开采成功。有电影记述了铁人王进喜的事迹，曾大范围放映。

在大庆宾馆吃午餐。我点了菜单上的"双色面"。的确是两种颜色的面，加了菠菜汁的绿油油的面和加了胡萝卜汁的红艳艳的面。不是很常见，酱油味很重，只能算是种不怎么样的面。离开大庆市区，我们看到河岸上一边是人们奋力补充着防洪沙袋，而另一边紧挨着的是卖香瓜的小贩在扩充着自己的摊子，真是奇妙的一幕。

齐齐哈尔，对于日本人来讲是个很熟悉的地名，可是除了郊外的扎龙国家级自然保护区以外，市内没有可看之处。扎龙非常有名，是丹顶鹤的栖息地，但是由于丹顶鹤是候鸟，这个季节，一只鹤都看不见。在观鹤楼也就能看见6只人工养殖的鹤。最佳的观鹤时间是每年3月到4月，这时期最多可见500只丹顶鹤。

形同刀削面的竹叶荞麦面

这一天，我们到达了齐齐哈尔，吃过晚饭，计划乘夜行列车去与俄罗斯交界的边界城市——满洲里。我们准备在昂昂溪站上车，但是这种中途小站是买不到票的，于是买了从哈尔滨出发的票，有一个人要从哈尔滨上车坐到昂昂溪，这样才可以确保下一程的座席。那个人打来电话说本该晚上7点从哈尔滨发车的，可是吃过晚饭都晚上8点了，还没有发车。看来会延误很久，于是我们在酒店房间休息。夜里10点，传来敲门声。原定昂昂溪发车时间是晚上11点33分，所以我还疑惑怎么这么早就出发。果不其然，齐齐哈尔下面的扎兰屯铁桥被水淹了，火车无法通过，所以他们是来和我商量接下来的行程的。电视报道称嫩江洪峰3日后将到达齐齐哈尔，也就是说3天之后的齐齐哈尔将被洪水围困。无暇感叹，我们当机立断，第二天就回哈尔滨！同行的沈阳的李国庆称之为"战略性撤退"。

Ⅲ 手拉面（齐齐哈尔）。也就是拉面，但是当地特意强调手拉。面里撒芝麻很是稀罕，面是胡椒味的，也很少见

Ⅲ 制作竹叶荞麦面

Ⅲ 竹叶荞麦面（杜尔伯特）。在日本被译成竹叶荞麦面，其实是用料不同的"刀削面"

得益于在齐齐哈尔住了一晚，第二天我吃到了齐齐哈尔的手拉面。制作方法与兰州拉面相同，但是牛肉面不辣，面里有芝麻，而且撒了胡椒粉，味道与兰州拉面有些不同。

这次去内蒙古自治区的目的之一就是寻找内蒙古自治区的面，就这样撤退了真叫人泄气。查看地图，看到齐齐哈尔与大庆之间有杜尔伯特蒙古族自治县，那里有连环湖自然保护区。我想那里可能会有蒙古族的面，于是要求去了那里。

这里是包括扎龙在内的大沼泽地的一部分，为了迎接即将到来的洪水，大家都忙着制作防洪沙袋。我也意识到，都这个时候了还四处找面吃不太合适，可这时听说保护区食堂里有蒙古族人会做竹叶荞麦面，就去拜托他做给我看。原料是荞麦粉和小麦粉和在一起，荞麦粉占20%，和好的面一定要醒30分钟。算上等待的时间，到吃完、离开一共花了3个小时。制作竹叶荞麦面的师傅手捧面团，用刀削入锅中，做法很像山西的刀削面。好像原本使用的就是山西刀削面的刀子。这次用的是切菜刀，所以削得略宽了些，但是无论怎么削，都是竹叶的样子，所以得名"竹叶荞麦面"。当然不能光吃面了，既为了战略性撤退，也为了竹叶荞麦面，我们开了红酒，大家举杯庆贺。为了开红酒，我把刻着我名字的旅行刀递给了同行的徐军，结果刀落在了店里，而且我们两个人谁都没注意到（正如预报的一样，3天后这地方被大水淹没了，可能我的刀也跟着在水中消失了）。

阔别 7 年的长春

进入哈尔滨要再渡松花江大桥，定睛一看，水势比我们离开时更加凶猛了。防洪堤的建造使得城市高农村低，城市一边看起来危险似乎并不大。

我们没有去成内蒙古自治区，转而去了久违的长春。1991 年以来，我这是相隔 7 年，第三次来长春。长春满城绿色，我尤其喜爱南湖一带的景色。但是除此之外，可参观的地方不多。只有末代皇帝爱新觉罗·溥仪的宫殿——伪满洲国皇宫和长春电影制片厂两处值得一看。上次来这里时，这两处都关闭了，好像是被人民公社、学校包场了，所以我还没有参观过这两处。利用这次机会一定去看看。

吉林省境内有延边朝鲜族自治州，省会长春有很多朝鲜族，由此，朝鲜菜馆也很多。赶紧去长春最具好评的冷面馆一探究竟。招牌上写着"韩一狗肉冷面城"，吃了一惊。早就听说过朝鲜族喜欢吃狗肉，还以为冷面里会有狗肉，后来听说狗肉和冷面是分开的，我这才放下心。即便狗肉被赞好吃，可我还是无法下口。看到别人正吃着的面里有香菜，我慌忙请求不要给我碗里放。面非常筋道，确实好吃。面中配料几乎与日本的冷面无异。

和以前相比，长春发生了翻天覆地的变化，高楼大厦鳞次栉比。这一次住宿的五星级酒店——香格里拉大酒店也是新近建成的。紧邻酒店的是饮食街，两边建筑与过去没有两样。晚上我一边散步一边物色第二天的早餐面。看准一家，确认过开门时间是 6 点，并且相约一定来吃后，我便回了酒店。

可是第二天去时却没有开门。没办法只得进了旁边一家正在做准备的店，硬要人家给我做碗面吃，怎奈面醒得不够，面条软塌塌的一点都不好吃。吃完正要走，昨天约好的那家店主来了，嘴里埋怨着："等着你们呢，却不过来。"说得倒好，刚才去时分明是关着门的，我心里嘀咕着。但毕竟是事先约好的，就去他的店又吃了一顿。招牌上虽写的是"兰州抻面"，但是味道和兰州拉面完完全全是两回事，有骨汤味和咖喱味两种，都是昨天就开始准备的，就这一点，足以使这面棒棒的。

这次旅行最后以从哈尔滨到烟台的航班因天气（雷雨）改在青岛着陆而告终。飞行中，中国国家旅游局副局长的面容又浮现在脑海里。没能去成呼伦贝尔实在遗憾，可我在心中暗暗发誓：不久的将来我一定会去的！

Ⅲ 朝鲜冷面（长春韩一狗肉冷面馆）。真不愧是正宗的，面筋道有嚼头，很棒，但是放了香菜，大概是时尚新吃法吧

Ⅲ 兰州抻面（长春）。面的制法同兰州拉面，但是汤有猪骨汤和咖喱味汤两种

广州的虾子面

世界园艺博览会定于 1999 年 5 月 1 日，在云南省省会昆明开幕。为此，中国的访问团体一下子多了起来。他们着力宣传的云南省诸多城市中，有个被称作香格里拉，名为中甸的地方。关于香格里拉，传说起因是中国报纸曾报道："美国飞机迫降在了一个如桃花源般的美丽村庄，那里的人们和蔼可亲，那不正是香格里拉（乌托邦）的鲜明写照吗？可是当美国人回国之后，就再也想不起来那地方是哪里了，最终辨明那里是云南省中甸。"因此，我对中甸比较感兴趣。还有个原因，就是 1993 年访问云南时，听昆明旅行社的丁武群说："腾冲的饵块叫大救驾。"我对这饵块一样感兴趣。所谓饵块，听说和米粉一样，也是大米做的，所以我想把它算作面类也不是不可以吧。这次去云南省的主要目的，一个是了解昆明园博会工程的进展情况，另一个是考察中甸和腾冲。

云南省有"云南十八怪"的说法，不同地区的说法不尽相同，但是"粑粑叫饵块"一句却是不变的。

我们这次是利用日航系统，经由关西机场飞到广州，然后转乘中国国内航线到昆明的。利用换乘的时间，广州的李载荣找到了虾子面。关于虾子面，邱永汉在《食在广州》一书《面与咸鱼说》一节中是这样叙述的：

> 仅次于茶楼最受广东人欢迎的莫过于面家了吧。面家出品的面类颇多。像意面这样北方的面另当别论，广东人最喜欢的两大面，还应该是虾子面和云吞面吧！

我去过广州这么多回，却从没听说过关于虾子面的种种。广州的李载荣好像都没听说过。据说这次为了满足我的要求，他跑遍了广州。原来这虾子面就是啥配料都没有的干炒面，只是用蟹籽蚝油酱调出很微妙的味道，味道很棒。

Ⅲ 虾子面（广州）。原来好像是把蟛蜞（小型蟹）的卵拌在面里，但也有把蟛蜞卵和入面中的。这是用葱姜炒的、带蟹籽的挂面，可是这面完全符合邱永汉所说的蚝油味，非常美味

邱永汉也说过："虾子面之所以又鲜美，又不油腻，只因它是仅仅用了葱、姜的葱姜炒面吧。再淋上些蚝油，味道也不错。"的确如此。据说这蟹籽是蟛蜞卵，产地在禹南一带。以前是把酱涂在面上吃的，现在也有把蟹籽和进面里做成干面的。吃到虾子面的这家店是很小，但是我收获很大。

住宿在昆明饭店，旁边就有 24 小时营业的米粉店，对我来说太难得了。一早就可以吃到焖肉米线、肉丁米线、炸酱米线、肠旺米线等很多种米线。当然还有云南特产过桥米线，但是汤大多没有那么滚烫，味道比起以前差了很多。另外，还有一家实验饭店，是烹饪学校经营的便宜的店，在这里一大早就能吃到很多种米线，我最爱小锅米线。

到世界遗产四方街去

从昆明飞到丽江只需要 35 分钟。一直在厚重的云层中飞行，着陆后看到机场像是刚刚下过雨。1993 年我初次去丽江，是从昆明乘车去的。那时赶上交通堵塞，到大理用了 10 小时，从大理到丽江又花了 5 小时，现在回想起来，恍如隔世。这次同行者中很多是第一次到丽江，所以先去 1997 年 12 月入选世界文化遗产的"四方街"（老街）看看。

与 5 年前相比，我感觉四方街上的游客多了很多。据当地旅游局的人讲，两个主要原因对此地影响巨大，一是 1996 年大地震使丽江的名字广为人知，二是 1997 年入选世界文化遗产。四方街的街景非常漂亮，只在街上走一走就很开心。不仅有丽江的纳西族，随处可见白族或藏族的人们穿着民族服装在古老的街上徜徉，更是乐事之一。四方街上的餐馆里，有种叫作"粑粑"的用小麦粉烤制而成的点心（粑粑本来是大米做的，但是在云南小麦粉做的也叫粑粑，这里产的就叫丽江粑粑），还有小锅米粉，很像日本的锅烧乌冬面。

但是今天不能在丽江悠闲地逛了，接下来的日程是去虎跳峡，然后去中甸。午餐过后，我们的车离开了丽江的街区，向着曾经因茶贸易而繁盛的茶马古道出发了。不一会儿，长江的上游金沙江渐渐映入眼帘。江两岸满是歪歪扭扭的松树，叫作云南松。这是为了防止金沙江两岸水土流失，用直升机播种而长成的。

‖丽江四方街

‖ 小锅米粉（丽江四方街）。锅像是日本做盖浇饭用的锅，米线或米粉和其他食材一起炖。米线、米粉
　与面不同，要想好吃就要保持硬度

那时刚刚下过大雨，导致到虎跳峡的路严重受损，巴士无法通过，于是我们换乘了雇来的吉普车和小卡车继续前行。这段路不仅岩石崩塌，路面还积了水，所以车仍然提不起速度，时而有命悬一线的感觉。我坐的吉普车还勉强可以，坐在另一辆小卡车货斗里的人们恐怕已经感觉"生不如死"了吧。大量的雨水使虎跳峡轰鸣着，发出老虎咆哮一样的声音奔腾而过，此情此景令人忘却了刚刚所经历的一切。原本是可以看见一虎形岩石卧于水中的，但是水量大得吞噬了一切。感觉峡面窄得老虎真的可以一跃而过，大峡谷周围耸立着 6 000 米高的山。

晚上将近 9 点，我们到达了中甸的酒店迪庆宾馆。为庆祝安全抵达，大家都喝了口啤酒，可是脉搏马上加快，不能再喝了。我带来的高度计显示此处海拔 3 100 米（实际好像是 3 200 米）。回到房间后我测了下脉搏，竟达到了每分钟 106 下，赶紧躺下休息。

长江洪水的痕迹

第二天，脉搏恢复了正常，所以我一早出门散步。早上 7 点，天色尚暗，可巴士候车室前的道路两边的米粉摊已经开张了。铁皮桶改造成的炉子上坐着一口口小锅，用柴火作燃料。我和一样早起出来散步的南京的汤福启一起吃了小锅米粉。锅里加圆水，然后加圆白菜、韭菜、肉酱，再用盐、辣椒调味。高原地区的早晨还是挺冷的，一锅热汤，真是太棒了。

这一天，我们 8 点 15 分从酒店出发时，米粉摊已经收摊了。赶在长途巴士发车前出摊，胜败在此一举。

在中甸我们参观了 17 世纪五世达赖建造的松赞林寺，还去了干季变成草原的纳帕海。我印象最深刻的是一种红色的草，叫狼毒草。大概正是季节，草原一片大红色，牦牛吃着草，眼前的一切似乎让我明白了，中国为什么要宣传这里是"桃花源"了。

中甸还是松茸的产地。看到自由市场有松茸，我一下买了 5 公斤，带到餐厅请他们给我做成菜。1 公斤才 12 元。为什么这东西一到日本就变成那么高的价？！据说中国产的松茸，与日本产的相比缺少香味。可是我感觉在这里买的与日本的难分伯仲，香味十足。

这天走的是头一天走过的道路，但是途中绕道石鼓镇。长江干流改变流向，这里被称作"长江第一湾"，此外石鼓镇里还有石鼓和红军长征纪念碑可看。我们下车，向长江方向望去，惊叹不已。田中的玉米蒙着厚厚的泥浆，基本上干死了。玉米田中有个看似茅厕的小房，墙面上下分成两种颜色。问了才知道，这是百年一遇的洪水的痕迹，就在10天前积水还在房檐下面。日本只报道了长江中游的洪水，真想不到，原来云南省也遭受了这么严重的灾害。

第二天，我们由丽江向大理移动的时候，以妻子为首的几个人开始感觉肚子不舒服。是因为前一天的酒店一餐，还是在石鼓镇喝的茶？大家在车上议论起来。最后结论是：会不会因为酷热中打开的空调？肚子疼的人都集中在车子出冷气的一边。即便如此，很多人第一次来大理，所以还是坚持参观了大理最具代表性的3处名胜——蝴蝶泉、严家大院、大理三塔（崇圣寺三塔）。在蝴蝶泉，当地的白族人穿着民族服装卖白族的特产蓝染和蝴蝶标本，购物也是件乐事。严家大院是三坊一照壁的大宅，在这里可以一边喝着三道茶（三杯不同的茶。第一杯苦茶，第二杯甜茶，第三杯回味茶——姜茶），一边欣赏白族舞蹈。还有，三塔算得上是大理的标志，确实很美。1993年我初访大理看到这三塔，当时我就确信从此大理必将成为著名的游览胜地。那时候耸立在洱海西侧的苍山索道的修建已经被提到议事日程中，5年后，索道已经建成营业。

去了医院的两个人被诊断为疑似霍乱，于是全体被迫吃了药（类似于抗生素），包括没有任何症状甚至在卡拉OK唱歌的人。可是，带头去医院的"罪魁祸首"、长沙的刘芬珍从医院回来后，居然马上去了卡拉OK，还跳了舞，着实令人惊讶不已。

在大理，我和酒店前的餐馆约好第二天一早7点过来，可是去时却没开门，只好乘车去城里吃米线。和店里的人聊天得知，大理有特色的米线根据汤的不同，分牛肉汤米线和排骨汤米线两种，其中排骨汤米线比较少见，大理只有两家店有。碰巧其中一家就在附近，叫振华饭店。在这里，顾客可以根据自己的

‖松赞林寺（中甸）

‖牛肉汤米线（大理）。与浇头面不同，根据汤的不同为面命名。这里使用了牛肉炖的汤

‖饵丝（大理）。饵丝是大米经过蒸制后用臼捣成的，所以比米线要软

喜好，把辣椒、盐、咸菜拌在一起给米线调味。在大理，同米线一起出现在菜单上的还有饵丝。原料与米线相同，也是大米，但是要把米蒸过之后放臼子里捣烂，与米线完全不同，很软。

"地狱之旅"开始了

大概是前一晚吃药的缘故，有的人感觉身体不舒服（北京的徐军整晚每30分钟就要去一趟厕所），但是全体还是从大理出发了，经保山，去腾冲。谁能想到，这一天，我们踏上了不可想象的旅程。从地图上看，先到计划中的午餐地保山，235公里，从保山到住宿地腾冲，也不过150公里的路程，所以多估些时间。即使路况不好，10个小时怎么也到了。但是，我们大大地错估了形势。高速路正在施工中，无法通行，无奈，只得走普通道路，但普通道路也在施工，走走停停，停停走走，向前蠕动着。也是大雨带来的影响吧，路上到处积水，水坑里垫起了石头，速度提不起来，只能一点一点向前挪。到达离大理只有78公里的永平时，已经过去5个小时，过了下午1点。我们只得取消了保山的午餐，在永平吃饭。等待上菜的工夫，我在街上转了转，偶然发现"腾冲炒饵块"的招牌。照刚才的情形下去，到腾冲指不定什么时候呢，干脆在这里尝尝。但是在这里没有多余的时间来好好品味。我弄明白了，所谓饵块，就是日本所说的年糕片。永平的午餐5个人吃了172元，之后，开始了"地狱之旅"。

途中渡过澜沧江上的永保大桥，抵达本该是午餐地的保山时，已经是接近傍晚6点了。到这里一共花了10小时，距离目的地还有150多公里的路程。可吃晚饭时有坏消息传来，横断高黎贡山、连接着保山到腾冲的公路同样是因为最近的大雨而出现塌方，无法通行。只好绕道龙陵，比原来多走80公里。如果是这样，倒不如这晚就住在龙陵，大家一边商议着一边匆匆结束了晚餐，上路。

又渡过了一条大江——怒江（在这里中国人要查验身份证），渐渐地进入了山路。拦住对面的车询问前面的路况如何，回答说开通着。大家拍手叫好。但是，没走多久，车就停下不动了。外面漆黑一片。发生了什么，完全不得而知。我看了一眼手表，已经夜里10点30分了。几个中国人下车去前面侦查了一下，原来是一辆重型卡车轮子陷在了泥里动弹不得，造成了交通堵塞。不知是因为土石塌方，还是由于大雨的影响。就这样在车里坐等天明，还是调头回龙陵？正琢磨着，北京的康战义却说："面包车的话，如果把路边的土铲平一点，也不是没有开过去的可能。"那就试试看吧！当时的办法就是花钱请周围的农民帮忙，就这样，午夜道路建设大作战开始了。1小时之后，我们的面包车在堵住道路的大卡车旁边，缓缓地蹭了过去，成功了！那天，我们给了帮忙的农民100元。

去国境边——瑞丽

这一天被记录下来，到达腾冲时是凌晨1点17分。如此千辛万苦来到腾冲就是为了吃"大救驾"的腾冲饵块。腾冲的导游册上写着：明永历帝被吴三桂追杀至此时，几度断炊，幸有当地村人奉上一碗饵块，才得以恢复元气，故饵块得名"大救驾"。这是发生在17世纪的故事。

腾冲有中国少见的火山口温泉（这里硫黄味很浓，可以像日本的大浴场那样入浴）——热海。参观了热气腾腾的温泉之后，出席了腾冲市副市长主持的宴会，我终于吃到了期待已久的饵块。但是算不上什么美味，中国版的"目黑秋刀鱼"[1]而已。

腾冲到龙陵的险恶山路终于走完了，接下来我们沿着铺设过的道路，去与缅甸交界的边境城市——瑞丽，但是又出了点岔子。还是因为大雨的影响，道路一侧的山崖崩塌，道路正在抢修中，来往车辆的通行时间受到限制。我们运气欠佳，到的时候，通行时间刚刚截止。下次通行时间是两小时以后。这种时刻，又是康战义站了出来，他找到施工现场的负责人交涉。交涉成功，又等了10分钟，终于可以通过了。

过了施工处，前面没有车，所以提起了速度。在芒市（原潞西市）吃了晚

---

[1]　日本俚语，源自日本的古典相声，类似于中国"珍珠翡翠白玉汤"的故事，此处具有反讽意味。——译者注

‖ 瑞丽的摊档

‖ 牛肉面（瑞丽小吃街）。不带辣的牛肉面。南方人爱吃米，可牛肉面却很受欢迎。比起饵块，我还是
　习惯吃面，容易下咽

餐，我们终于到达瑞丽时，已经过了夜里 10 点。

在瑞丽，我们先去了国境线上的弄岛镇。途中有个横跨两国的村子，叫一寨两国旅游村。在弄岛，我们分成了中国人组和夫妻二人组（我和妻子），中国人组去缅甸一日游，只需身份证即可，日本人如果没有签证是去不成的。

我和妻子参观了傣族村（大等喊村），还去了昔日瑞丽的中心地带，如今也是与缅甸相对的大门之一的姐告，还有亦属国境之一的中缅街，中午特意请求当地人带我们去了位于兴市街的小摊一条街。这里既有米线，又有饵块，还有面条，在这里我吃了久违的牛肉面和带汤的饵块。午餐后又去看了缅甸风格的佛寺、金塔，还有南国特有的巨大的榕树等，之后与中国人组在畹瑞大桥汇合。为了回昆明，驶向芒市机场。

缅甸游的中国人组刚刚离船上岸，就遭遇了疾风骤雨，于是进了纪念品商店，躲雨的同时，买东西，结果什么都没看成，真叫人愤愤不平。

苏州面的甜

"风萧萧兮易水寒，壮士一去兮不复还。"

受燕太子丹的委托刺杀秦王的荆轲，临行前如此歌道。我看了以荆轲为主人公的电影《荆轲刺秦王》。在荆轲的故事中，我最喜欢描写他和击筑名人高渐离友情的内容，遗憾的是，这部电影没有拍成令我满意的样子。电影中出现的秦王宫宫殿的布景，据说是按实物大小建造的，至今尚留在浙江省东阳附近的横店。

1998 年 10 月末，我出席了在上海举办的国际旅游博览会，顺便把横店也编排在了我浙江省南部之旅的日程中。

博览会开幕的前一天我到了中国，去了苏州的老面店——朱鸿兴和观振兴。以前，坐车从上海来过的朱鸿兴本店，现在被改建成了酒店和美食街，所以我去了另一家分店。店铺早晨 5 点 45 分就开门了，我们 7 点 30 分到的，已经不是陆文夫说的头汤面的时间了。这里墙上挂着 14 种面的名字，和我一起去的同伴一共点了 8 种面。等面上桌的工夫，我到后厨随便拍了个照，这时店里的人（大哥模样的人）跳出来，叽里呱啦了一通。苏州的施季光再三地道了歉。可能是又把我当成卫生局的什么角色了。一再解释"这是日本的面专家，所以不用担心"，这件事总算平息了。我们点了肉丝面、虾仁面、爆鱼面、爆鳝面、鳝糊面、焖肉面、葱油香菇面、炒肉面，共 8 种，全部是浇头面（仅仅是配料不同）。苏州菜风味偏甜，算是它的特点，其他地方来的人可能会给差评。

观振兴也焕然一新。苏州繁华街道的正中有道观玄妙观，观前的老面馆就是观振兴。点同样的面没什么意思，所以我这回换成辣酱面和爆鳝虾仁面。普通的面 3 元到 6 元不等，爆鳝虾仁面却是 9 元 5 角，贵了不少。可观振兴的味道没有朱鸿兴那么甜，对于外地人来讲，要给好评了。

从苏州回去的路上，既然都到了，就绕道去了古镇同里和周庄。周庄，河水两岸绵延着明清时代的古民居，最近吸引了大量的游客。午餐时，我们在沈家餐厅吃了特产"万三蹄"。

正值秋季，大闸蟹的季节。博览会开幕式的宴会是规模在 1 000 人以上的大型宴会，各方发言冗长，我没有心思吃东西，所以找机会先退了出来，和聚集在上海的全中国各地有业务关系的旅行社的人们在大闸蟹名店"王宝和"又吃了一餐。即便如此，我还是吃不来大闸蟹，这是为了中国各地的朋友而准备的一餐。

我吃了蟹黄面。蟹黄放入汤里，很奢侈，我觉得这很受日本人欢迎，但是于我来说，腥味不合我口味。还有一种菠菜面，面上覆盖着蛋清和蟹肉，我还是吃不惯。

‖ 朱鸿兴正门

‖ 爆鳝虾仁面（苏州观振兴）。苏州面的老字号观振兴家的招牌面，也是江南地区极具代表性的面。面里的鳝鱼是江南特产。炒鳝鱼、虾仁的浇头面。比起朱鸿兴，甜味淡了些

温州的金粉面和敲鱼面

博览会一共3天。会场里有太多熟人，其中也有不想见到的人，所以我只在会场待了1天，就飞向了浙江省的温州。

去温州前的早晨，上海的孙嘉勤带我去了老面店"德兴馆"，一家位于福建中路的老店，据说有120年的历史，一大早就宾客满堂。如果不站在边上等一会儿，就会找不到座位。据说这里最拿手的是焖蹄，所以我们二人要了焖蹄素交面、焖蹄辣酱大面、香菇焖蹄大面，无论是肉还是面，确实好吃。

从上海到温州只需50分钟。如此之近，之前我居然一次都没有来过，可以说有些不可思议。在温州机场乘上巴士，向北雁荡山驶去。说起温州，日本人首先想到的是温州蜜柑，这里虽然有山，但是连一棵橘子树都没有看到。1小时30分后到达了北雁荡山。北雁荡山在浙江省的东南部，因此被称为"东南第一山"，以美丽的风景而闻名于世，其中灵峰、灵岩、大龙湫被称作"雁荡三绝"。

北雁荡山有特产炒米面，当地也叫"细面"。雁荡山近海，所以面的作料会用到小海鲜，比如海蛎子、蛏子之类，算是此地面的特点。

北雁荡山有个传统节目叫作"灵岩飞渡"，即高空走钢丝表演。两峰之间，在离地面270米的高度拉一条钢索，演员从上面走过去。从下往上看，非常高，人变得很小，像我这样的轻度恐高症患者，只看一眼就会打个冷战。

第一次到雁荡山，景色超乎想象地好，感觉有些地方比武夷山更胜一筹。回温州的途中，虽算不上晚餐，我们还是绕道去了雁荡宾馆，去吃《中国旅游报》曾经介绍过的雁荡特产雁荡绿豆面。虽然被命名为面，但实际上是由绿豆和红薯淀粉制成的像是粉丝的那一类东西。看起来软乎，实际吃起来很有嚼头。

温州靠海，海鲜很棒，但我不是很喜欢海鲜，所以晚餐我和孙嘉勤各自行动。我赶紧跑到街上去寻找温州特有的面。金粉面和敲鱼面，这是我最先打听到的面。金粉面用红薯粉做成，是样子很像魔芋的又粗又黑的家伙，其实不能算是面。敲鱼面是名副其实的温州特产。把用菜刀敲打过的（裹了淀粉的）味鱼，投入汤里，面是碱面，与日本拉面无异，味道很好。温州无论哪家餐馆用的都是过去学校食堂统一用的那种金属制餐具，好像是政府统一规定，大概出

Ⅲ 焖蹄辣酱大面（上海德兴馆）。
上海老字号德兴馆的招牌面，
好吃。德兴馆的焖蹄是特色

Ⅲ 雁荡炒米面（北雁荡山）。这里
管米粉叫米面或者细面，由此
可见，粉很细。虽处山中，但
是离海很近，所以特色为粉里
会用到海蛎子、蛏子等

Ⅲ 敲鱼面（温州）。温州特色面。
用菜刀敲打（裹了淀粉的）味
鱼，投入汤里，味道很好。面是
碱面

于易于消毒等卫生方面的考虑，但是带着热汤的敲鱼面被盛进碗里，热得烫手。另外还有用鱼肉碎制成的鱼丸面，也是温州风味。

女士专享的红糖面

从温州到金华是坐火车去的。令我吃惊的是，这段铁路并非国营，而是民营的。这列民营列车的车厢是德国制造的，非常豪华。车内服务也与国营的迥然不同，令人舒适、满意。只是时刻表中显示，停车站在金华西站，没有停在理想中的金华站。

在金华下车的目的是看诸葛八卦村。这个村离金华大约 40 公里，走 50 多分钟就到了。据说这里生活着《三国志》中德高望重的著名军师诸葛孔明的 54 代子孙，当时有 3 000 多人。村中民居按照太极图的样子，以钟池为中心，周围建筑格局按照诸葛亮的"八阵图"样式分布，明清时朝建筑保留至今，非常珍贵。诸葛八卦村 1996 年被指定为国家级重点文物（国宝）保护单位，维修、保护古建筑似乎需要大量的资金支持，所以祭祀诸葛亮的丞相祠，当时正募集着资金。为了我所尊敬的诸葛孔明，大家集资，我作为代表，以我的名字捐赠，所以现在祠堂前面应该刻有我的名字。据说陪同我们的向导是诸葛孔明的第 49 代子孙。

这附近还有华侨信奉的"黄大仙"的故里，但是要变天了，所以没去成。果不其然，一回到金华就开始下雨了。

说到金华，火腿最是有名。因为带有咸味，做菜、做汤时经常会用来调味。第二天一早，在酒店附近的餐馆，让他们给我做了一碗带火腿的面。青菜、火腿、面，一起放进锅里炖，是炝锅面，可是苏州过来的施季光却说，这种面在苏州好像叫回锅面。这大概是煮过一遍的面还要再回一次锅的缘故。面本身是带盐的，当地人叫它"盐水面"。

这天的行程是从金华出发去义乌，再到《荆轲刺秦王》那部电影里的布景所在地东阳（横店），最后到杭州。在义乌，我刚说出要吃红糖面的愿望，杭州的沈景华就笑了起来。问其缘由，原来这面是催乳用的，给产后的妈妈吃的。

‖ 炝锅面（金华）。金华因火腿而
知名，面里原本没放火腿，我
特意请求店家为我放了火腿，
做成烩面。苏州好像管这面叫
回锅面

‖ 红糖面（义乌）。产妇为了催乳
食用的面。面里有义乌特产黑
糖，营养丰富，面用的是有利
于消化的米线

‖ 沃面（东阳）。东阳特色面。用
宴席吃剩的海鲜、火腿、蔬菜
等做的面。淀粉勾芡。季节、
地点不同，面的用料也不同

为什么叫义乌的红糖面呢？原来面里用的是义乌出产的黑糖。这种黑糖营养充分，能够催乳，所含成分又易于消化，并且不是面，说是"米粉"，才更地道。

规模小于金华的义乌，为什么会有机场呢？答案是，这里有小商品批发市场，中国各地的人来这里采购商品。

拍电影所使用的秦王宫，比我想象的还要气派。建在宝座前的水池上漂浮着的御道，可以走上去实际体验一下。以秦王宫的建设为契机，这一带将有望变成电影城，听说《鸦片战争》当时正在拍摄中。

在秦王宫隔壁的民族文化村吃午餐，我终于吃到了心心念念的红糖面。确实甜，我觉得更适合作为饭后甜点。

东阳特产的面好像叫"沃面"。餐桌上剩下的海鲜、火腿、青菜等加调料入味作为面的配菜，再往汤中加淀粉勾芡，如果调味调得好的话，我感觉味道应该不错，但是这种沃面散发出瓦斯的气味，不怎么样。沃，有丰富的意思，也许正是由于面里有各种各样的作料才得名的。

这一带的地名，像李宅、陆宅等，带"宅"字的很多。这是以住在这里的人们的姓氏来命名的，所以这里有很多古老家族吧，这是东阳被称作"建筑之乡"的缘由。特别是卢宅，历经500年风雨，值得一看。参观过卢宅后，我们前往杭州。

探访 120 多年历史的老店

杭州是这次与我同行的沈景华的老家，所以他晚上设宴招待我们。第二天早晨，我去了老面店状元馆。这是家与奎元馆齐名的专营面的餐馆，已经有120多年的历史了。我这是第一次去，相比经营大餐的奎元馆，状元馆一旦坐进来20名客人就已经满满当当了，而且菜单上只有面。出名的面有加入虾仁和鳝鱼的虾爆鳝面，吃过之后才知道，原来油渣面也不错。此外，大家吃了青菜肉丝面、香菇笋面、虾腰面、肉丝面、黄鱼面等各种面，无论哪种面，都是根据不同的配料而命名的浇头面。第一次听说的油渣面的油渣，是指加热肥肉，油被耗掉之后浇在面上的渣子；虾腰是指虾仁和腰花（猪肾）。还有种面叫"光拌

‖ 油渣面（杭州状元馆）。状元馆的特色面。浇头面，汤味很棒，是此店拿手面

‖ 光拌川（杭州状元馆）。面名称里的"川"与"汆"同意。杭州面店老字号状元馆的特色面。没有配料的"光面"只加调味料烹制而成。另外会上一碗汤

川"。光是"光面"的光，什么作料都不带；拌是"拌面"的拌，搅拌的意思；问起"川"是什么意思，答说是"面"的意思。后来我查了一下，和"片儿川"的川相同，"氽"的意思，指的是过水煮，也就是不加任何作料的白煮面。奎元馆也好，状元馆也罢，杭州的面馆名字里都爱用个"元"字，元是"第一"的意思，跟科举考试有些关系。好像参加科举考试的书生也经常来吃面。比起奎元馆，我更爱小巧的状元馆的面。

相隔 10 年的贵州行

贵州省省会贵阳市有非常有名的面，叫肠旺面。1988 年我曾去过贵州，那次是受贵州旅游局邀请，从贵阳开始，到镇远、凯里、安顺、黄果树，转了一大圈。因为是政府邀请，所以没有什么自由时间，即便如此，在贵阳，他们还是让我吃上了贵阳饭店的肠旺面。面的上面盛着猪血，味道出乎意料地清淡，给我留下了深刻的印象。那时拍的照片模糊不清，无法利用，得再去一趟才行。

因为去过一次，这次再走同样的路就没意思了。正好这时重庆的张麟翔联系我，说发现了一种面叫"铺盖面"，所以我想如此安排行程：从重庆开始坐车，经由遵义，再到贵阳。但是，有消息说从重庆到遵义的道路正在施工，路况非常糟糕。重庆的唐常毅跑去亲自实测了一下，重庆到遵义 300 公里的距离，竟然花了大约 13 个小时。基于 1998 年 9 月在云南坐车从大理到腾冲的悲惨遭遇中所取得的经验教训，我最终决定放弃陆路，从重庆飞到贵阳，再到遵义，如此往返。意外的是，这次和我同行的中国旅伴都是第一次去贵州，所以又加上了贵州省最具代表性的旅游胜地——黄果树。

我在重庆曾经乘坐"东方红号"定期船游三峡，那时给我提供了大力协助的兰小康为我们举行了欢迎宴会。结束后，我出门品尝铺盖面。为此，我让当地帮我订了地处市中心的新建成的酒店。面店招牌上写着"荣昌名小吃"，可以看见后厨操作。面和 1997 年 3 月在同属四川省的大足看到的扯麦粑一个样，很宽，样子像铺盖，所以得名。是扯麦粑的用料，却取了铺盖面的名字，我稍稍有些失望，可毕竟是新发现。

拥有 130 多年历史的肠旺面

听说去重庆机场的路上有好吃的面，所以第二天，只有我没吃早饭，就向机场出发了。车停在了渝北区的两路镇。四川特产混迹在担担面群中，有豌豆杂酱面。杂酱面，平时写作"炸酱面"，发音相像，所以有时会用"杂"字。北方的炸酱面里只有酱，没有汤，可这地方的面是带汤的。和去年在大足吃到的炸酱面相同，很像日本的味噌拉面，像传说中的一样好吃。面中有豌豆，实属难得。这家店的隔壁挂着"鸳鸯面"的招牌，我点了一碗，一看，原来面的作料与豌豆杂酱面基本相同，鸳鸯面只是把肉酱和豌豆清清楚楚分成了两半。重庆特产鸳鸯火锅就是把非常辣和不辣的底汤分成两半，面的灵感恐怕来源于此吧。

从重庆到贵阳，我们乘坐的是当时在中国已经很少见的螺旋桨飞机。贵阳龙洞堡机场是 1997 年 5 月投入使用的，到市内的路一片坦途。中国这 10 年间的变化着实惊人。

午餐要到贵阳市中心去吃，大家在餐厅吃午饭的工夫，我和南京的汤福启、西安的王一行三人一起去了餐厅近前的老牌肠旺面店吃肠旺面。"旺"字，在大修馆书店的《中日大辞典》里的解释是：①旺盛；②忙碌；③发、须浓重。令

‖ 鸳鸯面（重庆）。基本算是杂酱面，汤辣，用了花椒。配料豌豆和肉各一半分布在面上，使人想起重庆特产鸳鸯火锅

‖ 肠旺面（贵阳）。贵阳特色面。有 130 多年的历史。最基本的配料是猪肠和猪血。以前是作为早餐卖给行商或居民的。很辣，但精髓在汤，所以风味独特

‖ 贵州冷面（贵阳）。即便是 12 月，贵阳一样有冷面

‖ 豆花面和茅台酒（遵义）。二者皆是当地特产。白水煮面里加豆花。本身没有任何味道，要靠酱汁调味，此面成败全在酱汁

人不解（也许是理所当然）的是，汤福启一看到"旺"，好像马上就知道面的配料里有"血"。为什么日本的辞典上就没有这个注释呢？在这里，我们点了肠旺面、鸡肠旺面、辣鸡面、脆哨面，共四种面。每种面基本汤都是相同的，面是碱水和的。问过店家得知，肠旺面的关键全在这汤里，猪骨、鸡骨、葱，要长时间地熬，有点辣，但是很棒。煮面时和豆芽一起煮，很像大阪的拉面。

据说肠旺面起源于清同治元年（1862年），已经有130多年的历史了。最早是在贵阳的北门桥一带，用便宜的猪脚、猪肠、猪血做成臊子，卖给那里的居民和行商，所以这是100%的平民食品。虽然已经12月了，其他旅伴吃午餐的那家餐厅却有贵州冷面可点。尝了尝，真好吃哦！

午餐过后，我们马上向着遵义出发了。遵义通了高速路。算是中途休息，我们在息烽下了高速，绕道去参观戴笠的息烽集中营旧址（监狱）。从这里直行到遵义还需要两个半小时。

进入遵义城中，"豆花面"的字样吸引了我的注意，问过得知，是这里的特产。川菜里经常用到豆花，是指点卤水之前的豆腐。事不宜迟，晚餐时，和茅台酒一起，我还点了豆花面。茅台酒是55度的烈酒，是白酒。平常我是不喝白酒的，但是茅台酒可是贵州产的，而且产地就在遵义附近的茅台镇，正经的地方酒，这天破例。另一特产豆花面，我就不能给好评了。煮过的面里加豆花，浇上另外调好的酱汁来吃。酱汁有点像日本的荞麦面蘸汁，没什么好吃的。豆花面是当地的传统食品，最早好像是出自佛教徒之手的斋饭，是很偶然制作出来的。现在又有了加肉类、鱼类的豆花面。

出租车司机推荐的店

前一晚的豆花面是酒店做的，所以我觉得不好吃，第二天早晨，我又到街上去吃了一回，还是不行。但是我有了新发现，吃了另一个当地特产——羊肉粉，味道很棒。

在遵义游览，一定不可忽略的是被指定为"全国重点文物保护单位"的遵义会议会址和纪念馆。桌案、书桌、椅子都按过去的样子陈列着，我很感兴趣。

Ⅲ 遵义会议会址

Ⅲ 羊肉粉（遵义）。遵义名吃。与豆花面相比，这面更胜一筹。羊肉汤美味

从酒店走到会址去参观，途中到处是卖烤红薯的小摊，香气扑鼻。

从遵义回到贵阳，我们在甲秀楼附近吃午餐。贵阳城西北有黔灵山，那里有清代开创的宏福寺，但是说到城里的历史遗迹，恐怕就只剩了甲秀楼一处。甲秀楼是建在穿城而过的南明河上的三层楼阁，最初是明代建成的。利用午餐时间，我叫了辆出租车，拜托司机带我去最好吃的肠旺面店。司机师傅就带我来到了"大眼睛面店"。大概到的时间有些晚了，店里连一桌客人都没有。所有桌子上都是残羹剩饭，客人都刚刚离开吧。据说当地人都喜欢往肠旺面里加一个茶叶蛋。这一次面的味道并没有比第一次好多少，所以我又去了另一家店。这家店是乘出租车途中看到的，门口食客排着长长的队，店名是"花溪王记牛肉粉"。确实，食客排队不是没有道理的，汤的味道真叫好。

贵阳的黄果树瀑布

第二天，雨。贵阳正如其名，太阳珍贵之意，所以多雨。贵州省有个说法：天无三日晴，地无三里平。

从贵阳向西，大约150公里处，有亚洲最大瀑布——黄果树瀑布，需要走3小时左右。途中，透过车窗可以欣赏到喀斯特地貌特有的山岩突起的风景，还有少数民族布依族的民居等。布依族的房子很独特，是用石板垒起来的，房顶像石棉瓦屋顶。我们用了两个小时到达了安顺城区，在这里休息一下。这里的蜡染非常有名，是不错的旅游纪念品。这天早上吃的牛肉粉这里也有，而且还是此地特产，但这次没时间尝了。

游览黄果树瀑布要走很多路。与10年前不同，已经有了缆车，但赶上停电，缆车一动不动。游览走个来回，计步器显示，一共5 300步。此瀑布的确是罕见地巨大，高74米，宽81米。尤其是据说全长有134米的水帘洞，更加有意思。一般瀑布是从正面来观赏的，可是这里的瀑布可以到后面的洞窟里去。游步道连接着瀑布的内外，可以进到里面向外看。还可以与身着色彩艳丽的民族服装的姑娘们照相，这很受游客的欢迎。因为这个地区喀斯特地貌丰富，所以有很多钟乳石洞。其中最具人气的是安顺龙宫，可以坐船游览。

Ⅲ 黄果树瀑布。少数民族（苗族）姑娘

机场吃的肉末面

早晨 6 点 30 分，我们出发去广州。前一夜的雨停了，所以照例出门吃早饭。虽然和前一天相中的店家约好了时间，可是我到时仍旧没有开门。没辙，只得再寻别家，这时突然下起大雨，酒店也回不去了。躲雨的工夫，又错过了酒店的早餐时间，可出发时间到了，所以空着肚子奔向机场。机场餐厅有肉末面，吃了一碗，肉的油脂和酱油充分调和，好吃得很呢！幸亏因为大雨误了九点的早饭，谢天谢地！

10 年来第二次贵州之旅结束了。在贵州，生活着苗族、布依族、侗族、回族等多个少数民族，但是只依靠这些少数民族风情和黄果树瀑布来吸引游客是远远不够的。我期待，最起码我最初计划里的重庆、遵义、贵阳间的公路应尽早开通，使之成为新的旅游路线……坐在飞向广州的飞机上，我一边担心着天气，一边如此思考着。

Ⅲ 肉末面（贵阳机场）。面里有猪肉末。猪油溶于汤里，在机场能吃到的面里，此乃上乘

西藏行前的预演——青海省和羊肠面

1999 年 4 月

敦煌·格尔木·昆仑山口·茶卡·青海湖·西宁

目标：西藏

1999 年，已经是我从事中国旅行相关业务的第 25 个年头了。这 25 年间，我游历在中国各地，走遍新开发出的有卖点的旅游名胜，吃遍各种各样的特色面，但迄今为止唯独没有去过西藏。中国旅行社的朋友们宣布：为了我的"25 周年纪念"，去西藏！可在体力方面我还是有些担心的。在那之前我到过的海拔高的地方，都曾让我饱受高原反应之苦。我到过新疆维吾尔自治区的卡拉库里湖，海拔 3 600 米；到过四川省的九寨沟，海拔 3 100 米。下一次的西藏之行，计划从拉萨到日喀则，途中要越过海拔 5 000 米高的山口，这是在此之前抵达过的任何一个高度所无法比拟的。因此我决定，先到青海省海拔 4 700 米的地带去体验、训练一番。

Ⅲ 榆钱面（敦煌太阳大酒店）。也叫榆树面，小麦粉里掺上榆钱炸制而成。现在很少见，但并非美味

Ⅲ 小饭（敦煌太阳大酒店）。从名字来看是饭，其实是面。回族饮食，面切成小段，和羊肉、胡萝卜泥、油菜、豆腐一起烩

Ⅲ 小米面（敦煌太阳大酒店）。小米稀粥里加上面。味咸、软乎，有利于消化，在平凉地区是专门给产妇吃的

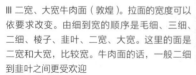

Ⅲ 二宽、大宽牛肉面（敦煌）。拉面的宽度可以依要求改变。由细到宽的顺序是毛细、三细、二细、棱子、韭叶、二宽、大宽。这里的面是二宽和大宽，比较宽。牛肉面的话，一般二细到韭叶之间更受欢迎

先从西安飞到敦煌。被白雪覆盖的祁连山就在行进方向的左手边，看得清清楚楚。从1979年初访敦煌开始算起，这一次刚好是第15次。因此，在敦煌有很多熟人，大家都知道我爱吃面，所以在为我举办的宴会上一定会有面。这次又上了3种我从未听说过的面。

一种是榆钱面。据说这是过去贫困时期的食物，我是第一次亲眼见到、吃到。小麦粉中掺入榆钱，炸的东西。正因为是贫困时期的产物，所以并没有多好吃。上午去过的莫高窟前面的榆树正发新芽，现在正是好吃的季节吧。

另一种是小饭。虽然名为"饭"，实际上却是面。把宽幅的面切成段，和羊肉汤一起煮，再放入油菜、豆腐就可以吃了。这是张掖的清真食品，味道也不大好。

还有一种是小米面。很稀的栗子粥里加入面，咸味的，面很软。当地旅行社的李耀光出生于平凉，告诉我：在平凉，这是专门给产妇吃的。而且在平凉，这种面也叫"猴子爬竿"。为什么呢？无法理解。

第二天一早，去吃我一直期待的牛肉面。这一带的牛肉面店，可以根据点餐时对面粗细的要求来当场制作，于是我们点了7种不同粗细的面。店家告诉我，面由细到宽的顺序是毛细—三细—二细—棱子—韭叶—二宽—大宽。我觉得棱子是带棱角的面，有别于其他种类。毛细、三细太细了，太软了。二宽、大宽又太宽了，口感不好。我认为二细或者最起码得是韭叶才是牛肉面合适的宽度。

从甘肃到青海

我们的巴士早晨8点30分就从敦煌出发了。走过连着玉门关的路，又走过连接着阳关的路。太阳被遮了一层沙尘，看上去又白又圆。我们到这里的3天前刮起了巨大的沙尘暴，据说连眼前3米的地方都看不清楚。走了两个半小时，到达甘肃省与青海省交界处的当金山口。为了这次旅行买的高度计，不知不觉间已经上升到了海拔3 000米以上，或许是心理作用吧，我呼吸困难了起来。可是，我忘了从敦煌带氧气包过来。从当金山口开始，将是之前从来没有走过的路。下午 1 点，我们通过了被认为是到达格尔木之前的最高处——马海达坂。高度计显示，海拔 3 470 米。接着要下行至柴达木盆地。我们在大柴旦（"柴旦"是盐湖的意思）吃午餐，那里的海拔是 3 000 米左右，大柴旦很像西部剧里的小镇，没有水，尘埃漫漫。午餐点了拌面和面片，大概是因为海拔过高、氧气不够，拌面有些夹生。抻好的宽面再用手撕成面片，放入热水中煮，在这里叫"尕面片"。"尕"在藏语里是"小"的意思。青海省过去曾是藏族聚居地，藏语称作安多。明明有菜刀，为什么要特意一块块用手撕呢？问了得知，那样面上会留下菜刀的味道。

饭后，车继续下行，通过大盐湖上架设的大桥——万丈盐桥。桥下盐湖一望无际。附近有火车站察尔汗站。从青海省省会西宁到接下来的目的地格尔木之间，1984 年开通了铁路，主要承担着延格尔木、敦煌、柳园向西藏输送物资的任务。物资由公路运输到格尔木，从格尔木变成铁路运输进藏。因此，敦煌到格尔木之间车很少。

晚上 7 点 15 分，我们到达格尔木宾馆。海拔 2 600 米，到此时为止，我的身体没问题。吸取之前的经验教训，我滴酒不沾，赶紧睡。

去昆仑山口

第二天，终于要挑战目前为止的最高处——昆仑山口，海拔 4 767 米。大概是格尔木海拔也很高的缘故，昨晚气温 18 摄氏度，今早却一下降到了 3 摄氏度，出去散步，感觉寒冷。

接下来要走的是连接着青海与西藏的著名的青藏公路，要收费的。比较有意思的是，收费处设在青海，收来的费却属于西藏。据说每星期都需要两辆卡车来运钞。途中我们绕道去了水量巨大、喷涌而出的昆仑泉。泉眼周围尚未解冻，这里海拔 3 500 米。再向上，山体裸石呈现出白色，据说此山可以采玉。中午 11 时 45 分，我们在一个叫西大滩的地方休息，吃午餐。海拔 3 955 米，已经是比富士山顶还要高的高度了。这里风光无限，餐厅正对着昆仑山脉最高峰中的一座——玉珠峰，山顶积雪，一览无余。

‖ 制作尕面片（大柴旦）

‖ 昆仑山口

空气稀薄，让人丧失了食欲的如此高度，却有乌鸦和麻雀，着实令我惊讶不已。在更低一点的地方生活岂不更舒适？看来它们生活的好坏与空气浓度无关。午餐我要了面片，明明没有放香菜却有香菜的味道，我几乎一口没吃。大概海拔太高了，面片很硬，更像疙瘩汤。

餐后，巴士终于越过了海拔 4 000 米，遗憾的是我的计时器兼高度计能显示的最高高度只到 4 000 米。大概是因为空气稀薄吧，到达昆仑山口之前，车内一片沉寂。下午 1 点 21 分，我们抵达了海拔 4 767 米的昆仑山口。我以为接近5 000 米的地方一定会被积雪覆盖，可令我深感意外的是，一点雪都没有。但是寒风凛冽，在外面不能久留。大家迅速拍了纪念照回到车中。回程，我们十分幸运地看到了一级保护动物藏野驴和可爱的土拨鼠。

多亏了没有饮酒，总之连头都没疼一下我就顺利结束了预演。在酒店里吃了转百刀汤面后，就去格尔木的夜市闲逛，大家吃了烤羊肉串，庆祝这一天平安无事。

换乘吉普，荒野狂奔

第二天是急行军，一早 7 点 30 分就出发了。先去了昨天约好的站前拉面馆，吃了加鸡蛋的牛肉面。这一天要走的路是丝绸之路的另一段，或者叫丝绸之路南道。这条路上有一处当时才被发掘的庞大的吐蕃墓，我请求一定得去看看。上午唯一一处名胜在诺木洪，即塔里他里哈遗址。据考古发掘显示，这里丝毫没有受中原文化影响的痕迹。诺木洪有劳改农场，据说农场是由服刑的犯人开拓出来的。进村时，巴士被命令停下，问原因，原来是要给车消毒。

午餐在一个叫香日德的地方吃。这里海拔也有 3 000 米，水不能充分沸腾，所以面煮过之后又炒了一遍。面虽然不怎么好吃，但是门外卖 1.5 元的酸奶超乎寻常地美味。

发现吐蕃墓葬群的地方叫热水，有两辆吉普车等在那里。去古墓的路，巴士开不进去，所以必须换乘吉普前往。可是此地吉普只有两辆，只有 7 个人可以去。去不成的同伴，那就对不起啦，没办法。换乘了吉普，在海拔 3 300 米的荒野里走了大约 30 分钟。山体的下半部分，几乎建满了墓葬，当时被发掘的只有两处。从那时开始将正式展开考古工作，以后就不能随便参观了。能看到其中一处墓葬的发掘现场，实在太幸运了。

西宁的羊肠面

这一天我们住宿在茶卡镇。这里因盐湖而闻名，酒店（招待所）也在制盐工厂内。原本是可以到湖中的采盐现场参观的，但是吐蕃墓优先，所以没有多余的时间了，只得舍弃。

考虑到这次的同行者中没有回族人，所以吃汉族饭也不会有任何问题，这天晚餐并非清真，吃了用猪肉做的四川菜。这是到茶卡酒店之前发现的一家餐厅，无论是菜还是饭都非常好吃，大受欢迎。

海拔 3 000 米的茶卡，早晨气温下降到了 1 摄氏度。酒店里没有餐厅，所以早餐要去前一天吃晚饭的餐厅那一带去解决，于是我们分成喝粥组和吃面组，分头行动。毋庸置疑，我选择羊肉拉面。

从茶卡出发后 1 小时左右，周围出现了到处是牦牛、绵羊的优良牧场，再向前走了 30 分钟左右，碧波浩渺的青海湖渐渐映入眼帘。中国最大的盐水湖，近 20 年水位在不断下降，因候鸟之岛闻名于世的鸟岛，如今与陆地相连，可以直接开车到岛上。每年 4 月到 7 月中旬，能看到很多候鸟来岛上产卵，旅游手册上如此介绍，但是当时，好像只有鹈鹕和大雁两种鸟。一说起中国民歌，人们马上会想到《草原情歌》，为什么会饱含内蒙古自治区风情呢？其实这首歌是王洛宾在青海这一带的农场创作的。

提起青海省，人们首先联想到的是青海湖和长江、黄河的源头等自然风光，这里历史遗迹并不丰富，日月亭、塔尔寺算是吧。传说日月亭是文成公主远嫁吐蕃途中回望中原故乡的地方。塔尔寺是藏传佛教四大寺之一。去这两处名胜，从西宁出发，都可以当日往返，有充足的时间参观。从青海湖到西宁途中就路过日月亭。一旦经过这里，风景巨变，一下由游牧草场变成农耕地带。

这次旅行的另一个目的是吃西宁的羊肠面。羊肠面是早晨在街区的小摊子

Ⅲ 羊肠面（西宁）。西宁特色面。面上有粗羊肠 2~3 段，看起来怪难吃的。面的做法很独特，面装进碗
　里一遍遍淋热汤

Ⅲ 罐罐面（西宁）。店里写着是源于唐代的宫廷菜，可见不是青海省本地的面。面是在瓦罐中煮熟的

上发现的。不知道是因为头一天酒喝多了，还是羊肠面的样子太难看了，看着当地人吃得那么香，我竟没有动筷子的冲动。面的制作方法着实有趣。面盛在碗里，一遍遍把热汤浇在面上，不断重复，把面如此温热。我尝了一小口便放弃了，不那么好吃。和我一起去的南京的汤福启一样，只吃了一小口，也放弃了。为了清清口，我去了旁边的兰州牛肉面馆。这里的牛肉面汤中放了中草药，味道有些怪异，吃了糟糕的羊肠面之后吃到这口儿，口感还不错。

西宁的最后一餐是在街上发现的罐罐面。罐，相当于日语里釜饭（小锅什锦饭）的釜，是陶瓷器皿，面在罐里炖。不是锅烧，而是釜烧乌冬面，我正想着这会不会是新出现的面，就看见店里面写着是唐代开始出现的一种宫廷菜，并非青海省本地的特色。

总之可以认为，这次旅行训练大功告成。最重要的原因可能是没有喝酒，这太重要了。这次旅行让我收获了自信，下次去西藏应如是，只要不喝酒，就绝对没问题。

从事中国旅行业务 25 周年纪念的
西藏之旅

1999 年 7 月

上海·成都·拉萨·日喀则

向着未涉足之地出发

我从 1974 年开始从事中国旅行相关业务，弹指之间，第 25 个年头已经快要过去了。25 年间，我游历中国各地，省一级的行政区（含直辖市和自治区）中，只有西藏尚未涉足过。有关西藏的书籍我倒是读了不少，所以也不能说不喜欢西藏，相反，那里倒是我很感兴趣、很想去的地方。但是从在四川省九寨沟和新疆维吾尔自治区的卡拉库里湖那样的高度体验中得知，高原反应实在可怕。经过 4 月在青海的预演，我认为自己已经能够展开西藏之行。

我早早就向中国朋友表过决心：我要走遍中国！所以西藏是我此生必去之地。这次旅行，妻子与我同行。

先飞到上海。在这里，不能同行的上海的朋友为我和与我同行的朋友举办了壮行会。早在 25 年前就在上海担任导游，如今已经退休的刘永祥先生，还有为我提供了很多帮助的北京的江新懋先生，都不顾高龄参加了活动，我心怀感激。

第二天，我们飞向了"西藏的大门"——成都。在这里，我和三五个同行的中国朋友举行了组团仪式。这年 4 月，我曾到青海省昆仑山口实际体验了一下，但还是有些许担心。为了打消这种担心，也为了复习一遍，我向中国朋友重申了一下西藏行的注意事项。他们也差不多都是初次进藏。

抵达西藏后，坚决不能着急，倒不至于要休息，而是要慢慢行动，以尽快适应高度的变化。需要强调的是，以我的经验，杜绝饮酒。尽量也不要急着泡澡。要多饮水。紫外线强烈，要涂防晒霜。我妻子带了多余的防晒霜，没有带的，不用客气，欢迎使用等等，全部是照本宣科。

可是，从这一天开始麻烦不断。从安徽来的李明浩染上了感冒，发了烧。如果第二天仍不退烧，他是绝对不能参加的，患上那么厉害的感冒，在缺氧的高海拔地区非常危险。第二天一早，李明浩仍旧高烧 40 度，彻底断了西藏行的念想。十分想去西藏，结果不得不取消的，这是第三位。头一位是北京的王耘，因为腰疼；另一位是香港的马培民，正在办理身份证置换手续。

与富士山同高的拉萨

终于可以向着西藏出发了。飞向拉萨的西南航空 4401 航班于早晨 7 点 5 分在成都双流机场缓缓移动了。几乎满员。在我以往的出行中，天气都难得地好。我手腕上戴着新手表，可测高度达 6 000 米。起飞后 25 分钟左右，就清晰地看到了左前方的贡嘎山。这像是在预祝我们此次旅行成功，我的心情变得愉快了起来。

8 点 52 分抵达拉萨贡嘎机场。大家紧张兮兮地走下扶梯。巴士还没来，于是我们就在机场外面休息。这一带海拔已经 3 600 米，几乎和富士山一样高了。气温 15 摄氏度，空气清爽，我测了下脉搏，90。等了 40 分钟，巴士来了，向着拉萨市出发。机场到市内距离大约 100 公里，据说这是世界上离城市最远的国际机场。巴士好像遭遇了交通事故造成的堵塞，所以迟到了。出发没多久，我们就被裹挟进了那场堵塞，动弹不得。我突然想起来书上说，为了适应海拔的变化，比起休息，慢走才是更好的办法。所以，趁着巴士停止不前，我和妻子还有重庆的唐常毅三人，一边呼吸着拉萨清爽但氧气稀薄的空气，一边慢慢走了30分钟。后来途中又在有摩崖造像处稍事休息了一下，结果，到拉萨酒店一共用了3小时，这对于适应海拔来说未必不是件好事。

为迎接我们的到来，酒店的人跳起了装扮成牦牛的舞蹈，身穿民族服装的藏族姑娘为我们献上了哈达。在酒店吃过午餐，休息了两个小时，我们就去了历代达赖喇嘛的夏宫罗布林卡。在酒店休息时，天阴了起来，下起了雨。拉萨的导游说："这个季节，虽然晚上会下雨，但是白天下雨就稀奇了。"从在这里拍的纪念照来看，大家都精神百倍，但其实有几个人已经开始出现头疼、眼疼等高原反应的症状了。其中最有精气神儿的要数已经不算年轻的长沙的刘芬珍，在罗布林卡，她和着三味线形状的藏族乐器扎木聂快速的节奏跳起了舞蹈。

罗布林卡的入口处排列着几家店铺，我看见其中一家叫罗林菜馆。我听说西藏有种面叫藏式疙瘩面（thukpa），就点了一碗，结果端出来的是用藏族主食

Ⅲ 藏面（拉萨）。青稞做的面，一般叫青稞面，但是这家店叫藏面。牦牛肉做汤，粗面，有些硬，可能
　是海拔高的缘故。汤大受欢迎

青稞麦（大麦的一种）做的藏面，佐以葱和牦牛肉做的汤，是汤面。拉萨海拔在3 600米以上，水的沸点达不到100摄氏度。因此，面煮得不好，面本身就不好吃，然而对于因轻微高原反应刚才午餐时没有食欲的我来说，汤的味道太珍贵了。其他人的状况看起来和我差不多，大家看见我吃，也都要了面，结果总共要了10碗。为了抵御高原反应，拉萨饭店的每间房间里都备着供氧设施。我知道吸氧会让人舒服一些，但是我注意到，代价就是对高度的适应会减慢，所以尽量不依靠吸氧。但是，晚上还是怎么也睡不着。特别是这一天，楼上在施工，都11点了，仍能听见施工的声响，我忍不住去提了意见，结果直到夜里12点，施工的声响才算停止。这一天，同行者中有几人为呕吐、头疼所苦，有人甚至去打点滴了。

拉萨游与牛肉面

我发现从酒店步行5分钟，有一家24小时营业的牛肉面馆，叫风华酒楼，第二天就在这里吃了早餐。这里的牛，当然是指牦牛。汤真不错，但面还是半生不熟的。我之前没有想到在拉萨还能吃上牛肉面，实在难得。这一天要参观的拉萨的亮点是布达拉宫、色拉寺、大昭寺、八角街。

早晨，我测了下血压，84/108，正常。以防万一，我喝了中国人喝的药——红景天。我正犯嘀咕，这药对高原反应有效吗？看见说明书上写着"抗缺氧"，看来的确是抗高原反应的药。

布达拉宫真不愧是世界遗产，以湛蓝的天空为背景，屹立在玛布日山上，使朝拜者为之震撼。这是种在照片上感受不到的威严。以布达拉宫为背景，全体人员在广场上拍照留念。

色拉寺，1901年，第一个进藏的日本人河口慧海曾在这里学习，我听说有座纪念碑，但是上了锁，没能看成。后来，多田等观于1913年也曾在此逗留。在这里可以看到学僧每天进行问答的场面。大昭寺至今仍然香火旺盛，能看到入口处有很多五体投地祈拜的藏族人。另外，寺的周围是八角街，露天商贩很多，商品摆到街上，从日用品到首饰、唐卡等应有尽有，是个巨大的购物中心。

Ⅲ 布达拉宫（拉萨）

Ⅲ 兰州牛肉面（拉萨风华酒楼）。一个兰州来的年轻人经营的 24 小时营业的店。用的仍然是牦牛肉，
汤中有白萝卜，的确是兰州风味。在高海拔地区，面难免夹生

晚上是拉萨旅行社举办的招待宴，组团仪式上曾相约不能喝酒，所以宴会气氛不算热烈。这天晚上我照例头疼，就利用一下酒店的设备稍稍补充了点儿氧气。

经由今生最高处去日喀则

第二天，我们要越过海拔 5 000 米高的卡若拉（藏语"拉"是山口的意思）去日喀则。日喀则海拔要高过拉萨，3 800 米。我的血压是 87/118，比昨天略高了一点。全体带着 50 元买来的便携式氧气罐出发了。一到郊外，就能看到用石头垒起来的四四方方的藏族民居，但是感觉拉萨市内已经逐渐汉化了，大的餐厅、酒店、商店，都是汉族人在进进出出，或是由汉族人经营的。

我们的车 7 点 50 分出发，渡过雅鲁藏布江大桥，渐渐地开始爬升。10 点 30 分，到达甘巴拉。我的高度计显示，海拔 4 595 米（实际为 4 750 米），美丽的羊卓雍措出现在眼前。在接近湖的地方，我们下车，吃午餐便当。便当里有面包、两个煮鸡蛋、榨菜、苹果、花生米。

在这里，关于羊卓雍措是淡水湖还是咸水湖，我和导游展开了争论。我说是淡水湖，他说是咸水湖，丝毫不让步。这个导游是汉族人，对藏族的知识学习得不够，我不太喜欢。争论的最终评判者是北京的徐军，他走到湖边，亲身试饮，是淡水。

下午 1 点 50 分，到达了此行的最高点卡若拉。我的高度计显示，海拔 4 840 米，但是相关资料显示应该是 5 045 米。这是目前为止我到达的海拔最高地。身体没什么异样，我喜出望外；又向更高的高度推进了一点，我情不自禁高呼："万岁！"车停下来正准备拍集体纪念照，可是第二辆车半天没上来。前面的车只好在这空气相当稀薄的地方再等一会儿。后来询问得知，第二台车上的人都头疼得厉害，希望尽早把车开到低一点儿的地方去。

卡若拉是分水岭，这之后的河流流向相反。这一带的路非常糟糕。

在卡若拉我已经竭尽全力了，下午 4 点 30 分抵达江孜时，我感到头疼欲裂。带来的氧气在车中早就用完了。江孜有白居寺，白居塔殿堂的壁画中描绘了 10 余万座佛像，一定要看！在爬到第二层时我尚有余力，但爬到第八层时就有点吃不消了。江孜海拔 4 000 米。

抵达西藏的第二大城市——日喀则时，是晚上 7 点 40 分。妻子头疼得支撑不住了，连晚饭都没吃就睡了。我也头疼得厉害，但是这一天是苏州的施季光的生日，所以我去餐厅表示祝贺，并把从日本带来的礼物送给了他。

这一天的晚餐——之前预定好的藏式疙瘩面被端了上来。藏式疙瘩面像是西藏地区的粥面的总称，这里上来的是带汤汁的像猫耳朵大小的小面丸。还上了一种，算不上是面类，但是在西藏是非常常见的食物——糌粑。这是由没有精加工过的青稞麦炒制而成的，相当于日本的炒大麦粉。炒过的青稞粉被放入碗中端上来，服务员为我们加入酥油茶，捏起来就可以吃了。藏族人一般就用手指，但酒店准备了筷子。其他人好像都不大吃得来酥油茶，我却觉得意外地可口。糌粑，越吃越美味，是种不可思议的食物。

日喀则的扎什伦布寺也是异常壮观的名胜。从大山深处一路五体投地匍拜而来的藏传佛教信徒，看到这座大寺时的震撼与感动，恐怕无异于感觉自己已进入香格里拉。藏传佛教认为这里是阿弥陀如来佛化身班禅喇嘛的地点。不知为什么这里有很多狗。早听说西藏的狗狰狞凶猛，但是这里的狗都非常温顺。导游解释说，因为夜里忙着看家护院，所以白天几乎所有的狗都在休息。从日喀则回拉萨，不再经过卡若拉，走另外一条海拔比较低、比较好走的路，5 个小时后，我们平安回到拉萨。

在西藏的最后一个晚上了。西藏旅游局局长设宴招待我们，一边欣赏民族舞蹈和面具舞一边用餐，我们打破禁酒令，喝了西藏特有的青稞酒。度数低，酸甜味，清爽过喉，但是坚决禁止喝过头，只喝了一点点。餐厅特意为我准备了牛肉面。面不大好吃，但对于高原反应中的身体来说，汤是极好的。

西藏的"留客雨"

最后一天的早晨，6 点。黑暗中，我和重庆的陈伟勃一起，去 24 小时营业的风华酒楼吃牛肉面。店主是从兰州来的 32 岁青年。我问他昨晚生意怎么样，他回答说："大碗卖了 66 碗，小碗卖了 50 碗，收入共计 530 元。"这里的牛肉面是兰州风味，最佳证据就是面里确实有白萝卜。

Ⅲ 扎什伦布寺（日喀则）

Ⅲ 藏式疙瘩面（日喀则）。面、面片、猫耳朵皆可做成藏式疙瘩面

乘上巴士去机场时，下雨了。我正教给中国人这在日本叫作"留客雨"，雨就停了，出现了彩虹。完美又精彩的纪念旅行！

最后在拉萨机场出了点儿状况。头疼无法痊愈的团员们进入机舱，舱内终于可以正常呼吸了，大家刚刚舒了一口气，没想到因为发动机故障，我们再次回到了空气稀薄的候机室，暂时等候。后来航班竟然取消了。我原来就想去泽当，所以再住一晚也没事。可是，这晚成都为我准备了 25 周年纪念晚会，没能参加西藏行的中国各地旅行社的人还有我女儿已经聚集在成都，所以我不得不想办法，无论如何也要回到成都。通常，由于气流的影响，由拉萨机场起飞的下午的航班会停飞。但成都的罗凡前后忙乎着打探消息，正在这时，得知从尼泊尔的加德满都飞来的航班经由拉萨飞往成都。运气不错，还有空位，全员登了机。在成都，我和等在那里的人们汇合，举行了 25 周年纪念晚会。

特意从北京赶来参加的中国国际旅行社的老友刘日青先生致辞时，妻子眼含热泪。对于为了我走遍全中国而开始纪念旅行，忍受着头疼和我一起走进空气稀薄的西藏的各位，我再次表示衷心的谢意！非常感谢！把他们的名字记录如下：

（排名不分先后）

北京　中国国际旅行社　张国成总经理助理（已故）

北京　中国妇女旅行社　郑玉芳副总经理

北京　中青旅控股股份有限公司　杜红雁部长

北京　中国太和旅行社　付金安副总经理（已故）

北京　神舟国际旅行社　徐军部长

天津　天津海外旅游总公司　徐克平副总经理

天津　中国康辉天津国际旅行社　李玉珍副部长

沈阳　辽宁省海外旅游公司　李国庆总经理

长春　吉林省中国国际旅行社　艾生地副总经理

青岛　青岛华青国际旅行社　张心梅部长

郑州　河南旅游总公司（现为河南旅游集团有限公司）　孔德星总经理

郑州　河南旅游总公司　张晓平副总经理

西安　西安海外旅游有限责任公司　王一行总经理（已故）

兰州　敦煌旅游（集团）有限责任公司　李耀光部长

乌鲁木齐　新疆旅游集团外联公司　王威总经理

南京　南京海外旅游公司　汤福启副总经理

南京　江苏省中国旅行社　顾石湖副总经理

杭州　浙江省中青国际旅游公司　沈景华副总经理

上海　上海大世界国际旅游公司　彭江川副总经理

上海　上海商务国际旅行社　孙嘉勤常务副总经理

上海　上海商务国际旅行社　丁仲年部长

福州　福建省中国国际旅行社　林震中副总经理

武汉　武汉市海外旅游公司　苏永宁总经理

长沙　湖南华天国际旅行社　刘芬珍总经理

重庆　重庆招商国际旅行社　唐常毅常务副总经理

重庆　重庆招商国际旅行社　陈伟勃副总经理

成都　成都海外旅游公司　罗凡副总经理

广州　广东省中国国际旅行社　邓志梅部长

桂林　桂林中国国际旅行社　鲁施红总经理

桂林　桂林中国国际旅行社　郭晨副总经理

桂林　桂林中国国际旅行社　赵志明总经理助理

海口　海南寰岛国际旅行社　陈国江总经理

合肥　中国安徽省旅游局　吴浩副局长

重庆　中国重庆大有国际旅游公司　张麟翔总经理

日本福冈　CITS JPN 福冈分店公司　康战义经理

西宁　青海西藏国际旅行社　索仓寞洛总经理

还要向出席纪念晚会的各位表示衷心的感谢！

再去呼伦贝尔——寻找手工荞麦面、荞麦面片

1999 年 8 月

潍坊・哈尔滨・满洲里・呼伦贝尔・诺门罕・
海拉尔・旅顺・蓬莱

从潍坊到大草原

去西藏之前就决定了，我要给参加西藏旅行的每个人赠送一本纪念相册，但是只有照片也没什么意思，于是我又手绘了 4 幅旅行中记忆深刻的美景，交给女儿用电脑彩印出来，插入相册。完成所有工作，花了 3 周时间。

接着马上计划再次挑战 1998 年被洪水阻断的呼伦贝尔之旅。呼伦贝尔的旅游季节很短，只有 7 月、8 月两个月。和 1998 年一样，由青岛入境，飞哈尔滨，与之前略有不同的是，没有在入境当天直接飞。 那么就利用这一天时间，去潍坊吃春面和鸡鸭饸饹。春面正如其名，是春天吃的面，店里只挂着面的名字，夏天是不做的。饸饹在潍坊多被写成"和乐"，这次去的店就叫"针巷和乐铺"。饸饹是用名为饸饹床的工具制作出来的面，贾思勰著述的《齐民要术》中就有

Ⅲ 春面（潍坊）。面如乌冬面一般
粗细。面的配菜要用到春季的
应季蔬菜，因此得名春面。这
时的面用菠菜、葱和蒜薹来表
示春意

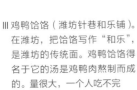

Ⅲ 鸡鸭饸饹（潍坊针巷和乐铺）。
在潍坊，把饸饹写作"和乐"，
是潍坊的传统面。鸡鸭饸饹得
名于它的汤是鸡鸭肉熬制而成
的。量很大，一个人吃不完

Ⅲ 羊肉汤面（呼和诺尔民俗旅游
度假村）。手工面，被盛在粗糙
的搪瓷盆里端了上来，但是羊
肉咸淡刚好，很好吃。这也是
手工荞麦面

记载，是种制作方法古老的面。过去是用来制作荞麦面或莜面等黏性很差的面，后来也出现了用饸饹床压出的比较粗的小麦粉乌冬面。潍坊这边的饸饹面就是这样，用巨大的铁制饸饹床压出小麦粉的面。鸡鸭饸饹，我以为是像焖肉面那样面上盖着鸡肉、鸭肉，结果完全理解错误！是由用鸡鸭炖汤而得名。量出奇地大，身为男人的我都吃不了，而中国的女人们竟能统统吃光，为此我常感惊讶。

1998 年从青岛飞到哈尔滨，又坐车到齐齐哈尔，被洪水堵截，只得无奈地战略性撤退，竹叶荞麦面、荞麦面片、手工荞麦面，我欲探寻的这三种面中，只看到了竹叶荞麦面，这次一定要找到另外两种！

从青岛飞到哈尔滨，同行者与去年一样，和沈阳的李国庆、北京的徐军、哈尔滨的左晓冬会合后，在去年曾经吃过的迎乐园拉面馆吃了晚餐，之后乘上了开往满洲里的夜行列车。拉面馆较之去年没有任何变化，只是去年欢闹着来讨食的猫儿们，这次直到最后也没有看见一只。到海拉尔是约 12 小时的列车之旅。1998 年为洪水所困的扎兰屯，这次是在午夜时分经过的，很遗憾，熟睡中的我全然不知。

一早，只有我特意在车中点了面吃。与车上食堂相比，同伴们更希望在海拉尔的呼伦贝尔宾馆吃早餐。

我在第二顿早餐后，乘上四轮驱动，终于可以向着草原出发了。先去呼和诺尔草原。这里有湖，是个景色不错的地方，湖畔建有观光用的蒙古包，是民俗旅游度假村。当然，草原上还可以骑马。午餐我们点了羊肉汤面。面被盛在搪瓷盆里端上来，让我想起以往不好的吃面经历，可是这一次羊肉的鲜香和咸味完美调和，汤美味十足，面是手擀面，很筋道。

下午，再次驶入草原。路的两边是一望无际的草原，路连接着俄罗斯，所以铺设得很好，车轻快地跑在路上。绕道经过广阔的、面积大于琵琶湖（日本第一大湖）三倍的呼伦湖，进入满洲里。满洲里是中国与俄罗斯交界的边境城市，有铁路穿过，每周一列，北京到莫斯科和莫斯科到北京的列车会经过这里。横跨铁路建了一座桥（大门），可以望向俄罗斯一方，我站在桥上时，刚好看见俄罗斯一侧有一列货车进站。

市里有俄罗斯制品百货专卖店，街巷中俄罗斯人模样的人很多，酒店中俄罗斯舞者跳着类似巴黎红磨坊里的舞蹈。想来这里与俄罗斯来往很是频繁。

发现荞麦面片、手工荞麦面

第二天一早，如常，我在酒店周边散步，可是找不到可以吃面的地方。这时，下起雨来，我和徐军拦了出租车，去车站看看，感觉车站周边一定会有什么吧。可是这里根本不像什么国境车站，与乡间小站无异，什么都没有。出租车司机带路，终于找到一家叫生发饭店的餐馆。这里有很多食客，要的都是肉包子，吃面的只有我俩。上来的是手擀面，羊肉炖的汤，汤不大清亮，但是非常美味。后来蒙古族导游告诉我们，这里吃到的手擀面，其实就是我在寻找的手工荞麦面。日本月刊杂志《面》里就记述着，手工荞麦面是"手打面"。不过杂志里的"面"字是用日语假名来表示的，所以不知其"面"为何面，如果直接翻译成汉字的"面"，就是手打面，也就是手擀面了。这么说，在呼和诺尔吃的也是手工荞麦面喽。

这一日的行程是，从满洲里到诺门罕，再回到海拉尔。从满洲里回海拉尔本应该走一条最好走的路，可司机说要走大草原抄近道。这近道一开始还有路的样子，后来就只剩了车辙，再往后连车辙都不见了。还有吃着牧草的马、羊，还能看见放牧人家的蒙古包，还算可以安心，但是除此之外什么都没有了，方向都迷失了，周围只剩无际的草原。后悔没有带指南针来，但事已至此，只好听天由命了。可我们的运气真是好，看见远处有公交车，所以追上去，向公交车问路。更加好运的是，刚好车上有位乘客要去我们去的方向，所以就让这位乘客上了我们的车，为我们指路。结果，在草原暴走一上午之后，我们终于抵达了有人烟的地方——阿木古郎，已经过了下午1点。我充分领教了草原的威力。

我们在阿木古郎唯一一家感觉还算像样的餐厅新世纪酒楼吃了迟到的午餐——面片。听蒙古族导游讲，其实这是另一种我在寻找的面——荞麦面片。

Ⅲ 诺门罕

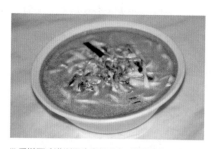

Ⅲ 手擀面（满洲里生发饭店）。满洲里的手擀面因
白色羊汤而美味。手工面。从蒙古族导游那里
得知这就是手工荞麦面

Ⅲ 面片（阿木古郎）。西北地区常见这种面，四方
形的，这就是荞麦面片

的确，月刊《面》记述着它是四方形的面。面片就是四方形的。原来，只是汉族面的名字被直接翻译成了蒙古语的结果。三种面，全部找到啦！

餐后，我们再次进入草原，到诺门罕的车辙印记没有间断，所以没有迷路，顺利抵达。即便如此，在草原中也跑了一个多小时。在诺门罕建有一个小小的陈列馆，展示着日军的枪炮等与战争有关的内容。看来没什么人来参观，布展方式、陈列馆建筑本身都不怎么样。

归程，时间多少有些晚了，司机说不走来时的路，仍然要抄近道。来时的经历多少令我有些担心，但是司机信心百倍地驶进了大草原。前方有车辙在，问题就不大，但是途中几处车辙分了岔，最终还是迷了路。茫茫草原，不会有什么路标，没办法，只能依靠太阳辨别方向。但是，完全辨别不清。太阳渐渐西沉了。我的包里总是备着足量的即食海带，我正琢磨着，靠着这些海带足以支撑在车里过夜吧，这时司机大叫："我胜利了！"原来，前方出现了卡车！尾随这卡车，终于走上了连接着海拉尔的大路。这是亲身体验大草原的威力的一天。行驶在去海拉尔的途中，草原的上空升起两道彩虹，更加深了这一天的记忆。

在海拉尔我们吃了地道的涮羊肉，庆祝从草原平安生还。

"上车饺子下车面"

海拉尔的早晨，我在酒店附近的餐厅吃了肉丝面。一开始并没有要吃的意思，只是禁不住非常可爱的阿姨的劝说，进了店。大概因为很久没吃过猪肉了，感觉汤很入味，面也很好吃。

海拉尔的游览地，有鄂温克族博物馆等。博物馆里展示着木制饸饹床，所以我要求中午无论如何要吃饸饹床压出的荞麦面，这时发现了名为丰盛酒店的餐厅。推门进去，是家只摆了4张桌子的大众餐厅。在这里，我参与了饸饹面的制作过程。小型的铁制饸饹床，100%的荞麦面团，大概因为没有任何添加物吧，我体验到压面需要很大的力气。不知是不是因为昨晚的羊肉，我感觉肚子有点不舒服，即便如此，因为汤的味道实在好，我还是把整整一碗面吃掉了。

‖ 鄂温克族博物馆里的木制饸饹床

接着，乘火车去大连。预计到大连的时间是第二天晚上6点以后。没有直达车，所以要在沈阳换乘。我在这家餐厅里听说中国有"上车饺子下车面"的说法，中国人好像习惯上车前吃饺子，下车后吃面。遵从习惯，除了荞麦面，桌上还摆了饺子。有趣的是，吃饭时，外面下起了瓢泼大雨。饭罢，准备向车站移动时，雨停了，空气清爽无比。

着实美味的蓬莱小面

坐了26个多小时的火车抵达大连。这一天住宿在旅顺。这是我第一次住在旅顺。从旅顺坐船去山东半岛的蓬莱，之后到青岛，由那里回日本。

之所以选择坐船从旅顺到蓬莱，一是因为听说这条航线上了新型船，二是为了实地考察一下这条航线上的庙岛群岛。地图上看得很清楚，从辽东半岛的旅顺到山东半岛，蓬莱是最近的登陆点。蓬莱还有因海市蜃楼而闻名的蓬莱阁，我考虑再加上庙岛群岛的景色，是否有可能设计出新的路线来。这次选择了离群岛最近的航线。还有另外一个目的，那就是，到蓬莱去吃蓬莱小面。有了1993年的经验教训，这次拜托青岛的张心梅预约好了。

这条航线的风景很棒。小岛点缀在海面上，古代船从山东半岛、蓬莱出航，一边遥望左手边的大陆、岛屿，一边驶向日本。当年徐福从蓬莱出发，如果沿着这条航路走下去，没准真能抵达日本呢。

到达蓬莱港之前，我远远看到了长岛，看见了蓬莱阁。蓬莱小面预约在了蓬莱阁宾馆。时间已将近下午3点。6年前我在这家酒店点蓬莱小面被拒，恍如隔世。为什么这么讲呢？因为午饭已经在船中吃过了，所以在蓬莱阁宾馆仅仅预约了面，对于宾馆来说几乎是不赚钱的，即便如此仍然给我们做了面。令我尤为惊讶的是，蓬莱小面特别好吃。蓬莱小面原本这么好吃！我特意要求去后厨看看。面是我们到了之后才开始制作的。汤汁有些许鱼的味道，勾了芡。真不愧与福山拉面齐名啊！

从蓬莱到烟台的途中，经过福山。1996年10月我曾特意跑到福山吃拉面，怎奈店家让我们吃到的是与正宗福山拉面相去甚远的面，所以这次我一定要去福山拉面馆看看，可是已过饭点儿，无论怎么请求店家，都不肯为我们现做。也许6年前在蓬莱吃的蓬莱小面就是因为在同样的情形下勉强做出来的，所以不好吃。

Ⅲ 制作蓬莱小面

Ⅲ 蓬莱小面（蓬莱阁宾馆）。蓬莱特色面。用真鲷做汤，淀粉勾芡，味道超级棒。虽是拉面，但是煮好后要过水，所以温吞吞的。100年前就已经有了的传统风味面。这种面多出现在早餐里。地道的小面要盛在带有豆绿色花纹的小瓷碗里来吃

桂林的尼姑面和云吞

早就和桂林旅行社的郭晨相约去看花山的壁画，但一直未果。这次可以利用被邀请参加南宁国际民歌艺术节的机会去那里看看，还能利用这次机会去吃南宁的老友面，再多走几步就可以到中越边境的友谊关。

这一年，中国南方航空开辟了福冈到桂林的直航航线，票价便宜，备受欢迎，取得了不错的业绩，从 1999 年 11 月开始由一周两班增至三班。增航决定的对外宣传滞后，致使新增航班经营惨淡，所以我决定利用这班飞机飞到桂林。的确很惨淡，这天只有 7 名乘客，其中两名还是回国的南方航空职员。

很少有的，这一年我第二次到访桂林。第一次是在 1997 年 2 月，那时正赶上香港即将回归，来吃尼姑面，结果因为回归仪式的预备演习没能吃成，这次我要再次挑战。

尼姑面是桂林名店"月牙楼"的招牌。传说这种面起源于100多年前隐居于月牙楼寺院的尼姑所做的斋面。特点在于面上撒的作料里用了经植物油炒过的花生，面是挂面，很软，味道寡淡，所以感觉并不好吃。相反，我一直认为很好吃的是桂林清真云吞店的早餐云吞。皮薄，入口即化的感觉，汤味也很好。这次也一样，我一大早赶紧跑去吃，40个全吃光。一个云吞1角钱，即便比过去略贵了些，可这40个云吞也不过4元。从店里出来，我突然发现，紧挨着前面有家"柳州螺蛳粉老店"。柳州位于接下来去南宁的途中，"生在杭州，死在柳州"，柳州是个以出产棺材而闻名的城市。这次没有顺路去柳州的计划，所以先在这里把螺蛳粉吃了吧。螺蛳就是田螺，如想象的一般，在酱油味厚重的汤米粉里加入田螺。只因好吃的云吞在先，之后再吃到这家店的糟糕味道，我只能深表遗憾了。

在桂林，我利用出发去南宁之前的时间，去一处被大肆宣传的钟乳石洞冠岩看看。桂林另外还有七星岩、芦笛岩等规模比较大的钟乳石洞。桂林旅游的亮点——游漓江之后，途中可以顺路去冠岩，所以市内游览如果有多余的时间的话，可以一看。这次由于时间的限制，我们走小路，也就是沿着漓江东岸的路行驶到冠岩。洞内参观大约需要1小时。洞内可以行船，很有趣。但是人多的时候就有可能需要等船，此外，需要步行的地段很多，我觉得对老年人来说有点不适合。

中午我吃了桂林特产卤菜粉（当地人写作"燩"，但是字典里并没有这个字，所以我想该是"卤"字）。桂林独特的卤水酱汁里加入烤肉和香菜，拌着米粉来吃。酱汁是猪骨和陈皮、桂皮、八角、丁香等香辛料混合制作而成的，非常有特色。讨厌香菜的人（比如我）可以事先不加，吃起来也很好。

南宁的老友面

从桂林到广西壮族自治区省会南宁有高速公路相连，大约花了4个小时，傍晚5点30分到了酒店。听说南宁国际民歌艺术节的招待宴会6点开始，我正想赶紧出去找老友面，这时得知，宴会地点变更，而且开始时间也改成了5点。匆匆忙忙办理了入住手续，我急忙赶到宴会现场，宴会已接近尾声，又听说6点钟要进入艺术节公演会场广西体育场，8点开演。

在会场干等两小时，这绝对不行，而且宴会上我几乎什么都没吃，所以我拿到会场出入证后，决定吃了老友面再进去。据《中国面条500种》讲，老友面别名"酸辣面"，是南宁名厨周端复于1939年首创的。这是周端复为染上感冒的熟客做的面，所以叫作老友面。酸，来自腌笋的味道；辣，是辣椒的味道。很棒。

我几乎没参加过中国的大型节庆活动。这次同样，宴会的举办方式、提前两小时入场的规定等都是令人不快的，很是无奈，不过，我倒是不讨厌听歌，但是对出场的演员毫无热情可言（即便抱着热情来听，可是巨大的体育场如此嘈杂，根本无法好好欣赏）。事后看了当时的节目单才知道，出演者是毛宁、那英、刘欢、孟庭苇、阎维文等实力派歌手以及明星。早知如此，当时真该好好听听。

回到酒店，我又去了另一家店吃老友面作夜宵。同样放了酸笋，但是并不辣，还有番茄的味道。历经60年的老友面，因店家的不同，不断被加工改进，不断多样化，也在不断的发展中。

去中越边境附近

第二天一早7点30分出发，我们乘车去南宁西南方向的中越边境城市——凭祥。与昨天走的高速路不同，今天走普通道路，平均时速大概只有40公里。但是车里热闹异常。和中国人一起旅行，我是由衷地佩服他们，因为他们真的能将故事，特别是引人发笑的话题谙熟于心。巴士旅行中，有时他们甚至可以一个挨一个地讲一个笑话。可我只会讲"不懂不懂，蛤蟆跳井"之类的谐音梗，而他们的笑话都很长。很长，还能令大家大笑。

过了中午11点，到了宁明县。我们在流经这里的珠江支流——明江的码头换船。一边遥望着酷似桂林景色的群山一边前行，用了40分钟，花山民族山寨

‖ 尼姑面

‖ 螺蛳粉（桂林）。写着"柳州螺蛳粉"，大概是柳州特色风味吧。
煮好的米粉上浇上螺蛳做的汤。味道厚重

‖ 老友面（南宁）。别名酸辣面，南方少有的
好吃的面

到了。这里是国家级风景名胜区，在这里吃了午餐。龙凤汤过后，广西特产清炖蛤蚧（大壁虎）上桌了。看着就恶心，我尝了一口，像金枪鱼罐头。西安的王一行连声大赞："太棒了！太棒了！"这道菜几乎被他一个人吃光了。这里的干粉不同于一般的米粉，出奇地白，油腻腻的，不怎么好吃。餐后，又坐了大约30分钟的船，终于到达花山岩壁画，登陆参观。这里离越南很近，所以即便是11月也仍然如夏天一般炎热。峻峭的断崖上用红色颜料刻画着人物、动物的形象。何时画的，为何而画，尚无定论，确是不可思议的绘画。

回程似是沿明江逆流而上，到宁明码头用了1小时25分。从宁明到中越边境的友谊关，不知是因为中越边境贸易十分繁荣，还是中越战争时因运送物资的需要而不断修整，这段路的路况非常好，只用了1小时就到了。

友谊关，自古以来就是与越南往来的要冲，如今与云南省河口同为重要的出入口岸。中国人与越南人无须签证可以自由往来。

入夜，凭祥的酒店金祥大厦有面吃，可端上桌时，已经没有汤了，我一口没吃。大概来到越南附近吃面是件奇怪事。这里已经属于米粉圈，所以应该吃米粉。快速结束了酒店的晚餐，在街上发现了餐厅玉华饭店，吃了汤粉，权当夜宵。

早晨，我去吃越南米粉（越南称其为fou）。早听闻越南米粉的汤很好喝，所以想去尝尝，可是这里的米粉汤很淡，味道并不好。幸好旁边有家桂林米粉店，味道可要好得多。这里的桂林米粉和桂林的一样，盛在搪瓷碗（与脸盆相仿）里。另外，凭祥的米粉很贵，桂林市内1.5元一碗，这里竟卖到了5元。

加了掺水汽油

我还没去过北海，所以决定不从南宁直接回广州了，绕道北海看看再回。于是我先到南宁，之后沿高速公路去北海，由北海飞广州。接近中午，抵达南宁市内，这里真不愧是自治区首府。特别是新建的政府大楼，很壮观。建筑群中有广西医科大学第一附属医院，在这里留下了西安的王一行，车中他大叫腹痛，冷汗直流，竟一直坚持到现在。其他人去国际饭店吃午餐。桂林国旅的鲁

‖ 在凭祥吃米粉的餐厅

‖ 桂林米粉（凭祥）。桂林米粉卖得好，在这一带很是有名，甩越南米粉一整条街

旋红总经理也参加，所以真想再吃一顿老友面，可是广西旅游局的招待宴是无论如何不能推辞的。不过最后毕竟上了米粉，救了我。

午餐结束王一行都没有出现。我们正讨论他会不会是盲肠出了问题，陪他的人来电说病情尚不能确定，只能先住院观察，不得已只得把王一行留在南宁，我们出发了。车很快上了从桂林到北海的桂海高速，飞速前进。但是，即将进入北海城区时，出了收费站去加油，结果惹了麻烦。加过油还没走 10 分钟，车出现了异常，速度提不起来。司机一边检查，一边不断猛轰油门，车走一段停一下，再走一段又停下，反复几次。最后，完全不动了。一直跑得很顺畅的车怎么会这样？我觉得非常奇怪，他们说可能因为刚才加了掺水的汽油。 这算怎么回事?! 即便取消北海市内的参观，可广州还有必须参加的晚宴，所以我一定要赶上飞机。这时，中国同伴的手持电话发挥了威力，他们联系北海的旅行社，要后者加急派车来。

刚刚收割后的稻田里，水牛吃着草，真乃一片悠闲的田园风光。与之相反，我一边按捺着焦急的心情一边等待着，20 分钟后，救急车到了。接着，抛下一路相伴的司机与车，我们向机场出发了。起飞前 30 分钟，我们终于抵达机场。和平时一样，没有托运行李，得以按时飞向广州，一身冷汗!

江苏名面锅盖面和苏北名面鱼汤面

1999 年 12 月

镇江·淮安·高邮·东台·南通·无锡

镇江的锅盖面

锅盖面只见于文字，从未谋面，我要利用去上海出席会议的机会去亲尝江苏的面——镇江的锅盖面和东台的鱼汤面。

到上海之后，我马上换乘火车去镇江。从上海乘上中途能在镇江停车的特快列车，到达镇江花了 3 小时 20 分，但是等车也需要时间，所以细想来，抵达上海机场后乘车上高速路，可能会更早到镇江呢！就这样，到达镇江酒店时，已经过了晚上 7 点。但是可以在火车上和中国人天南海北地交谈，也是不错的体验。

我很久没有来过镇江了。以前，只有预制板屋似的金山饭店，如今建有富丽堂皇的四星级酒店。镇江的名胜有三山，即三国英雄刘备娶亲的北固山（有甘露寺），因白蛇传和雪舟（日本画家）逗留地而知名的金山（有金山寺），以碑刻闻名的焦山（有定慧寺）。还有镇江的醋，镇江香醋被列为"中国四大名醋"之一，一出酒店就能闻见醋香四溢。"中国四大名醋"除镇江香醋外，还有山西老陈醋、四川保宁醋、福建永春老醋。晚上在镇江宾馆有鱼汤面吃，但是不太合我的口味。

早晨，去南京的顾石湖特意为我找到，并且预约好的店——柏三嫂面馆吃锅盖面。

镇江有三个不可思议的现象（"镇江三怪"），其中除了香醋，锅盖面被排在第一位。三怪如下：大锅小锅盖（当地人也会说：面锅里面煮锅盖，锅盖指的是锅盖面），肴肉不当菜（在镇江，猪蹄肉只当早茶的茶点来吃），香醋放不坏。

看"锅盖面"这几个字，很容易联想起日本的锅烧乌冬面，其实毫无关联。面被放进大锅里，煮的时候，面上浮着木头锅盖以阻断外面的空气。煮面生出

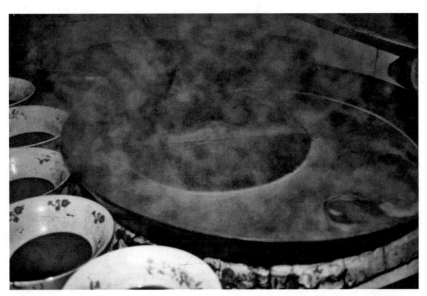

ⅠⅠⅠ锅盖面（镇江）。另一个名字叫"镇江伙面"，是被收录在"镇江三怪"里的特色面。大锅煮面时，放个小木头锅盖浮在锅里，因此得名，锅盖指的是制作方法，而非成品面。利用锅盖面可以做成4种面，不同的浇头，面的名字也不同。不知道是不是木锅盖的缘故，面出奇地好吃

的气泡附着在盖子上，所以很容易取出。这种做法会对面的味道有多大影响，不好确定，但味道确实不错。

这里有 4 种锅盖面。肉丝面、猪肝面、鳝鱼面、腰花面，都是 6 元一碗。当地人好像最爱点腰花面。

在这里吃面时，我接受了两家当地报社的采访。好像是前一晚在酒店晚宴采访副市长时听说，第二天会有包含日本人在内的一行人特意去不大干净的面馆吃锅盖面（回到日本后，顾石湖给我寄来了《镇江日报》和《京江晚报》相关报道的剪报。报道标题为"镇江锅盖面将吸引日本游客前来"）。

沿古运河向苏北行进

这天的住宿地是高邮，从镇江渡长江，一小时之后就可以到达，但是长江以北的城市——苏北的洪泽、淮阴（现为淮安市的一个区）、淮安，我都还没有去过，所以这次是从南京跨过南京长江大桥北上，经淮阴，再南下到高邮。跨过南京长江大桥北上进入 205 国道，有趣的是要进入安徽省一小会儿。地图上，安徽省向江苏省凸出一小块儿。

我们在看得见洪泽湖的地方吃午餐。这个湖是中国五大淡水湖中的第四大湖，但是此时正值枯水期，完全没有给人留下一个大湖的印象。是因为水浅吗？但是能看见很多水鸟。当然，这里水产丰富，在午餐地天鹅湖饭店里，现场宰杀鱼类并烹饪，其他餐厅门前，悬挂着一米多长的大鱼。

餐后，继续驱车前行，从扬州渡过古运河桥，就到了淮安。

淮安，因为两位人物而广为日本人所知。

一位是韩信。与张良、萧何并称为"汉初三杰"。忍胯下之辱的韩信在日本家喻户晓。淮安是韩信故里，城中建有"汉淮阴侯韩信故里"的石碑，周围环境较差。与韩信相关的遗址还有一处，古运河岸边的韩信钓鱼台，被管理得还算不错。

另一位是令人敬仰的周恩来。周恩来的故居维护得很好。周恩来就出生在淮安，且在这里度过了 12 岁之前的少年时光。周恩来故居前面有卖淮安特产馓

‖ 洪泽湖餐厅的鱼

‖ 馓子（淮安）。小麦粉做成面条状再一圈圈卷起来，用油炸制而成的小吃

子的。馓子是将经发酵的小麦粉面团，拉抻成绳状，再盘起来炸制而成的点心，在新疆维吾尔自治区很常见，怎么又成了淮安的特产呢？

远眺着淮安最具代表性的景致、矗立在大运河边的文峰塔（现为文通塔），我们向高邮行进。这条路沿古运河而建，透过车窗可以看见运河中往来交错的船只。船只往来比想象的要频繁得多，感觉如今这条河仍然是地区交通的大动脉。其中有 30 条船首尾相连移动着，于我来讲，这是永远看不厌的景致。

我们的车驶入高邮是傍晚 5 点 30 分左右，但是找不到住宿地秦园宾馆。后来我们的司机是怎么找到的呢？司机付钱给当地开三轮车的人，让他一路带领我们到达目的地，真是个聪明的法子。到了自己的城市以外的地方，司机不识路，一边问路一边走，这样就会额外花费很多时间，我也曾有过这样的经历。目的地到达得晚了，肚子就会出奇地饿。这次需要付给三轮车的，只有两元。

高邮的阳春面和老太太

高邮的早餐，是 10 个人一起去酒店附近的一个叫实验菜馆的地方吃面。这一带普遍受欢迎的好像是阳春面，所以 10 个人都点了阳春面，店里的老太太不高兴了。阳春面 1 元钱一碗，是店里最便宜的。见我们是外地人，老太太一个劲儿地为我们推荐高邮特产蟹肉包子。想拍阳春面的照片，可是如果得罪了老太太就麻烦了，所以就点了 5 个蟹肉包子。包子 5 元一个，包子钱远远高过所有面的钱。多亏了包子，我才得以拍下大锅里漂着用来温热盛面的大碗的珍贵照片。这里的阳春面，酱油味与胡椒味、葱味完美相融，味道非常棒，但是大家对于高价包子没有什么好评。

出了店铺散步时我想去自由市场看看，发现了另一家面馆。金汤面馆卖的并非传统的那种名为"金汤大碗面"的面，而是这家店新研发出来的产品。但是我对店里张贴的两句话更加印象深刻。

> 吃的好对朋友讲。
> 吃的不好对我讲。

Ⅲ 阳春面（高邮实验菜馆）。盛着面的碗漂浮在大锅里（是为了口感更好给面碗加热，还是给碗消毒呢？不得而知），很是有趣

Ⅲ 金汤大碗面（高邮金丝面馆）。此店主发明的新面种，鸡蛋、蔬菜等配料很多固然好，但仅仅因为名叫大碗面，就给了超大的量，吃不完

高邮是历史悠久的古城。公元前 223 年，秦在统一中国前，就在这里的高台之上筑起了邮递驿站，因此此地得名高邮，距今已经 2 000 多年了。现存的盂城驿规模庞大，是"全国重点文物保护单位"，附近还建有邮驿博物馆。后来得知，道路状况良好，所以从与鉴真和尚相关之地、多有日本人到访的扬州到高邮仅需两个小时。如果去扬州，我建议顺便去高邮看看。不仅为了历史遗迹，名吃也值得一尝，高邮鸭又叫麻鸭，与北京鸭、绍兴鸭并称"三大名鸭"。

只能当早餐的鱼汤面

出了高邮，我们的车在具有调节淮河和长江水位功能的水利枢纽所在的城市——江都（今江都区）向东拐（向西是去前面所说的扬州），之后在以爆竹产地著称的海安向北朝东台驶去。

东台的鱼汤面很有名。中国出版的书上说，它别名"白汤面"，已经有 200 多年的历史了。关于面的起源有两种说法，并无定论：一说是由清乾隆年间被赶出宫的御厨最先制作出来的；另一说，是由清嘉庆年间告老还乡的东台籍御厨制作的。但是无论何种说法，源于宫廷御膳，看来是确信无疑的。

听说在东台宾馆预约了午餐，为我们准备了鱼汤面，但是我想看制作现场，所以到酒店外面寻找挂着鱼汤面招牌的店铺。发现了民主饭店。进店得知，鱼汤面是早餐面，中午没有。东台似有早晨吃面中午吃饭的习惯。强行交涉了一番，店里正好有食材，我们另外交 100 元，店家才答应做一碗。听店家讲，鱼汤面要用到鱼汤，所以每天早晨 4 点开始熬鱼汤，熬两个小时，6 点开始营业。因此，现在做是做，但是味道肯定不会那么地道了。

鱼，用的是鲫鱼。先去鳞，锅里放足量猪油炸过，加水熬汤，这样熬得的汤是奶白色的（说是炸过的鱼可以熬出奶白色的汤）。碗里放味精和少量葱花，盛入煮得的面和鱼汤，就做好了。这样做的面完全没有味道，所以另外的盘子里备了胡椒和盐，根据自己的口味喜好调味。鱼被做成汤也没有腥味，面的味道着实不错，但是过后在东台宾馆吃的鱼汤面更胜一筹，大概是花了很长时间做的鱼汤的缘故吧。汤色洁白，风味独特，我带着一种充实的满足感，随车摇曳，向着今天的住宿地南通行进。

无锡排骨面比拼

近些年来，南通倚仗其便利的交通条件，经济得以飞速发展。在街上散步时，令我惊讶的是，我第一次来到这个城市，日本游客应该几乎不会涉足这里，可是街上却有好几家日本料理店。由此可以看出，与日本合资的企业不在少数，这里有很多日本人。

南通的面几乎与上海相同，有雪菜肉丝面、大排面、青菜面等。南通的旅游名胜不多，只有狼山值得一游。站在被宋代书法家米芾赞为"第一山"的狼山山顶远眺长江，波澜壮阔。

今天的行程是渡过长江上新近建好的江阴大桥，从无锡上高速，去上海。江阴大桥，是从1994年开始投入建设，花费了5年时间建成的钢箱梁悬索桥，跨度被列为中国第一、世界第四。大桥的建成，使得无论从上海还是从无锡去南通都不再依靠水路，直接利用陆路即可到达，这对促进江北地区的经济发展起到了巨大的作用。这一次从南通到无锡，途中为拍大桥照片而休息，我们多花了半小时时间，一共用了两个半小时。原计划午饭在江阴吃，可是看情形午饭时间都可以到无锡了，所以改在无锡吃排骨面。我想去专营排骨面的面馆，于是用手机与无锡的旅行社取得联系，结果却预订了江南酒家。吃完这一顿之后，又被无锡人带去了一家专营面的餐馆，叫"拱北楼"。这像是一家很有历史的店，位于一栋气派非凡的大楼的二层。食客很多，好像在无锡很受欢迎。点了特色排骨面，但是和并非专营店的江南酒家相比，不知为什么，我感觉江南酒家倒更胜一筹。好像是因为排骨完全不同。这次旅行，多亏有了江阴大桥，我不仅吃到了苏北的面，还吃到了计划之外的无锡排骨面。

Ⅲ 东台宾馆的鱼汤面

Ⅲ 鱼汤面配的调料

Ⅲ 排骨面和辣酱面（无锡拱北楼）。都是浇头面，面上浇排骨或辣
　酱，但基础都是阳春面。排骨面是无锡特色面

304

再探山东和陕西的面

2000 年 1 月

安丘、宁津、天津、西安（三原）

金线一般的安丘金丝面

1999 年，我所在的公司向山东省送客 1 000 人次，远远超出预期，山东省中国国际旅行社为此要对我们进行表彰，2000 年伊始，我早早地奔赴了济南。此外，西安的旅行社和我所在的公司业务关系密切、接待了大量游客，可与1998 年相比，日本游客对导游的点评分数大幅度下滑，我便利用这次机会再去一趟西安，对导游进行培训。

我查阅了一下这两个地区还有什么我尚无所知的面，结果发现有山东省安丘县的金丝面、宁津县的大柳面，西安近郊户县的摆汤面、三原的疙瘩面和窝窝面。于是拜托各地旅行社，一定要想办法让我吃上这些面。

济南召开表彰会的前一天，我飞到青岛，接着直奔安丘县。飞青岛的日本航空居然破天荒地延误了一个多小时。下了飞机，上高速，过了饮马收费站，一下高速就迷了路，就这样，我到达安丘时已经过了傍晚 5 点。

本来只想着在安丘餐厅吃完金丝面，就直接向住宿地临淄移动，没想到竟去了赵雷先生家里，在他家的客厅里上了一堂有关山东地方菜的课。赵先生现在已经退休，以前是报社记者。此外，工作之余，他苦心研究地方菜，很得意地递给我一份看起来非常老旧的署名刊载在《中国烹饪研究》1991 年第 3 期上的文章的复印件，题目是"论《齐民要术》对中国饮食文化的伟大贡献"。《齐民要术》是南北朝时期贾思勰的著述，是一本关于中国农业的书，是面类研究的必读本。从文章里，我第一次得知，这位贾思勰是山东省寿光人。寿光距安丘仅 50 多公里。可是，这次我特意跑到这里要吃的金丝面，和《齐民要术》没有任何关系，光听赵先生的教义，时间一分一秒地过去了。我只好说接下来我们还有 100 多公里要走，赵先生终于止住了话题，去吃饭。看来他以为我们今晚要住在这里呢。

吃饭在另一个地方，从赵先生家步行过去。我心中暗想：一开始就到这边来就好了……桌边落座，酒先上来。安丘这里的景芝镇生产的景阳春酒全中国闻名。此行目的为面，酒喝起来就没点儿了，所以我婉言谢绝。终于，心心念念的金丝面端上来了，盛在金属盆里。样子很像日本的冷面、素面。把盆中的面盛到小碗里，浇一点汁，再加上胡椒、腌香椿、虾皮，就可以吃了。最初，桌上并没有腌香椿，是地方菜专家赵先生特意从家里带来的。据他讲，没有腌香椿的金丝面就不能算是金丝面。

吃过面之后，我想看看后厨，希望他们能从和面开始再演示一遍。面点师李传义师傅没有丝毫不悦，重新开始操作。观摩后我才知道，和面不用水，而是用了好几个鸡蛋，使得面带有黄色，面切得很细，看起来像金线一般，因此得名"金丝面"。

就这样，在安丘逗留了 3 小时，到临淄时已经夜里 10 点了。一整天都天寒地冻的。

‖ 金丝面

‖ 金丝面（安丘）。小麦粉和面，只用鸡蛋，不用水，煮得的细面微微泛黄，看起来如金线一般，因而得名。吃的时候，把面盛进小碗，加入胡椒、虾皮，还有腌香椿（据说没有这个，金丝面就不正宗）

大柳镇的大柳面

　　第二天一早,我先在酒店前面的店里吃一碗牛肉拉面暖和暖和。济南的表彰会下午3点开始,我便利用之前的这点时间考察一下附近的旅游资源。先去了太公望的衣冠冢。在日本,作为钓鱼爱好者的代名词,太公望吕尚(姜子牙)辅佐武王灭殷,功绩显赫,赐封于齐国,临淄为国都。接着我又去了青州博物馆。馆内展示着众多从龙兴寺遗址出土的石佛造像。这些佛造像与日本的相似,大多表情崇高而美好,我非常喜欢(这些佛造像于2000年10月在东京国立博物馆举办的"中国国宝展"上被展出)。最后登上了云门山。山顶上有云门洞,是"青州八景"之一。要在凄厉的寒风中登上800级台阶,还是有些艰难的。

　　济南的表彰会以及座谈会顺利结束后的第二天,我向宁津县出发了。途中顺路去了陵县的东方朔墓。东方朔是公元前2世纪汉武帝身边的近臣、文学家,他诙谐的文风和处事态度,给后人留下了天下奇才的印象。

　　到达宁津宾馆时,已过11点,刚好是午餐时间。宁津有三大特产,即大柳面、包子、驴肉。关于这些特产,有"长官包子,大柳面,要吃驴肉到保店"的说法。长官、大柳、保店都是镇的名字。也就是说,"大柳面"的"大柳"源自大柳镇的名字。

　　大柳面的制作方法,是先把面团擀成薄片,然后重复折叠,再用刀切。煮得的面盛入碗中,面上放葱花、鸡蛋、木耳、蒜薹、香菇、肉丝、咸菜丝,再浇上蒜汁、醋、芝麻酱等拌着吃。面的味道真不错。山东省众多的面吃下来,这种面要算在好吃的面那类里。只是,据说这面原本是只有夏天才吃的,冬天不吃。这时节是特地为我们而做的,到面做好,我们等了1个小时。

　　餐后,去考察一下这个难得来一趟的地方的旅游资源。为此,这天的住宿地由北京改成了天津。离这里最近的地方是德州,以特产扒鸡而闻名的城市。乘火车从北京去济南或者兖州,列车一旦停在德州,就会看到中国乘客一起冲向站台去买扒鸡的光景。我也吃过一回,值不值得争先恐后去购买呢?我深表疑惑。

　　说到德州的历史遗迹,有苏禄王墓。明永乐年间,身为使节来华的菲律宾

‖ 德州苏禄王墓

‖ 大柳面（宁津饭店）。煮好的面上加葱花、鸡蛋、木耳、蒜薹、香菇、肉丝、咸菜丝，再加醋蒜、芝麻酱拌着吃。有点像武汉的热干面。好像是夏天才有的美食，味道不错

亲王归国途中在此地病死，并被埋葬。如今，此墓成了中菲自古就有友好往来的象征。从德州向北行驶 30 分钟，就是"杂技之乡"吴桥，那里已经是河北省境内了。吴桥建有"杂技大世界"，每天都上演杂技节目。在附属学校里，小孩子接受严酷的杂技训练。在忍受得住这种严酷训练的孩子当中，会诞生明日之星吧。

天津的热云吞和炸酱面

从德州坐火车去天津。我已经很久没去过天津了。驻在北京时，我偶尔会去天津的高尔夫球场，自从 1994 年回日本以后，这是我第一次到天津。在天津，我和 20 多年的老朋友、时任天津旅游局局长的陈忠新先生一起吃饭、叙旧。

很早以前，我就喜欢吃天津的云吞。住在天津时，我最喜欢左手攥着煎饼果子大口咬，右手端着云吞碗吸溜一口汤，这是我在天津最常吃的早餐。天津的云吞汤里会放紫菜和虾皮，汤又白又浓，好喝极了。而且汤热气腾腾的，模糊了镜头，让我很难把照片拍清楚。特别是冬日里的一碗云吞，堪称终极享受。好久没享用过天津的早餐云吞了。这次来，我意外见得云吞店里竟贴着介绍"方便面"的贴纸。街上的小摊子卖方便面，我倒是在太原见过，但是在这么像样的店铺里，我还是第一次见。

我问天津旅行社的徐克平："天津除了云吞以外有没有特色面呢？"于是午餐时，他就带我去了门口写着"天津卫炸酱面"的面馆。门口还写着"四碟菜码"，面的配菜（叫"菜码"或"面码"）有黄瓜丝、青豆、白菜丝、混合的胡萝卜丝和豆芽菜，4 种。无论哪里的炸酱，一般都很咸，可是这家店里的却咸得恰到好处，还很香。面的量很大，我问服务员："有小份的没有？"对方把碗翻过来，指着碗底。懂了！碗底印着这家店的大名——"大碗居"。端面上来的时候，服务员会大声吆喝："炸酱面来了！"初次到店的客人可能会觉得有点闹心，这好像是天津的习惯，倒有些像日本的寿司店。另外，身着清代装束的店员在店里现场表演"京东大鼓"助兴，更增加了欢乐的气氛。

Ⅲ 云吞（天津）。汤中有紫菜和虾皮，很美味，云吞皮薄，馅小，入口即化，很好吃

Ⅲ 炸酱面（天津大碗居）。黄瓜丝、青豆、白菜丝、混合的胡萝卜和豆芽，4 种菜码。酱不是很辣，味道不错。店内气氛活跃异常，有京东大鼓的表演

终于吃上了摆汤面、疙瘩面、窝窝面

餐后，我们沿京塘高速（连接北京和塘沽）驶向北京首都国际机场。以前还要走一段京郊的普通道路，现在全程高速，直通机场，大大缩短了时间，只用了一个半小时就到了。

在西安，我们去了市内的李家面馆吃晚餐。招牌上写着"稍子面"，很奇怪不是"臊子面"。"稍"是"稍微""少少"的意思，和面没有任何关系。"臊"和"稍"的发音相近，难道发生了什么变化吗？

这次旅行，我有个大发现。那就是，在西安人们不习惯早餐吃面。我像往常一样，一大早起来后就去酒店周围转悠，发现挂着面招牌的店有是有，但是没有一家开着门。西安的王一行说："西安的早晨找不到面吃。"我感到难以置信。于是我和王一行他们一起乘车去餐馆密集的北院内，在回民街上找找看，的确，所有面馆早上都不营业。我打听了一下得知，绝大多数的店都是中午11点开门。迄今为止，无论走到哪里，我总能找到可以吃上面的餐馆或小摊子，都是一大早就开张的，可是在像西安这样的大城市，而且又是面文化如此发达的陕西省的中心，居然早晨找不到可以吃面的地方，着实令我震惊。

无奈，早餐只得去回民街最有名的清真老金家吃水盆羊肉，要一边吃着馍，一边喝羊肉汤。把馍掰碎泡在汤里也可以。不愧是名店，羊肉汤真叫棒。

这一天上午我用了两个多小时，对20名西安海外旅游公司的日语导游进行培训，内容包括导游应该如何应对不同性质的旅游团体，以及接待礼仪。这一年，西安海外旅游公司因导游的评价分数为同业最高而得到了表彰，这是事后的话了（我认为是这次培训产生的影响）。

午餐，我被带到了城里的户县风味餐厅。这下，省了去户县的时间。这里的摆汤面是蘸汁吃的。一个碗里盛着热水和面，另一个碗里盛着加了臊子的汤，用筷子挑起面，蘸着臊子汤汁吃。面里有水，吃着吃着汤汁就会变淡了，汤汁可以不断更换，很有意思。"摆"是"放置"的意思，这种吃法为什么叫摆汤面呢？查了一下得知，过去在户县，摆汤面是做寿或嫁娶等喜庆活动时用来招待宾客的。盛着煮好的面的大盆摆在餐桌的正中，宾客们各自从盆里夹面出来，

蘸着每人一份的臊子汤吃。这家餐厅把面也改成了每人一份。

接下来是疙瘩面和窝窝面。

能吃到这两种面的店不在西安市内,于是出发去原产地三原,距离西安市中心大约 60 公里。途中,顺路去了尚在发掘中的阳陵。这一带当时下了雪,还没有完全化掉,鞋上沾了泥巴。西安地上的黄土很细腻,沾水就变成了黏土。阳陵是汉景帝之墓,这里出土了大量的陶俑,我们先睹为快。秦始皇陵的兵马俑很是有名,可这里的陶俑个头相对较小,很是可爱,有着不一样的风采。景区由博物馆和发掘现场两部分组成,博物馆门票 30 元,发掘现场收费也是 30 元,两边都看,分开买就是 60 元。两边都看过之后我才知道,联票会变成 50 元或 55 元,有些折扣。

在三原,我们出乎意料地遇到了一处重点文物,城隍庙。这是明洪武年间建成的,保存完整,是一组华美的建筑群。

期待已久的面呢?能让我们观摩的那家餐厅怎么也找不到,同一条路上往返折腾了好几趟。一边打电话问路一边走,终于看到了那家店——泰宴厅。时间过了下午 4 点,大概是因为还没到饭点儿,所以店里一个客人都没有。店家并无不悦之色,给我做了两份面。

疙瘩面,跟平常的面有点儿不一样。从制面到煮面,都没什么特别,接下来就有些变化了。煮得的面盛入事先装好水的碗中,然后用手把面绕在筷子上,团成球状,三个球分别放进三个碗里。这种球状的面很像疙瘩。三个面球,可以调出三种味道。浇上酸汤汁,就是酸汤面;浇上炸酱,就是炸酱面;酸汤加炸酱,就是臊子面。

此面历史悠久,别名"猴儿上竿",据说唐代就出现了。中国出版的关于面的书上就有记载,"臊子和面充分搅拌之后,臊子全部粘在面上,被称作猴子爬竿。"可时至今日,我还是有些不明白。

窝窝面,也就是猫耳朵。"窝",就是"凹陷"的意思,所以应当是根据面的形状形成的当地的叫法。这种面也叫"猴耳朵"或"麻食子",是拥有各种各样名字的面。

Ⅲ 摆汤面（西安户县风味餐厅）。西安郊外因农民画而闻名的户县的传统面食。餐桌正中摆着盛着清水和面的大盆，大家一起来吃，因此得名。用筷子将面加入各自盛着汤汁的小碗中蘸着吃，是蘸汁面

Ⅲ 疙瘩面（三原泰宴厅）。煮好的面绕在筷子上成球状分别放入三个碗中。另外端来酸汤汁和炸酱调味。只放酸汤是酸汤面，只放炸酱是炸酱面，酸汤和酱一起放就是臊子面，一面三吃。团成球状的面像个疙瘩，因此得名

Ⅲ 窝窝面（三原泰宴厅）。此乃猫耳朵的别称

翻越秦岭去吃梆梆面

2000 年 3 月

西安·汉中·宝鸡·岐山

汉中的梆梆面

　　每年 2 月或 3 月，我们会负责召集我所在的公司主推的旅游项目"Holiday"的中国各地旅行社召开说明会，每年的会议地点不同。今年，南方旅行社的会议地点在桂林，北方旅行社的会议地点在西安。

　　我想起上次来西安，想找家面馆，结果转来转去都没有找到一家，所以这次从一开始我就计划早餐去回民街吃水盆羊肉。这水盆羊肉的汤味道很棒，得到了从北京和东北来的中国伙伴们的好评。

　　会议在日本航空公司旗下的皇城宾馆召开，晚餐却是全日空航空公司的长安城堡酒店为我们和中国旅行社一起举办的招待宴。以往在酒店吃面，几乎可以说每次吃到的都不怎么样，可是这次这家酒店的油泼棍棍面，酸、辣、油完美调和，味道很不错。面的软硬度也合适，真是没的说！油泼面的特点在于最后要将热油浇在面上。"棍"就是指面的粗细。

餐后，我们从西安站乘夜行列车去汉中。诗云："蜀道难，难于上青天。"列车翻越曾经分隔蜀、魏的秦岭山脉，缓慢地前行，穿过很多隧道，几乎一路都在黑暗中度过，什么风景也看不见。

抵达汉中站时，天还没有亮。我先进酒店，洗漱完毕，赶紧跑出去找早餐面。我曾经委托当地旅行社的人帮我找"畲畲面"、"血条面"和"梆梆面"，结果只找到了梆梆面。梆梆面的面码只有黄豆芽，可这种面很少见，看上去有些像大阪拉面。汤汁很黏糊，酸、辣味混合，好吃！只可惜用的是挂面。梆是梆子的梆，和挑着担子卖的面就叫担担面一样，过去梆梆面是一边敲着梆子一边卖的面吧（后来查了一下，果真如此）。此外，这家店的炸酱面和华北地区的不同，汤汁黏糊糊的，乍一看，还以为是日本的酱汁乌冬面。只是，碗上套了一层塑料袋，面盛在里面，有些怪异。问起店的名字，答："没有。"我又问为什么没有，店家回答说："即便没有名字，只要面好吃，一样卖得好。"

汉中，三国时期又属蜀汉之地，因此名胜以汉代或蜀汉遗迹居多。汉代遗址有古汉台，又叫汉台，这是汉高祖刘邦被封汉王时建造的宫殿的一角，现在是汉中博物馆。此博物馆的看点是已沉入附近石门水库水底的摩崖石刻，即石门汉魏十三品和据说是曹操亲笔写的"衮雪"二字的拓本。不仅仅是摩崖石刻，沉入石门水库水里的还有蜀国栈道，枯水期会露出水面。

古汉台附近还有拜将台，据说是忍胯下之辱的韩信被拜为将军的地方。此外，由汉中向东约30公里处有城固县，那里是丝绸之路的开拓者张骞的故乡，建有气派的张骞墓。

说到蜀汉的遗址，当首推汉中西面勉县定军山山麓的武侯祠和武侯墓。武侯是诸葛孔明的封号（武乡侯）。武侯祠是赞颂和祭奠诸葛孔明一生功绩的地方，全中国有13处，汉中的导游如此介绍道。13处武侯祠中，勉县的这一处是最初建成的。与之相对，武侯墓全中国只此一处。

秋风萧瑟，吹过五丈原，壮志未酬身先死，遵照孔明留下的遗言"亮遗命

‖ 五丈原诸葛亮庙

‖ 油泼棍棍面（西安长安城堡宾馆）。棍棍面指很粗的面。要把热油泼在面和面码上。酒店出品的面里少有的好吃

‖ 梆梆面（汉中无名小店）。汉中传统面食，过去一边敲着梆子一边叫卖的面，因此得名。菜码只有黄豆芽。又酸又辣，味道很是可以，只可惜用的是挂面

葬汉中定军山……"他长眠在了定军山山麓。除此之外，与诸葛孔明相关的遗址还有孔明读书台和木牛流马制作处等。

对了，武侯祠真的有 13 处吗？我想得起来的只有这里和成都武侯祠、襄樊古隆中、南阳武侯祠、礼县祁山堡、祁山五丈原、浙江省诸葛村这七处。看来我的知识还远远不够啊！

大肉拉面，二细最好

已是中午，车停在路边，我去私营店铺里物色新鲜的面。路边排列着写着菜单的大牌子，其中两种面引起了我的注意，便下了单。

一种是大肉拉面。"大肉"是猪肉的意思，这可不是牛肉拉面，是放了猪肉的拉面。我装作很懂行的样子，面的粗细我选择了细，但是太细了，几乎不用嚼，所以又重新点了一碗二细，口感好多了。可是，和早餐时一样，面碗上套着塑料袋，然后把面和汤盛在那里面，到底为什么呢？因为塑料袋一扔，碗马

III 大肉拉面店

上就可以给下一位食客用了吗?

另一种是浆水面。我第一次吃浆水面是 1990 年,在天水。那时听说浆水面的特点在于使用了发酵过的苦菜,可是这里的浆水面用的却是雪里蕻和老豆腐(油炸过的)。先在锅中的汤里加配菜炖,再把炖好的汤菜浇到宽幅的面条上就做好了。酸味和天水的不同,而且很咸,完全像是另一种面。路边经营的这家小店,门口竖着的大牌子上却写着"老字号浆水面"。小面摊儿怎么敢称自己是"老字号"?

晚上,我在酒店的晚餐开始之前去了夜市。夜市是晚上小摊贩集中出现的地方。夜市里食品摊档排列着很多,我就在那里找畚畚面和血条面。我在这里得知,血条面不是汉中特产,好像是关中的吃食,在渭水以北会有,而关于畚畚面却完全无从知晓,我只好放弃了。

第二天的日程是,不坐火车,坐汽车穿越秦岭。早餐时,我又去了前一天吃午饭的那家路边店,事先定好了要他们做面给我吃。之所以预约,是因为汉中人一般早餐吃面皮,所以一般的店家早晨不备面,如果不预定,就有可能吃不上面。和前一天一样,我要了二细的大肉拉面,吃完了就出发。

走了 40 多分钟,蜀栈道沉入水下的石门水库渐入眼帘。在车上可以看到为观光而新建的栈道。另外,这一带生长着很多黄栌树。接着进入山道,两个多小时之后到达张良庙。这里也是汉代遗迹,据说是汉功臣张良晚年的隐居之所。

留坝县的特产是香菇,在张良庙宾馆吃午餐时,上来了特色的香菇肉丝面。汤热乎乎的,味道很好,可是面太软了,有点遗憾。

车再次进入山道。1987 年,我曾反向走过这条路。我记得那时候,这条路上的一切都禁止摄影。从张良庙开始就可以拍照了。

终于,刻着"秦岭"二字的石碑到了。海拔大约 1 550 米,周围积雪尚存,酷寒。之所以是大约,是因为我带来的高度计是多功能手表上附带的,并非精密仪器,所以只能测出个大概其。这秦岭好像也是嘉陵江的源头所在地。嘉陵江向南流去,在重庆汇入长江之中。从秦岭出发,经过自古就是兵家必争之地的大散关,到达黄河支流渭水之滨的城市宝鸡,车行不到 1 个小时。如此看来,

‖ 大肉拉面（汉中）。并非牛肉，
而是猪肉拉面。大概是面向汉
族人的，模仿牛肉拉面吧

‖ 浆水面（汉中）。和之前在天水
吃到的浆水面完全不同。"浆"
字本来有黏乎乎的意思，恐怕
天水的面是不对的。多汤的锅
里以蔬菜为主制作出面码，倒
在面上

‖ 香菇肉丝面（留坝）。留坝是香
菇的产地。这种用香菇做的面
是留坝名吃。汤很棒，但面用
的是挂面，太软了

秦岭是分水岭，水流向了嘉陵江。

陕西省的旗花面和正宗岐山臊子面

到达宝鸡进入酒店之前，我们先去参观金台观。导游讲解道："这里是明代的张三丰修行的地方。"听到这儿，同行的中国同伴一片欢呼声。我是全然不知的，但说起张三丰，那是闻名全中国的。问了得知，他是武术家，相当于柳生十兵卫（日本史上有名的剑客）在日本的地位。比起金台观的建筑，从这里眺望宝鸡全景更加精彩。

在宝鸡我吃到了旗花面。面如其名，面像旗子一样呈菱形，地道的陕西风味，汤被辣子染成了红色，很辣。

如前所述，这是时隔13年我第二次到宝鸡。但是，太公望吕尚愿者上钩的钓鱼台，我这回是第一次去。当时，这里对外国人尚未开放。

"钓得到吗？文王或什么，那就靠近点"，这是日本江户时代所作的川柳（日本的一种诗歌形式），从那时起，姜太公钓鱼的故事在日本就已经广为人知了。据说钓鱼台上有姜太公留下的脚印，所以我沿着几乎断流的蟠溪漫步去寻找，岩石上砂石堆积，辨别不清。据说只有夏天，砂石被水冲走后才能看到。虽然足迹看不到，但钓鱼台一带的风景可比想象中还要美丽。设计宝鸡的旅游路线时，这钓鱼台是绝对值得加进来的一处景点。

本次行程的最后一项内容，是参观五丈原之后，进行岐山家庭访问，吃正宗的岐山臊子面。从钓鱼台出发，经过一个半小时，到达五丈原，同样也是我时隔13年再次到访。那时候，沿台阶、坡道攀登，要经历一番辛苦才能到达武侯祠，可如今车能一直开到武侯祠门口。感兴趣的人自然知道，五丈原是孔明生命终结之地。我只要一听到"五丈原"几个字，土井晚翠的这首诗马上就会跃然脑中。

祁山风劲肃秋酣，暗淡阵云五丈原。

零露浩兮纹彩密，固是草枯骢马肥。

蜀军旗帜黯无光，鼓角之声今寂微。

可怜丞相病危笃！

有人为这首诗谱了曲，边喝酒边唱时，经常会热泪盈眶。我入职以来也一直鞭策自己要以诸葛孔明为榜样。

接着，我们从五丈原向岐山县的北郭乡出发了。本以为去的是寻常人家，原来是乡长家，这是个带院子的两层小楼，很是气派。一进家门，乡长夫人和邻居三人开始做面。男人什么都不干，为什么呢？

我用大修馆书店的《中日大辞典》查"臊子"一词，注释为"肉末"或"肉丁"，臊子面是加了这些料的面。但是，亲眼见过制面过程后就会知道，实际情况和辞典解释是有出入的。所谓"臊子"，是用猪的瘦肉、肥肉和盐、辣子做成的，是汤汁的原料。以此原料为基础，加生姜、豆腐、熏醋、鸡蛋、黄花菜等熬汤。此汤酸、辣调和，美味有加，但是人们一般不喝汤，这似乎是岐山臊子面的正确吃法。问其缘由，回答说因为碗里的面不多。

乡长用9个汉字来描述岐山臊子面的特征：煎（汤热）、汪（汤多）、稀（面少）、薄（味淡）、劲（面筋道）、光（面滑顺）、酸（味酸）、辣（味辣）、香（口感好）。

这天，这家手工制作了白面（小麦粉做的面）和掺了菠菜汁的菠菜面，我一共吃掉了10碗。

吃过面，我们驱车至西安咸阳国际机场，兵分三路飞往北京、上海、重庆。可是，因为在乡长家吃面花了一个半小时，本该最早飞往重庆的唐常毅险些误了航班，他赶到西安机场时，离预计起飞时间仅差25分钟。

Ⅲ 旗花面（宝鸡）。面的形状像旗子，是菱形的。汤超级辣

Ⅲ 岐山臊子面（岐山北郭乡）。陕西省臊子面的代表，也叫"岐山面"。微酸，有些辣。汤有特点，而且
很香，但是与汤相比，面却很少，岐山臊子面只吃面不喝汤。过去只有白细面，现在也有宽面，或菠
菜面

革命圣地和汀州伊面

2000 年 4 月

长沙·衡山·井冈山·赣州·瑞金·长汀·古田·龙岩·

永定土楼·厦门

名山与革命圣地之旅

中国有五大名山，东岳泰山（山东省）、西岳华山（陕西省）、南岳衡山（湖南省）、北岳恒山（山西省）、中岳嵩山（河南省），被称作"五岳"。其中除南岳衡山以外，我基本都去过，即便有的没有登顶，起码也到过山脚下。四季轮回，我期待着南岳衡山杜鹃花盛放的时节，计划利用 2000 年 5 月黄金周，从衡山向东，去革命圣地井冈山，再经瑞金到厦门，驱车转一圈。令我稍感意外的是，长期在中国旅行社工作的人们，没去过井冈山、瑞金的人也很多，我这一招呼，竟有 12 人要求参加（人数太多，就要事先预约餐食，所以对我来说既不便自由觅食，也不利于面资料的收集）。

一早，看着左手边的长沙火车站，我们向着高速公路方向出发了。1975 年

Ⅲ 南岳祝融峰

Ⅲ 素面（南岳祝圣寺）。只有被切得细碎的青菜撒在里面的斋面。煮的火候不够，有些夹生

我第二次来中国时，初次见到的长沙站庞大而气派，如今看上去有些老旧。上海站是新建的，北京也新建了北京西站，中国各地新车站的建设如火如荼，长沙站的建设起步有些过早了，如今感觉被远远地抛在了后面。站厅顶上象征着"星星之火可以燎原"的火苗样的造型依旧如故，火苗直冲云霄。高速路开通到了湘潭，再向前到广州的一段尚在建设中。

南岳衡山的南岳大庙不是佛教寺院，不远处的祝圣寺是唐代建成的古刹，我们在那里解决午餐，吃斋饭。即便是斋饭，可还是用了很多植物油，油汪汪的，我特意要了素面（斋面）。面里只放了青菜细丝，汤多，不错，只是面有些夹生。

餐后运动是登南岳。徒步攀登需要两个小时才能到达的地方，坐缆车 5 分钟就可以到达。之后，到最高峰祝融峰往返仍然要走一个小时。最高峰也不过 1 290 米。坐缆车时，外面云雾弥漫，什么都看不清。可是，当下了缆车准备徒步时，就像变戏法一样，云雾唰的一下就不见了，视野一下子开阔起来。期待已久的杜鹃花并没有盛开，但是，不知名的黄色花、紫云英、紫罗兰等小花漫山遍野，争奇斗艳。

再度坐上缆车，下山去参观南岳大庙。这座大庙的主殿是座宏大的宫殿式建筑，而且保存完好。据介绍，殿内的 72 根石柱象征着衡山七十二峰。庙门前与日本相同，排列着很多土特产店和餐馆。我去一家餐馆看了一眼，米粉、面条、炒粉、炒面、三鲜粉、三鲜面等，都是些寻常之物，没能引起我的兴趣。

入住衡阳酒店之前我去了趟石鼓山，这里是湘江和蒸水的交汇处，素有"湖南第一胜地"之称。以前这里建有石鼓书院，但是在抗日战争中被毁了。

改写面历史的战争

第二天一早，我出门寻找早餐面，结果发现了杨裕兴面馆。这家店与拥有 100 年历史的长沙老面馆齐名。我点了昨天在南岳大庙前的餐馆里看到的三鲜粉和之前没听说过的蹄花粉，后问店家店名的缘由，回答说，抗日战争时期从长沙逃难到衡阳、贵州，店名就原封不动地留了下来。面是自家制的，正因为是

‖ 三鲜面（衡阳杨裕兴）。正是长沙老字号面店的分号才会有如此美味。三鲜是指肉、青菜、韭菜

‖ 蹄花粉（衡阳杨裕兴）。蹄花软糯，摆在米粉上

‖ 肉丝粉（茶陵）。肉和蔬菜做的汤里加上煮好的米粉。初看米粉好像没有配料。搅拌一下，汤、粉充分混合了再吃

老店，味道很棒。在这家店里，我头一回听说"炒码"这个词，面码经炒制之后再加在面里。

这一天，终于可以朝着革命圣地井冈山出发了。一大早，衡阳的大街上就飘扬着《浏阳河》的乐曲声，街两边挂着"唱世界的名歌浏阳河"字样的竖条幅。我觉得有些不可思议，因为比起衡阳，浏阳河离长沙更近些。说到歌曲，这次为了上井冈山，我特意翻出 26 年前买的《知识青年上山下乡歌曲集》，并抄写了一首歌的歌词——《三大纪律八项注意》。这首歌以根据地时期为背景，当时毛泽东亲自制定了红军与百姓要维持好关系的方针，我想，正因为严格遵守了这项方针，红军才赢得了民心。

出衡阳两个半小时后，看车窗外有写着"罗荣桓元帅旧居"的牌子。听说这是位参加过南昌起义，也经历过长征，之后荣升为元帅的人物，肯定和井冈山有关系。虽不在计划之内，我还是要求顺路去看看。很气派的宅子！

在茶陵吃午餐。从进入攸县开始，"牛肉粉""肉丝粉"的牌子格外吸引我的注意力，于是特意点了肉丝粉。金属餐盆让我回想起了温州的餐具，肉丝粉是先盛汤，后加粉，必须搅拌了来吃，做法有些与众不同。

在这个小小的村镇茶陵，有神物铁犀。导游手册上说，铁犀铸造于宋代，是铸造技术方面珍贵的史料。炎陵有被誉为"神州第一陵"的炎帝陵，参观之后进入宁冈，就是江西省境内了。宁冈建有井冈山会师纪念碑。1928 年，毛泽东率领的秋收起义部队，朱德、陈毅领导的湘南起义和南昌起义部分部队胜利会师，是这里发生的重要历史事件。从这一带开始一直到井冈山，称得上是革命遗迹的地方很多。下起雨来了，驶入山道后，雾霭遮住了视线，已经接近了井冈山，巴士中唱响了《三大纪律八项注意》，接着是赞颂毛泽东的《大海航行靠舵手》等，过去的老歌一首首再现，车内一片欢腾。

被大自然包围的井冈山

井冈山的清晨，我被小鸟的鸣唱声唤醒。前一晚一片漆黑，我没有察觉，周遭被绿色紧紧包围着。雨停了，外出散步，空气清爽，稍感清冷。既然是革命根据地，在我的想象中，是有如要塞一般的地界，可实际上并不是。

先去黄洋界。这里海拔 1 580 米，适合远眺，曾设置观察哨，可是因为昨天的一场雨和雾霭，很遗憾，什么都看不见。第二天是"五一"，一大早，这里就聚集了很多游人。特别是 1977 年为纪念革命根据地建立 50 周年而建的"黄洋界保卫战胜利纪念碑"前，人挤得动弹不得。另一个热门活动是，租借红军军服拍纪念照。赶紧的，我们一行人也借来拍照，这时，意外发生了。穿红军军服时，我挎在肩上的相机滑落，刚好落到一块石头上，镜头被摔得变了形，完全不能用了。这是我长年爱用的相机，真心疼。风景照我是一定要制成幻灯片的，所以，之后就一直借了马培民的相机来用。

井冈山有"5 口井"，名字是各地的地名。其中，小井，有红军医院；大井，有毛泽东、朱德等人的旧居……仿佛一部中国现代史，值得一看。不仅是这些革命历史遗迹，井冈山的自然景观也非常出色。五龙潭公园满是绿色，有瀑布，水量很大，如今建成了可乘坐两人的索道，游人步道也完备，交通再便利一些的话，我想今后这里有可能会成为中国游客经常光顾的旅游胜地。

但是，是因为酒店的厨艺很糟糕吗？这里的饭菜难吃得令人无语。感觉每道菜的味道都不对，而干脆不考虑味道好与否，只被当成了主食米饭的替代品。离开井冈山前的午餐，唯一能入口的，只有炒粉。

历史小城赣州

从井冈山到赣州的距离是 180 公里，但是路况恶劣，大卡车出奇地多，造成了堵塞，进入赣州之前，抵达通天岩时，天已经暗了下来。但我们还是进去参观了，毕竟是特地来一趟。红色的岩石上有题刻，雕凿着佛像。最早雕刻于北宋时期，是中国重点文物之一，却鲜为人知。

赣州当时是人口 42 万的城市，酒店周边有能吃到拉面、刀削面的店铺，我便放心了。因为在井冈山没有什么像样的吃食，没能留下什么好印象，我有些焦躁。赶紧的，早餐牛肉拉面来一碗。与兰州的不同，汤不辣，面里除了牛肉还有青菜。

‖ 井冈山黄洋界

‖ 毛泽东旧居（井冈山大井）

‖ 八境台（赣州）

‖ 牛肉拉面（赣州"杭州第一小吃店"）。汤里有牛肉
和青菜，并不辣。面是现场制作的拉面

在赣州博物馆副馆长的带领下，我们参观了八境台。现今，博物馆就设在这里。我曾经在《人民中国》上见过，印象非常深刻。八境台的楼阁是1934年重建的，城墙是北宋时期的旧物，颇有历史厚重感。这里是两河交汇处，远眺景色极佳。副馆长讲解道，左边的河是章水，右边的河是贡水，两水汇合形成赣江。这赣江的赣，也就是赣州的赣，也被用作江西的简称，以此看来，赣州城市虽小，却是个有历史的地方。幸有副馆长陪同，我们参观了尚未对外开放的北宋时期的舍利塔。之后，我们向着瑞金出发了。

瑞金用餐时的小遗憾

瑞金，与井冈山、延安并称为革命圣地。1931年11月，中华苏维埃共和国成立，瑞金被定为首都。这一时期，毛泽东被选为主席，朱德被选为红军总司令。这时期的旧址集中保留在叶坪和沙洲坝两处。

这里最引人注目的是沙洲坝遗址群里一口相当大的水井。井边立着石碑，上刻"吃水不忘挖井人，时刻想念毛主席"。

瑞金宾馆，作为到访革命圣地必住之地，我久仰其大名。然而在我看来，酒店餐厅完全无服务可言。饭菜仅仅负责端上来就完事了，用过的盘子摞得老高，也完全视而不见。饭菜味道着实糟糕，大概他们认为，来到革命圣地的人是没理由计较口味的吧。能勉强下咽的只有炒粉。房间宽敞固然是好，但是大概是周围全是农田的缘故吧，房间里蚊子嗡嗡地飞来飞去。餐后没什么事可干，于是给来我房间畅聊的人们分配了每人要消灭5只蚊子的定额任务，这才得以安眠。

原本计划在酒店吃过早餐之后再出发，但是由于前一天晚餐时遭遇的不愉快，所以我们决定不吃早餐，早早出发。我调查得知，瑞金往前50公里处的长汀县有鸡肠面和汀州伊面两种面。

游遗址，吃遍面

第二天，我在鸡叫声与《东方红》的乐曲声中起床，雨中，我们早早离开

Ⅲ 毛泽东同志旧居（瑞金）

Ⅲ 炒粉（瑞金宾馆）。炒粉里只有肉。这家酒店只有这炒粉勉强还能下咽

了革命圣地。多亏昨天事先联络过，我得以在长汀的烟草大酒店吃上了这两种面。从革命旧址众多的江西省出发，进入长汀隶属的福建省，路况一下子就变得好起来。

鸡肠面虽然叫作面，却是拿在手里吃的，像点心一样。材料用的是红薯粉，和鸡蛋和在一起，再加入猪肉碎、香菇碎充分搅拌，像日本的御好烧那样烧制，之后再卷成春卷状。真是太好了，能吃到这种少见的面。

汀州伊面的面码有猪肠、猪肝、空心菜。伊面是宽面，汤是透明的。据说伊面是爱吃面的伊秉授发明的，他是清乾隆年间的进士，福建省宁化生人。当时宁化属汀州府，伊秉授书写落款用"汀州伊秉授"字样，因此广州餐厅里经常把伊面称为汀州伊面。长汀尚遗留着科举考场（现在为博物馆），是汀州府的中心。从这些不难看出，长汀的伊面才正宗。但是，与以往一样，伊面做成汤面真不好吃。

长汀有中国共产党早期领导者之一瞿秋白的纪念碑。

革命遗址之旅继续。接着是古田会议会址。1929 年 12 月召开了中国共产党红军第四军第九次代表大会，即古田会议。该会议决定"纠正党内的错误思想"，这是一次对未来产生巨大影响的重要会议。

在龙岩午餐时，我吃到了泛着红的米粉。米粉里掺了干香菇粉，所以带有红色，确实是米粉，散发着香菇的香味。

下午，我们去参观土楼。土楼是客家人的家，从车里向外望见，不仅规模庞大，更令人惊讶的是，保留的数量还很多。永定县的承启楼是土楼中最宏大的，据说是清康熙年间建成的，也是古老的土楼中的一座。土楼一共四重，没有中庭，很难看全整体，四周布满住家，没有供人俯瞰的高台，我很难理解这个圆形建筑的特殊构造。另外，大概是私人管理的缘故，商业气息十足。从这一点来看，1991 年驻在北京期间，我从厦门当天往返去过的南靖县，给我留下了极好的印象，那里的土楼看起来很干净，民风又淳朴。此外，这附近还有振成楼，是比较新的一座。

龙岩大街上，会经常看到"清汤面"或"清汤粉"的招牌。问过当地人得

‖ 永定土楼承启楼

‖ 鸡肠面（长汀烟草大酒店）。长汀名吃。虽然名
字叫"面"，但其实是点心。红薯淀粉和猪肉
碎、香菇碎和在一起烧制，卷成春卷的样子

‖ 清汤粉（龙岩可香清汤粉店）。好像是当地名
吃，经常能看到此招牌。锅里煮的汤美味无比

‖ 牛渣粉（龙岩可香清汤粉店）。汤与清汤粉的相
同，只是面里放了牛油渣

‖ 手抓面（漳州港龙美食中心）。大概是香港人经
营的酒家吧，本来应该是手抓着吃的，可这里
的面被切成段，得用筷子夹着吃

知，龙岩、漕溪、东肖的清汤粉（面），沙县的牛肉粉（面）很有名。晚上出去散步时，我发现了酒店附近的一家餐馆，预约了第二天的早餐。

这家店叫"可香清汤粉店"，就是在这样一家正面看上去屋顶倾斜得好像马上就要倒下来的店里，我吃了清汤粉，味道出类拔萃。咸味的汤是用另外特殊加工过的料汁做的，这做法与日本相同。面码用的是肥瘦猪肉、油炒过的葱、青菜。实在太香了，我吃掉一碗之后，又要了一碗。昨晚的客家菜不合我口味，这会儿好像出奇地饿。还有牛渣粉，一样的汤，面码是"牛渣"（油炸肥牛炼出的牛油渣）。店里人告诉我，清汤面的做法是从1 000多年前由中原来到这里的客家人那里学来的。

去厦门的途中，漳州有种奇怪的面，叫手抓面。我1996年已经吃过了，但是别人都没听说过，于是午餐时特意点了手抓面。餐厅并非由当地人，而是香港人经营的，所以被改良了，不是直接用手抓，而是要用筷子夹着吃。很遗憾，这就不是手抓面了！

这次寻面之旅，在长汀、龙岩都有意外收获。我即将抵达厦门时，稍稍有些后悔——驱车所到之处，革命遗迹如此之多，行前再多学习些有关中国革命史的知识就好了。

天鹅湖、赛里木湖、喀纳斯湖和面片

2000 年 6 月

伊宁·巴音布鲁克·赛里木湖·喀纳斯湖·阿勒泰

去维吾尔自治区的神秘之湖

从 1999 年 6 月开始的 3 个月，我们接收了一名从新疆维吾尔自治区首府乌鲁木齐来的男性研修生，名字叫艾斯凯尔·尤努斯。从名字就能辨别出，他是维吾尔族，就是 1996 年同我们一起从喀什到卡拉库里湖的那个青年。听说艾斯凯尔在日本生活时有两大烦恼。

一个是气候。他一直生活在新疆维吾尔自治区的喀什，那是个非常干燥的地区，可是到日本后的 6 月，正赶上日本的梅雨季，闷热潮湿，他说很难适应这种气候。据他讲，喀什的干燥导致生活在那里的人们的汗腺都变细小了。

另一个是食物。维吾尔族大多信仰伊斯兰教。为此，日本人常去的拉面馆，他都不能去。我问他那怎么办，他说，一开始光吃汉堡，后来吃腻了，就去售卖牛肉盖饭、鳗鱼盖饭、天妇罗盖饭、立食荞麦面等的小餐馆，一周一周地轮换着吃。

在艾斯凯尔逗留日本期间，电视上播放了一部纪录片，名字叫"众神之诗、天空之湖"。这个"天空之湖"，就在中国新疆维吾尔自治区的巴音布鲁克，据说是天山雪水融化汇集成的湖，是不可思议之湖。那里有众多天鹅栖息繁衍，因此又被称为"天鹅湖"。我长年从事中国旅行的相关业务，却第一次听说这个湖的名字。我向艾斯凯尔问起这个湖，真不愧是地道的当地人，他不仅熟知此湖，还曾经去过那里。听他讲，那里真是个好地方，我也好想去看看，但是今年很难腾出时间，于是与艾斯凯尔相约"明年一定去"。

2000 年，我们如约向着巴音布鲁克出发了。

6 月 3 日。这一次与以往的新疆维吾尔自治区之旅不同。相比历史遗产，我把行程重点放在了自然景色方面。首先是天鹅湖所在地巴音布鲁克，其次是赛里木湖，还有最北端的神秘之湖——喀纳斯湖。

吃过面片、拉条子，去天鹅湖

第一天，到达北京首都国际机场，当天换乘南方航空的航班，准时降落在了乌鲁木齐机场。天空阴沉沉的，我心中暗想："说不定会……"果不其然，第二天一早下起了雨。一大早 7 点，我们在雨中出发去机场。新疆和北京本来就有时差，如果按照新疆的生活时间来算的话，也就相当于早晨 5 点。我们乘坐法国制造的螺旋桨飞机，飞向伊宁。每年夏天，这种机型都飞我所在的公司从吐鲁番到敦煌的包机路线，噪声低，是很优质的机型。因为是螺旋桨飞机，所以不会飞得太高，很适合观赏外面的风景。起飞后，乌鲁木齐的雨就像幻梦一般逝去，天放了晴，飞行期间，透过舷窗可以清楚地看见雄伟的天山山脉。

从乌鲁木齐酒店出发得太早了，所以我们在伊宁吃早餐，吃的面片，像是云吞皮的样子。农耕民族不喜欢吃牛肉，可令我深感意外的是，身为马背民族的哈萨克族人却爱吃马肉。

餐后，我们乘四轮驱动汽车出发了，向东飞驰。满眼绿色的画卷，牧草场

Ⅲ 去伊宁沿途的景色

Ⅲ 马肉面片（伊宁伊犁国际餐厅）。伊犁传统面食。把它看成云吞皮就对了。哈萨克族喜欢就着马肉吃

延绵至山边。跑了整整 3 个小时之后，路况渐渐地开始变得恶劣起来。路面遍布着被挖开的横沟，所以车不能笔直前行，于是调转方向，走另一条迂回路。迂回路一样糟糕，如果不是四轮驱动汽车，肯定无法通过。间隔 100 米左右就会挖一条沟，真是糟透了。这是什么工程？谁都看不明白。回程也要走同一条路吗？我有些担心。可回程并没有走这条路。不知怎么搞的，去时像是司机走错了路。因为在这条路上花了太多时间，午餐下午 4 点 30 分才吃上。在能够看到雪山美景的一个小镇吃拉条子。果然，哪里的拉条子都好吃。

再往前走，变成了很好的道路，远望着覆盖白雪的天山，悠然前行，心情大好！1 个小时后，车进入了山道，很快，雪景出现了，即便是在当时的 6 月。那里就是巴音布鲁克。住宿上我们预定了蒙古包，先经过住宿地，去天鹅聚居的湖。从积雪的状况来看，离湖水上涨还需要些时间，湖岸远远延伸至湖中，湖面并不广阔。在远离湖水的岸边，我想确认一下天鹅是否真的存在，但是湿地滩涂使得车子无法靠近。只得下车远眺一番，怎奈寒气袭来，于是我赶紧跳上车返回住宿地。

回到住宿地才得知，当地的旅游合作伙伴本想带领我们去天鹅湖的，所以在蒙古包这里一直等我们。左等不来右等不来，于是负责人就带头回去了。我们没有到蒙古包，而是直接去了湖那里，所以走岔了，真是感到万分抱歉。

晚上在蒙古包吃饭，吃饭的地方非常寒冷，厨房离得好远，导致精心准备的热面条端上桌时，已经变凉了，真可惜。餐后，那位负责人终于出现了，竟为我们奏响了乐曲，唱起了蒙古族的歌。只住一晚的蒙古包里生起了炭火炉子，即使这样，身体仍然暖和不起来，于是大家就把带来的两瓶 50 多度的伊宁名酒伊犁特曲，全干了。

食指负了重伤

第二天一早，大晴。景色如此美好，又鉴于前一日晚餐的不足，于是决定提前出发，在途中吃早餐。大约走了 1 小时，我在去乔尔玛的岔路口的路边看到有很多餐馆，于是站着吃了面片。非常可口，看来提前出发是对的！

吃完早餐，回伊宁，走上了与昨日不同的山路。路两边，景色宜人，有山，有水，有牧场，与昨日的"地狱之路"大不同，简直就是通往天国之路，正美美地想着，车掉头回转了。因为积雪还没有融化，整条道路没有完全通车。走了一半，路况都还不错，谢天谢地。

这一带的道路经常被家畜占据，害得车子常常进退两难。这里好像是家畜优先，所以司机绝对急不得。巴音布鲁克羊，头部黑色，这好像是它的特征。

车子经过昨天的午餐地，又经过恐留，正一步步地逼近决定我命运之地。已过下午3点，车停在了伊宁东郊外的巴扎。我们走进鑫豪清真饭店吃午餐。在饭店门口，我观摩了拉条子的制作过程。我背靠墙壁坐下来，等待我的拉条子。有人要从我的身后经过，我向前拽了下椅子，就在那一刻，右手手指突然剧痛，接着鲜血如注。右手食指指甲的1/5左右被切掉了。究竟发生了什么，一时间连我自己都无法解释，周围的人，特别是店员们就更不清楚了吧！这是一把铁管做成的椅子，我抓住椅座部分用力向前一抽，抓住的地方是铁管插接处，刚巧那里开了，当我身体碰到桌子，坐回去的时候，食指一下插进断裂的铁管

Ⅲ 巴扎餐厅（伊宁）。店门口在制作拉条子，所以我满怀期待，可是在这里手指受了伤，食欲全无

接缝里，被割断了。村子附近没有医院，幸运的是餐馆前面就有药店，赶紧买来止血用的云南白药涂上，早早结束了午餐，奔向伊宁。

40分钟后，到达伊宁酒店，赶紧去医院。我担心会得破伤风，要求马上为我正规地消毒，可是医生磨磨蹭蹭，迟迟不作处理，令我恼火。我催促"快看快看"，他们这才对我和善了一些，也许是心理作用吧。不一会儿就做好了消毒，注射了抗生素。

总算可以安心回酒店了，这里是鸦片战争中的英雄林则徐的左迁之地，建有纪念馆。

我们在伊犁河畔搭建的台子上吃晚餐，台子看起来有些像京都鸭川河畔的川床，带顶篷。据说在中国，受了伤绝对不能喝酒，还不能吃肉。因此晚餐即便上了羊肉，我也被周围人阻止了，不能吃。右手受了伤，不能用筷子，所以只为我做了拉面。那一刻起，手指开始疼起来，我想早点回酒店。可是，伊宁旅行社的老总嗜酒，喝到夜里12点都没有离席的意思。我实在忍受不住了，坚决要回酒店。伊宁旅行社的老总表示非常不满，他们便自己留下继续喝。那一夜，手指疼得我无法入眠。

忍受着伤痛，去美丽的赛里木湖

第二天，我打算如果因伤发热，就中止旅行，飞回乌鲁木齐。结果并没有，一切如常，所以旅行继续。这次旅行所到之地，我之前都没有去过，如果半途而废，我觉得实在太可惜了。

伊宁的历史遗迹，有清代的伊犁将军府所在地惠远城的城墙和钟楼。登上钟楼，可以清楚地看到，伊宁的四周被天山包围着。西面山的那一边是哈萨克斯坦。

我们向着与哈萨克斯坦接壤的边境城市——霍城出发了。到边境去，需要通行证。国境边上有很多纪念品店，苏联制的单筒和双筒望远镜比较受中国人欢迎。150元，能买到相当大的双筒望远镜。比较少见的纪念品有据说是以日本的小芥子木偶为原型的俄罗斯套娃，价格便宜，50元至100元不等，非常受欢迎。

离开国境，1小时之后出了果子沟的车辆检查站。车子进入山道时，应该走在前面的另一辆车突然在我们的视线里消失了。好奇怪！我们的车赶紧停下来。原来，不知怎么回事，那辆车竟翻进了路边比路面要矮一截的沟里。原因是昨晚在伊宁河畔餐厅那位喝多了的伊宁旅行社的老总，开着车就睡着了。他自己被撞得头破血流，幸运的是，除了车子无法动弹，车里的其他人都没有生命危险。

终于抵达赛里木湖，比想象的还要美丽。蔚蓝的湖水，岸边黄色、白色、蓝色，千姿百态的花朵争奇斗艳，浓绿的树林，放牧的羊群……我感觉巴音布鲁克的春天似乎早了些，而赛里木湖，春色正浓。

我们在赛里木湖的蒙古包里吃午餐。前一晚的指伤持续疼痛，导致我没有食欲。日本有俗语"食指大动"，意思是"动心思，想弄到手"，可此时的我，食指完全动弹不得。他们告诉我，中国还有个说法是"十指连心"，意思是"手指的伤是最痛的伤"。出了事故的伊宁旅行社的老总也很头疼，看起来也一样没有食欲。

蒙古包中的午餐制作需要很长时间，满心期待的手抓羊肉上来后，大家都等得不耐烦，跑了出去。有人去骑马玩了。指伤导致我吃羊肉受限，单手又不能骑马，只得远远地眺望一下美景了事。这里做的手抓羊肉下面有面，即大盘羊肉。我只吃了一口面，不大合口味，就没再吃。

在赛里木湖，和伊宁旅行社的人们分开，我们向奎屯出发了。夜里9点，到达奎屯的酒店，我马上找医疗所，给手指消毒。残留下的一点点指甲，在揭掉纱布时也全部脱落了，伴随着更加剧烈的疼痛。在这种时候，酒店里居然还准备了招待宴会。十分抱歉，因无法忍受指痛，我没有参加，径直去休息了。这一日也一样，疼得整晚无眠。

奎屯有铁路经过，这条铁路始于乌鲁木齐，穿过阿拉山口，连接着哈萨克斯坦。到乌鲁木齐的公路也不过350公里，所以我琢磨着这天如果发热，就回乌鲁木齐算了，结果并没有。那么，旅行继续，向克拉玛依挺进。

克拉玛依是著名的石油城，原本为输油而修建的道路状况良好，可是此时刚好赶上在施工，从奎屯开始，路况非常糟糕。路上无法正常行驶，我们只能走路边的沙漠地带，细沙"呼呼"地漫天飞扬，以至于经过施工路段后不清理一下车子就不能继续前进。接近克拉玛依时，路况一下子好起来，整个城市也很干净。

‖ 赛里木湖

‖ 克拉玛依油田

‖ 大盘羊肉（赛里木湖）。新疆特产手抓羊肉的下面有面，面带着羊肉汤味。等得太久才上来，几乎没有动

在这里我看到了牛肉面店。再往前，恐怕也找不到能吃饭的地方了，所以我决定提前把饭吃了，虽然有点早。受伤以来，我感觉这是第一次吃到可口的东西。

从恐怖的魔鬼城到美丽的喀纳斯湖

在克拉玛依最先出现的油田里，立着"黑油山"纪念碑。这里到处充斥着原油的味道，黑色的石油渗出地表，钻井随处可见。

接着，目标是魔鬼城。这里不是人工修筑的城池，是自然风化形成的奇石怪岩群。到达魔鬼城，一时间狂风骤起，风声似妖魔鬼怪在哭号，风卷残云，天一下子昏暗了起来。如果孤身在这里，恐怕会被吓坏吧！从魔鬼城再上国道时，雨点大粒地砸了下来。多亏了这场雨，尘埃散去，尤其是我们的车，满车沙尘被冲了个干净，太棒了！魔鬼城的"魔鬼"也许很希望我们赶紧离开呢。

在能看到福海（别名乌伦古湖）的地方休息，从北屯沿额尔齐斯河向北走，到达住宿地布尔津时，是晚上 8 点 30 分。从克拉玛依出发，已经过去了 7 个小时。昨天医疗所的人说，手指消毒可以隔天进行一次，所以这天不必忍受揭掉纱布之痛。

听说到喀纳斯湖的路，布尔津一段在施工，所以必须绕路，于是比计划提前两个小时，我们 7 点就出发了。布尔津还是个多蚊虫的地方，在室外，驱蚊可是头等大事。大家用前一天买的桶装泡面解决了早餐。

到达目的地喀纳斯湖，大概是因为绕了路，所以花了 5 个小时。这一带是正经的自然保护区，景观壮丽无比。原种绣球花似的花、勿忘我、石楠花样的花等争奇斗艳，远山景色异常秀美。虽绕了远路，可是从车上可以看见哈萨克斯坦国境边上的河流，还可以望见哈萨克斯坦一侧的民居，体验反而更好了！

喀纳斯湖在海拔 1 370 米的高度上，因有人目击了神秘的湖怪，一时间成为话题。临湖的山上架设了湖怪观察所。湖本身并不大，即便有湖怪也大不到哪里去吧。遗憾的是，我们一行人谁都没能目击湖怪。至于风景之美，如果指着这里的照片说是瑞士的话，没有人会不相信。在喀纳斯山庄用餐，庭院里生长着野生草莓，着实令人惊讶。喀纳斯自然保护区的景色是无与伦比的。又花了 5 小时，我们回到布尔津。

那天的住宿地阿勒泰，在布尔津东 100 公里的地方，去那里的路况非常好。途中，有一处据说是突厥时期的古墓，有石人、石棺、巨大的陨石等，我们一边观赏一边前行，只用了不到两小时就到达了目的地。阿勒泰过去因出产黄金、宝石而闻名于世，城市看起来也比较富裕，连酒店里都有医务室。已经隔了一天了，要赶紧给我的手指消毒。这里的医生也是到现在为止少有的和蔼可亲，告诉我伤口愈合得很快，让我多少放了心。晚餐就在外面小摊子上，我们边吃烤羊肉串边吃干面皮（手工面片）。很久没吃过烤羊肉了，感觉这一次吃到的是前所未有的美味。

行程终于接近尾声。在阿勒泰我们仍然没吃早餐，早早就出发了，先去参观桦林公园。那里展示着石人和陨石，但是两者好像都是复制品。

早餐在北屯吃了临夏牛肉拉面，接着驱车直奔乌鲁木齐。中午时分，渡过了流入福海的乌伦古河，就再没看到有人家。又向前走了一会儿，进入卡拉麦里自然保护区，在那里看到了野驴。

下午 3 点，我们到达了地图上标注为"火烧山"的油田。在那里终于吃上了午饭。别处没有餐馆，所以这里聚集了很多食客。一如既往地吃了味道不会发生意外的拉条子拌面。我的手指虽然还疼，但是食欲已经恢复到了一般水平。

继续驱车向前，我们到了以前我曾经来过的吉木萨尔。从这里上高速，不到晚上 7 点，我们便抵达乌鲁木齐。

强忍伤痛，我坚持走完急行军一般的行程，坚持做记录，有人评论这样的我"就像个苦行僧"。我这位苦行僧，把北京住一晚再回国的原定计划再度提前，从乌鲁木齐飞到北京，当天直接换乘飞回了日本。回日本后我直接去了医院看手指。因为在中国的治疗很得当，手指虽然变短了一点，指甲后来却长了出来，而且长得很好，总算可以正常使用了。但是，一年后，手指有时还是会疼。这次旅行，伴随着疼痛，令我终生难忘。

III 奇石怪岩连绵，恐怖的魔鬼城

III 喀纳斯湖

III 干面皮（阿勒泰阿凡提饭馆）。手指的伤势
稍稍稳定了一些，食欲恢复，一边吃烤串，
一边吃带汤的面皮，幸甚至哉

奶汤面和内蒙古自治区的艰辛幸福路

2000 年 9 月

宁城·承德

张家口·锡林浩特·林西·林东·索博日嘎·赤峰·

去辽代遗迹

　　6 月在新疆伊宁不小心切断了右手食指指尖之后，已经过去了 3 个月。食指动弹不得，也就没办法去吃面了，所以在这期间我一直老实待在日本。疼还是会疼，但伤口已经结痂，完全脱落的指甲也意外地完美再生，手指若套上可以伸缩的网状绷带就可以去旅行了。于是，我又开始"蠢蠢欲动"了。

　　我翻开常用的中国交通旅游图册，发现内蒙古自治区的巴林左旗周边辽代遗迹众多。10 世纪初，耶律阿保机建国，改契丹为辽，统治中国北方广大地区，长达 200 多年。我之前去长白山时途经的渤海国就是为辽所灭。

　　从更加广阔的地域来看，河北省宣化有辽墓，宁城有辽中京遗址……我马上安排了路线，和河北省的李书贵取得了联系。

Ⅲ 宣化镇朔楼

Ⅲ 宣化辽代壁画

有关这一带的资料几乎为零，所以根据地图上的距离安排了路线，可最担心的是道路的状况。据我想象，有的路段巴士可能够呛，所以需要四轮驱动的车，但是北京的旅行社无权指派地方，最后还是用了普通的巴士（结果导致之后的行动大受影响）。

抵达北京首都国际机场。事先说好在飞机上用餐，所以下了飞机后我便直奔张家口。真的好久没有走过这条去八达岭长城的路了。途中的居庸关长城被修复得非常漂亮，如果没有充足的时间，那么到了这里也权当游过长城了。过了八达岭，接下来便是之前从未走过的路。我非常期待看到有"北京水缸"之称的官厅水库的风景，但是水库远离道路，而且 2000 年因干旱而枯水，所以称不上是什么风景了。走着走着，我感觉周围的葡萄园开始多起来，原来这一带是长城葡萄酒的产地——沙城，长城与王朝并称中国两大葡萄酒。大家畅聊着这晚一定要喝个痛快，一口气就到了宣化。

宣化是张家口市辖的一个区，保留着明代的鼓楼——镇朔楼和钟楼——清远楼。辽代墓在偏离城中心的田间，都上了锁，不事先联系就不能参观。墓穴小小的，进去一看，我大吃一惊。墓室四周的墙壁上保留着色泽鲜艳的精美绘画。当时从北京经由张家口到大同的高速路正在建设中，道路建成，从北京开始的新的旅游路线有望成为可能，为了做宣传，我请求拍些照片，遗憾的是文物局的向导说什么都不答应。

沙漠一般的内蒙古自治区

在张家口，我也是一早出去吃面。最先吃的牛肉面光是辣，不好吃，所以又吃了第二家，结果出发晚了。张家口有万里长城的一段，是北京的北大门，明代这里建有大境门。出大境门，即朔北之地。1945 年，人民解放军就是由与我们此行相反的方向，即由北向南，攻进北京城的。

河北省的李书贵告诉我，张北是河北省非常贫穷的地区。过了此地，地形就变成了草原。这天先去位于内蒙古自治区正蓝旗的元上都遗址。从河北省进入内蒙古自治区，经过太仆寺旗后，我们的车被警察拦下，征收了 20 元防火

‖ 牛奶面（正蓝旗忽必烈夏宫）。面汤是用煮手抓肉的汤做成的，所以才会咸香美味；牛奶是经过发酵的，所以汤微微发酸。牛奶入面，是内蒙古自治区独有的习惯

‖ 鲜奶面（锡林浩特锡林格勒宾馆）。直接放入新鲜牛奶，所以奶味十足。面是刀削面

费，难以理解。恐怕是和当年的干旱有关系吧。与河北省不同，这里的草色看着发黄。正蓝旗到了，车下到乡间小路上，向元上都遗址行进的途中，干旱的内蒙古自治区下起了雨。作为"雨男"的我再次显出了威力。

叫作"忽必烈夏宫"的地方，排列着供观光用的蒙古包，我们在这里吃午餐。先上了奶茶。茶和牛奶混合，再加上点盐，喝惯了的话，会觉得这个真好喝。接着上来的是牛奶面。汤是手抓羊肉煮出来的，汤里再放新鲜的牛肉。牛奶经发酵，加到汤里，所以这和《中国面条 500 种》里记录的名厨邱顺所发明的鲜奶面还是有区别的，是淡淡的咸味面。

参观元上都遗址时，为我们做讲解的是陈列馆的东先生，他是蒙古族，但是作为听众的中国旅行社的各位，好像不大听得懂他讲的关于元代历史的部分，即便他讲的是汉语。正如"诸行无常""盛者必衰"所揭示的道理，曾经繁盛的元上都，如今只剩下看似城垣的土堆和宫殿台基样的部分。但是遗址中让人印象尤为深刻的是，匈奴的石像突兀地立在那里。东先生的陈列室里也排列着几尊看似匈奴的石像。参观后，我们向着锡林浩特出发了。

锡林浩特是锡林郭勒盟的中心城市，因夏日举行蒙古族传统节日那达慕大会而知名。车行驶的方向应该正好是草原中心，但放眼望去，绿色植被稀少，感觉怎么看都像是沙漠地区。我暗想，只有今年这样被大旱困扰就好了。

晚餐时，在锡林郭勒宾馆，鲜奶面上来了。这种面不像中午的面，牛奶没有发酵得那么厉害。牛奶加入汤中，面是一般的刀削面，这好像是邱顺所发明的鲜奶面。这家酒店建在新城区，我一早出去在酒店附近散步，最终也没有找到可以吃面的地方。没辙，只得回酒店吃早餐。可从酒店出发去锡林浩特唯一的景点贝子庙时，庙门前能吃饭的店铺一家挨着一家。原来是我们住错了地方。店招牌上出现得比较多的是莜面。莜面没什么黏性，很难手工制作，通常会用饸饹床来压面。

荞麦田连绵的林西

贝子庙是锡林郭勒草原上最大的喇嘛庙。庙旁有教授蒙古族医学的学校。

从贝子庙又走了 1 小时，进入白音锡勒草原。可以看见很多羊，但总感觉草泛着黄色。是因为已经 9 月了吗？右手边，远远看见了达里诺尔，我们到了克什克腾旗的经棚。

这是相当大的一个镇，这里有新近开通的集宁到通辽的铁路上的一站（我手里拿的 1992 年发行的交通旅游图册上还没有这条铁路）。这条铁路上跑着蒸汽机车，冬日里蒸汽看得最清楚，摄影爱好者们会专程跑来拍照。特别是附近名为"上店"的一站，去的人特别多，好像是因为这个车站海拔 1 230 米，是整条铁路线所有车站里海拔最高的。

光看地图，似乎不难想象，这一带的景色应该是荒无人烟的草原，实际上却有山、有水、有田、通铁路，如此宜人的景色也令人惊喜。快到事先约好的午餐地西林时，眼前是一片盛开着白色小花的荞麦田。到处盛开着的还有秋樱，中文好像管这种花叫"格桑花"。看到了荞麦田，所以在西林当然要点荞麦面吃。我们吃的是面和汤一起下锅的烩锅荞麦面。听说被称作"日本荞麦"的荞麦面，原料大多要从内蒙古自治区进口。餐后，荞麦田风景继续。

接着，沿辽河支流——西拉木伦河边的道路向前，却遭遇了大麻烦。被1998 年的洪水截断的道路还没有完全修好，结果走迂回路时，车轮陷进土沙中，动弹不得。我寻思着，果真没有四轮驱动的车就是不行，这时候说什么都没用了。但是我们的运气还是蛮好的，来了辆施工拖拉机，于是我们花钱请人家把巴士拖了出来，暂且得了救。这之后，断路数次，最终抵达辽太祖陵时已经接近傍晚 5 点了。

先去参观辽祖州城遗址。从停车场走过去，要走很远，那里遗留着一栋石头房。干什么用的？不大清楚。祭祀时使用的吗？又没有确凿的证据。可另外一处遗迹太祖陵（始建契丹国的耶律阿保机的墓），却怎么找都找不到踪迹。书上写着陵墓隐藏在密林中，于是大家分头寻找，最终还是没有找到。天色渐暗，考虑到目前的道路状况，我们最终决定放弃了，接着，向着巴林左旗（林东）的酒店出发了。不出所料，途中再遇施工路段，只得绕路，光绕路就多花了 50分钟。

Ⅲ 辽祖州城遗址

Ⅲ 炝锅荞麦面（林西九州大酒店）

这天晚上，到了羊肉的主要产地，原本是要享受一下涮羊肉的，可是到得太晚了，街上的店铺都关了门，只得在酒店里用餐。上来一道螺丝样的莜面鱼儿，我想这和我们在锡林浩特看到的莜面卷子是一回事。涮羊肉成了念想。

意想不到的幸福之路

我是个习惯早起的人。在临睡前总是把窗帘打开一道缝，天亮时，随着生物钟会自动马上醒来。这天早上，我也早早起来，去林东街上走一走，在已经开张的店铺中确定好一家，回到酒店，带大家一起去。在这家店里我要了带汤的面，淡淡的咸味，很像乌冬面。不知为什么，还给了咸菜。我问这面的名字，对方回答说"面条"，就像日本的素乌冬，面里加咸菜，真是顿不错的早餐。

这天我们先去辽上京遗址。这是始建契丹国的耶律阿保机修筑的城池，现存的遗迹只有一尊像是观音像的石像。城的面积相当大，遗址中有大量的羊和马在放牧。离开上京城，我们去了后召庙辽石窟寺。这里现存三座辽代开凿的石窟。到这里为止，一切都是极其顺利的，接下来将是千难万险的行程在等着我们。

前一晚花了很长时间的迂回路要再走一遍。夜色黑暗，没有看清都经过了些什么地方，原来一路经过的都是荞麦田。大概是干旱的缘故，一片焦黄。玉米地也几乎一片枯干。

经过迂回路，终于走上了正常道路。我们向当地人打听去索博日嘎的路怎么样，结果坏了事。本打算从林西开过去的，可是听他们说可以抄近路，是一条叫作"幸福之路"的路。当我们走上那条路时，的确看见有"幸福之路"的路标，多少安心了些，可是之后，就再也没看到过任何标识。路只有一条，就一直向前，途中几次遇到路被河水截断。水不多，巴士将就着也能过去，但是周围全无人烟，不知道将向什么方向去的我们渐渐不安起来。不过，这个季节，漫山红叶，景色真是没的说。

幸福之路走了3小时，远远地看见了辽代白塔，终于舒了口气，就在这时，一条大河横在了车前面。万幸的是，河面虽然很宽，但是真正流水的一段却很

Ⅲ 幸福之路风景

窄，可问题在于水下的沙石能否承受住巴士的重压。真后悔，没有用四轮驱动的车。除司机以外大家都下了车，涉水过河在对岸等车。司机选择了一处看似坚实的地段，马力加到最大，一鼓作气，成功了！

过了河没多久，就走上了普通的道路，刚稍稍松了口气，这次又被沙坑拦住了去路。目之所及完全看不出什么，被洪水冲出的坑里堆积的细沙与路面持平，左躲右躲，最终车轮还是陷入了沙中，车身动弹不得。和西拉木伦河边抛锚时有所不同，这附近可没有拖拉机，必须从哪儿叫来拖拉机才行。干等着也没用，王一行截了一辆偶然从这里经过的马车，商量能否让我们搭车到白塔那里。最后以 50 元成交，皆大欢喜。我、王一行和李玉珍三人上了马车直奔白塔，其他人原地待命。

白塔在辽代庆州城遗址内，正式名称为"释迦佛舍利塔"，包括外观在内，保存完好。只是没工夫细看，我和巴士那里剩下的人都还没吃午饭呢。我们三人走入街区，找到餐厅，我点了碗荞麦面。时间已经接近下午 5 点。王一行一通采购，在店里买了鸡蛋和炸鸡，又在外面摊子上买了烧饼，借了一辆摩托车给巴士那儿的人们送去了。正巧那时拖拉机来了，刚刚把巴士拖出来。王一行在送食物的路上看到还有一段沙坑路，所以让拖拉机再多等一会儿，这下起了大作用！再一次让拖拉机帮忙，终于脱险了。

王一行用手机把这些事情告知了在餐厅的李玉珍。为了让没正经吃东西的大家到了之后能立马吃上荞麦面，我先点了单。回程要是还走来时路的话，就要在这里住一晚了，后来听说去林西还有别的路可以走，这才放了心。饭后，我们走另一条路去往林西，没有再停车，两个半小时之后到了。这真是令人意想不到的幸福之路！结果，到达住宿地赤峰时，已经是凌晨0点15分。

承德的抻面

第二天一早，我在赤峰的街上吃了刀削面，特别好吃。至今我都没吃过这么好吃的刀削面。制面师傅是个大姑娘，曾到山西太原学习过制面技艺。在我拍她削面的照片时，她请求我一定把照片寄给她，并且给我留了地址。回到日本后，我如约给她寄了照片，毫无悬念地石沉大海。我想她应该已经收到了吧。

这一日去宁城，参观最后一处辽代遗迹——辽中京遗址。赤峰和宁城过去都属于辽宁省，现在归内蒙古自治区管辖。

建在辽中京遗址中的大明塔，是现存辽塔中最大的一座，高74米。不仅高大，塔身外围雕刻的佛像也很精彩。道路状况良好的话，可以把它与承德相结合，设计出一条新路线来。

接下来去承德，我想在承德吃心心念念的涮羊肉，住一晚，再看一下金山岭长城，就回北京。在这里，最后说说承德的面。

承德特产是白荞面饸饹，"一百家子"的白荞面据说已经有1 000年以上的历史了。清乾隆皇帝每每围猎都要去吃"一百家子"的白荞面饸饹，所以后来这面就成了献给皇帝的贡品。面如其名，白色的荞麦，用饸饹床压出的荞麦面水煮过后，几乎没有任何味道，放入碗中，自己再来调味，加入芥末、韭菜花、蒜泥、辣椒、味精，还有醋、盐等。

Ⅲ 刀削面卤面（赤峰永和顺餐厅）。迄今为止，头一次觉得刀削面好吃。两种卤各有各的美味，面的口感也非常好

Ⅲ 抻面（承德南兴隆小吃街）。此面超乎寻常地美味。面爽滑、有劲，汤味美，是清汤牛肉面

一开始吃的时候，什么味道都没有，感觉这荞麦面不怎么样。后来问了吃法，但是调料按什么比例放比较好还是不太清楚，所以仍然觉得不好吃。我想拍店外用饸饹床制作荞麦面的照片，当镜头对准他们时，对方生气似的大叫起来，不让拍照。

　　后来我又改吃旁边一家店的牛肉面（抻面），这面还是与荞麦面有所不同的，非常好吃。

　　上述我的吃面经历，发生在 1998 年 12 月。这一次来承德，我带大家吃的不是难吃的荞麦面，而是好吃的抻面（牛肉面），结果一片好评。吃这些面的地点在承德南兴隆小吃街。

悼念我友王一行，后悔莫及的川滇行

2000 年 10 月

成都·康定·乐山·峨眉·丽江·昆明

计划相继变更，是不吉的预兆？

这次去四川、云南旅行，理由有二。其一，我当时准备制作 21 世纪中国旅行的宣传海报，计划将联合国教科文组织世界遗产名录中所有中国遗产收录其中，却独缺比较满意的峨眉山的照片；其二，我至今曾多次去过成都，但是从未吃过成都特色宋嫂面和怪味面。此外，我还想顺便去从未涉足过的康定、西昌、攀枝花看看。

这次旅行从出发前开始，就怪事连连。

首先，我原计划从日本飞到青岛后直接换乘中国国内航班去成都，但是出发前一周预定机票时就出了错，发现那天青岛没有可以换乘的航班，所以临时改成先到上海。

之后，到了成都吃晚饭时，接到西安的王一行打来的电话："现在我在西安机场，可是天气状况恶劣，去成都的航班看样子飞不了了。"结果，航班改成了第二天飞，导致两天之后我们才碰面（现在想来，那天的航班一直不飞该有多好……皆晚矣）。

还有，为了能在途中吃上成都的宋嫂面，我早早就从酒店出发，之后一路辛苦到达康定，却因准备工作不足，什么都没看成，就返回了。事情是这样的：乘车去因《康定情歌》而知名的康定。途中的难关是二郎山隧道。2000年尚在施工中，通行时间受到限制，具体的通行时间又没能得到清晰的确认，造成抵达康定时已是傍晚，第二天一早天还没亮我又不得不从酒店早早出发。听说二郎山隧道去成都方向的通车时间到上午11点为止，如果错过了这个时间，回成都就要等到两天之后，所以必须早出发。顺利通过二郎山隧道是先决条件，所以早餐是在过了隧道之后的路边小馆吃的。成都的罗凡大概因为事先没有调查清楚而感到不好意思，就去给后厨做面的打下手。早餐吃的是挂面，但罗凡的

Ⅲ 从康定回来的途中，那是贡嘎山吧

调味水平还算到位。

我想，如果一开始就知道通行时间会受限的话，就有可能不去康定了吧，或者改变行程日期。但是，在到达康定之前路过了中国红军长征的遗迹——泸定桥，还知道了一个叫雅安的小城，当地因挂面制作而兴隆，这倒也不错！

从康定回来的傍晚，在峨眉，我终于见到了王一行。雨一直下，可见度极低，于是我们放弃了登峨眉山，很晚才吃过午餐后，向乐山移动。乐山大佛也被联合国教科文组织列入《世界遗产名录》，可大佛面前的河水依然因污染而呈乌黑色。难道这水永远都不会变得洁净了吗？我的心在痛。

多亏了公安，得到有价值的消息

第二天，天气依然恶劣。大家都说即便上了峨眉山也什么都看不见，所以直奔西昌而去。西昌有中国火箭发射基地。雨淅淅沥沥地在下，我们走在峨眉山东麓，一边望着泸定桥下流淌的大渡河，一边前行。这里还能看见盛开着花朵的荞麦田。有荞麦田，却找不到可以吃荞麦面的店，到底是为什么呢？

车渡过了大渡河，拐向金口河方向。又渡过了一座桥，把车停下来，拍照，再次出发。没走多久，路渐渐变窄了，只能过去一辆面包车，我正嘀咕着这么走对吗，一辆小车强行出现在面包车前面，堵住了去路，我们停下车。是公安局的车。公交人员上了我们的面包车，问："刚才这车里有人在桥那边拍了照，出示一下你们的身份证！"大概是我们拍照时被谁看到了吧。先是中国人拿出了身份证，我最后。他们说："这里属于外国人禁止入内的区域，且禁止摄影！要做下笔录，跟我们回去。"经过刚才拍照的地点，我们被带到了城中的公安局。

那段时间刚好赶上成都正在召开西部大开发论坛，所以我们解释自己是来参加论坛，并考察四川省西部地区旅游开发环境的。公安局的负责人不在，所以花了很长时间，但是公安人员的态度并不是居高临下的，只说这是规定，要我交出胶卷，做下笔录，就让我们走了。

公安人员看不懂我的日本护照和多次往返的签证，总算做完了笔录。我请求他们把胶卷还给我，可最终也没能得到同意。那里面有从康定回来的途中偶然发现的雅安挞挞面的照片，实在太可惜了！

可是，在对我进行调查的同时，同行的中国旅行社的人们却从公安人员那里得到了重要的信息：我们接下来要去的西昌现正流行霍乱，外部车辆要进行消毒；从这里到计划中的午餐地石棉需要 6 个小时，又是未开放地区，只有警车开道方可成行等。听到这些，我们当机立断，中止后面的行程，回峨眉。雨继续下，回到峨眉之后，我们决定无论天气怎样都要上金顶。这个决断让我们遇到了千载难逢的景观，可此时的我们尚毫无觉察。

峨眉山的佛光

乘上峨眉山的缆车，最初看见的风景，只有细雨、雾霭、层云，此外什么都看不清。果然天气还是不行呀！正当我们都感到失望时，突然间，缆车周围变得明亮起来，就像飞机起飞，穿过云层，一下冲到云端的感觉。

云端大晴，山下云海茫茫。峨眉山最有名的景致就是被称作布罗肯现象的佛光。我们根本没有想到会见到，却看见对面云海好像有什么在活动。是影子！我怀疑那会不会是……于是我变换了一下位置、角度，那影子更加清晰了，周围光芒万丈。我赶紧告知大家，没想到大家异口同声大呼"万岁！"这可真是多亏了公安人员！如果不是公安人员把我们带走，我们就不会上峨眉山，那就肯定看不见什么佛光了！目前为止一切的不愉快全部烟消云散。王一行也看着佛光，兴高采烈地说："来年一定有好事！一定能赚大钱！"成都的罗凡登峨眉山得有 30 多次了，也是第一次看见佛光，兴奋异常。所有人都是第一次见到佛光。

可同样也是因为公安人员的盘查，我们不得不大力更改行程。回到成都后，飞昆明，接着去丽江，在丽江住两晚。这些都通过手持电话进行联络，与过去大不相同了。在成都有些时间，最大的收获是去吃最后一种面——怪味面，还有新发现的元子面。时至此刻，尽管节外生枝，但总的来说目的在一点点达成，已心满意足。

Ⅲ 峨眉山佛光

Ⅲ 怪味面（成都徐老八怪味面馆）。怪味是指很奇妙的味道，一般面里有甜、辣、酸、咸味才会叫这个名字。吃过之后，对辣味印象最深

Ⅲ 元子面（成都徐老八怪味面馆）。与怪味面一起在同一家店里发现。元子指肉丸子，因元与圆同音而得名吧。大概因为是在怪味面之后上来的，味道清爽，很不错。成都罕见的不辣的味道

在丽江，我们去了世界遗产四方街和玉龙雪山、鹤庆的街区。我们到达了海拔 5 000 米的高度，天气绝好，玉龙雪山是即便忍受着寒冷，克服空气稀薄带来的困扰，也绝对值得一看的景观。冰河也清晰可见。一切都是那么顺利，当天晚上在鹤庆吃农家菜，回到酒店后，尽管时间很短，我们还是在套房里为北京的付金安庆祝了生日。

王一行住院

第二天早餐前，与王一行同屋的海南的陈国江来电通知我："王一行腹痛，昨晚住院了。"王一行住院也不是第一次了，这才想起来前一天吃晚饭时，他就与往日不同，不大有精神，我只是感觉他肯定又通宵打扑克了吧……听同去医院的付金安讲，他这次腹痛得厉害，即便如此我也没想到还有更坏的结果。

残酷的现实是，前一天晚餐时，是我见王一行的最后一面。他于 10 月 25 日住进了丽江的医院，28 日转移到昆明接受手术，一度有所好转，可 11 月 8 日情况突然恶化，撒手人寰。病因是胰脏坏死。我完全无法想象他居然病得这么重。峨眉山的佛光到底意味着什么呢？

谢谢你，王一行

回忆往昔，自 1990 年我驻在北京事务所期间与王一行相识以来，我们一起去过很多地方旅行。

从陕西省内开始，到山西省的壶口瀑布，湖南省的张家界、天子山，江苏省的秦山岛，四川省的九寨沟、黄龙，湖北省的武当山，新疆维吾尔自治区的库车，云南省的瑞丽、中甸，贵州省的遵义，青海省的格尔木、茶卡，西藏自治区的拉萨、日喀则，江西省的井冈山、瑞金，内蒙古自治区的锡林浩特、索博日嘎等，毫不夸张地说，我所到之处王一行几乎都会出现。

特别是在陕西省内，王一行向我介绍了很多种面：裤带面、趣趣面、油泼面、岐山臊子面、岐山大刀面、梆梆面、摆汤面、饸饹面、炉齿面、页面、抿节面等。王一行常常一大早就陪我跑出去吃面，从来没有露出过不悦的神情。

他患上糖尿病后，为了让他控酒、戒烟，我们制定了罚款制度。患上高血压之后，我们连他最喜欢的麻将也不让他玩了。但是，这个好像禁止得并不彻底。令人担心的高血压并没有阻止他进藏，平安归来的他欣喜若狂……这一切，至今难忘。

　　谢谢你，王一行！

　　从此，烟、酒、扑克、麻将，只要喜欢，就尽情地享受吧！再也没有人烦你，再也没有人罚你款了！

　　合掌祝福。

汕头潮州面和过桥米线的故乡建水

2000 年 12 月·2001 年 1 月

汕头·深圳·建水·河口

"小桂林"肇庆

包括 2001 年新年在内的 1 个月里，我有机会去了两次广州。一次是 2000 年 12 月，有一年一度的中国签约旅行社会议；另一次是 2001 年 1 月，我所在公司的职员研修旅行和与南方旅行社的联谊会。2000 年 12 月那一次，我在到广州之前去久违的肇庆、佛山转了一圈，会议之后又去了汕头。

1980 年，日本威士忌的广告里出现了桂林风景的镜头，谷村新司的歌曲《昴》正流行，引起很大反响。逮住这个机会，1981 年日本新闻媒体对桂林旅行进行了大肆宣传。这使得集客状况超出预想地好，但是也使得中国接待方应接不暇，出现了旅行团出发后却收到中国单方面取消的通知，旅行团到达广州后却没有飞桂林的航班、只得从广州再返回等情况。这些在旅游业内被称作"桂

‖ 肇庆七星岩

‖ 上汤生面（肇庆皇朝酒店）。上汤是由猪肉、鸡骨等上等食材熬制而成的，生面就是湿的生面条。汤
很美味

林事件"。那时候，去不了桂林的日本游客该怎么办呢？广州旅游局推出以肇庆游作为替代方案，把游客引向那里，鼓吹肇庆风景之精彩绝不输桂林。在那期间我曾多次去过肇庆，这一次真可谓久违的故地重游。

我很期待肇庆那素有"小桂林"之称的七星岩和鼎湖山的山水景色。这鼎湖山上建有日本僧人荣睿的纪念碑，鉴真和尚第五次东渡时，荣睿同行，结果遇海难，在此地辞世。我记得，肇庆是在日本也大名鼎鼎的端溪砚的产地，作为旅游胜地，具有其独特的魅力，但是同桂林相比，整体规模还是有差距的，所以作为桂林的替代地很难满足游客的需求。肇庆是一个处在经济开放政策浪潮中的城市，百货店、餐厅、购物中心相继建成，与过去相比，发生了翻天覆地的变化。

这次住宿的皇朝酒店的气势非常令人震惊。一条100米长的走廊笔直地延伸出去，无出其右。

在这家酒店里吃晚餐，上了上汤生面和炒粉。上汤是用猪肉、鸡骨等炖出的高汤，的确，这汤的味道非常棒。

第二天早晨，我在酒店前面的餐馆里，吃了广东特色云吞面。广州的面，只要是汤面，十之八九会不好吃。这种面果真毫无意外地不怎么样，但云吞很好吃，皮薄，入口即化。这家店的菜单上有濑粉，询问得知，是米粉圆子。

这天晚上，在会议之前，广东旅游集团公司的招待宴会在鸣泉居召开，利用之前的一点儿时间，我从七星岩到鼎湖山转了转，又去同样久违的佛山祖庙看了看。佛山的石湾陶瓷工厂很有名，我在那里再次领略了石湾陶瓷造像及砖雕建筑之精美。

因刺绣闻名遐迩的汕头

旅行社会议和联谊会结束后的第二天，参会的旅行社的人分成两路，开始旅行。海南岛线和汕头线，我选择了汕头。鸣泉居是别墅式酒店，占地面积广，周围空空如也，所以我们早餐去广州白云国际机场内的餐厅吃了上汤伊面，这是伊面中少有的好吃的面，但是不知为什么早晨只卖套餐，加上粥、包子，一下子收了我45元。

登机手续办理得很顺利，但是迟迟不起飞，说是有1人尚未登机。经查得知，是我们一行人中的徐军还没上来。我们的领队、广东国旅的黄玉云请求机组人员："他去厕所了，麻烦再等一会儿！"起飞时间为此延迟了20分钟。等徐军一上来，就被要求坐在前面的头等舱里，远远地与我们隔开。本该坐后面经济舱的人，因为迟到反倒坐上了头等舱，这是为什么呢？我们一个个都羡慕不已。

汕头机场降落后，我们向徐军询问实情，原来是因为约好在机场见面的友人来晚了，他又带了东西要交给友人，所以迟迟没能登机。坐头等舱也是因为航空公司觉得他可疑，要隔离观察。

总之，全员平安抵达汕头，向着第一目的地潮州出发了。最先映入眼帘并令人大吃一惊的是招牌上的文字——"猫肉火锅"。问汕头人这是真的猫肉吗，回答说是的。只听说过狗肉火锅，这猫肉火锅可是第一次见到。

去潮州的途中，我们参观了岭南第一侨宅——陈慈黉故居。建筑外观让人一下子想起客家土楼的窗户，故居占地面积广阔，据说有居室500多间，是值得一看的一组建筑。

被评定为国家历史文化名城的潮州的名胜，有架设在韩江上，被称作四大古桥之一的广济桥（湘子桥），纪念唐代文学家、曾任潮州刺史的韩愈的韩文公祠，内有陨石雕凿的香炉的古刹开元寺等，但是对于日本人来讲，好像都不太熟悉。与之相比，日本人更了解的是潮州菜。听说如今在北京，潮州菜也大受欢迎。潮州菜一般以海鲜为主料。我来潮州的主要目的是吃正宗的潮州炒面，所以在白玉兰酒店吃午餐时点了这种面。我猜面里会不会用了海鲜，结果完全猜错，是用肉丝、韭黄、香菇来炒的。太过油腻，一点都不好吃。

从潮州回汕头。精细、单色的汕头刺绣非常有名，我要求参观一下刺绣作坊。我想一般都会有像苏州刺绣研究所那样的地方，可以参观制作过程，肯定还有售卖成品的店，可汕头好像没有这样的地方。据说是家庭制作再收集起来。但是我最终还是找到了一家可以参观的小规模作坊，有4名绣工。便宜与否我

Ⅲ 潮州炒面（汕头）。面是用韭菜和肉丝炒的。味道要比潮州白玉兰的好得多，但也谈不上特别好吃

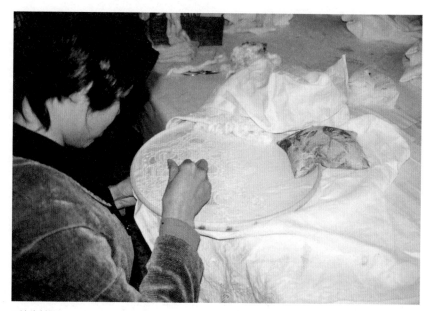

Ⅲ 汕头刺绣

Ⅲ 潮汕素果

不甚清楚，总之，手绢 100 元，桌布 350 元。中国旅行社的"娘子军们"要集中购买，所以热火朝天地跟人家讲价，可是人家一分钱都不给便宜。

晚上，汕头旅行社主办宴会。听说我喜欢吃面，除了潮州炒面以外，特意另外准备了潮汕素果和牛肉丸汤粉两种小吃。味道嘛，两种都还可以。潮汕素果是素炒乌冬；牛肉丸汤粉，我本以为是米粉，其实是粉丝。粉，有时指米粉，有时指粉丝，所以吃之前有必要先确认。

听说汕头有名的景致是音乐喷泉。喷泉在市中心的广场上，每晚 8 点 30 分开始随音乐起舞，喷射出各种造型。于是，饭后大家一起去看。话说我们在汕头住的汕头帝豪酒店，是新建成的五星级酒店，很气派，遗憾的是，位置偏离市中心，早晨找不到面吃。

途经革命根据地海丰去深圳

第二天上午，我们计划去海丰，途经纪念南宋英雄文天祥的莲花峰和唐代创建的灵山寺。如果两处名胜都要看的话，那么下午 2 点左右才吃得上午餐，所以把灵山寺的行程取消了。这个决定一经宣布，中国伙伴们欢声一片。看来我设计的日程还是有些紧张了。

没去成灵山寺，得以正好在饭点儿（刚过 12 点）抵达事先约好了午餐的海丰华丰宾馆。这里的潮州炒面，是这次旅行中最好吃的。

华丰宾馆的前面有牛腩粉和牛肉丸粉的摊档，汕头的牛肉丸粉终归是这一带的特产吧。我在香港地区见到的潮州面的相关介绍说，潮州面的特征是在一口大圆锅里炖内脏。面和广东的一样，有生面、河粉（宽米粉）和米粉三种。这面的历史可以追溯到 100 年以前，好像之前牛的内脏只能丢掉，后来为了不浪费，就开始想法儿加工成可以吃的。我原以为牛腩粉是广州的小吃，现在看来是潮州的。

海丰同陆丰，被称作海陆丰革命根据地。海丰，曾经建立起苏维埃政权，革命遗址是红宫。此建筑物过去是孔庙，是红色的，大概因此而得名。可海陆丰苏维埃政权的创建者彭湃的故居是纯白色建筑，和红宫形成了鲜明的对比，

III 牛腩粉摊档（海丰）

III 牛肉面（深圳海景酒店）。与中国大陆各地的牛肉面不同，颇具香港风味，着实美味，看着就漂亮

很有意思。参观过这两处遗址，我们乘巴士一路直奔深圳。

深圳成为经济特区之后，发展速度是惊人的。身为外国人的我，只要拿出护照就可以了，但是中国人除了身份证，还必须另外提交通行证。因为事先通知了中方参团者，所以我觉得应该没有什么麻烦，可还是有 3 个人因为没有通行证被卡住了。广东国际旅行社的李载荣副总经理全力斡旋，最后全体得以通过，可是大家都有些不满情绪。为什么呢？从海丰到深圳的路上没什么可干的，很无聊，于是我们下注赌到达深圳酒店的时间，结果浪费掉的时间却令我侥幸赢了钱。

在深圳的中华民族文化村，为了给这次旅行的最后一夜添上美好的一笔，我们观赏了民族狂欢游行。超大规模的演员阵容，声势浩大，但是音响震耳欲聋。游行晚上 7 点 30 分开始，持续了大约 1 小时。游行结束后，我们在附近的海景酒店吃晚餐。那里的牛肉面，和中国其他地方的牛肉面都不同，或许可以称作是港式牛肉面吧，味道好极了。

从东莞到昆明、建水

旅行归来还不到 1 个月，我再次向广东出发了。可谓我的"21 世纪第一次出差"。

正午过后抵达广州白云国际机场，晚上举行我所在公司和中国南方旅行社的联谊会，所以我决定利用这段时间去参观位于东莞的虎门要塞。

很意外，中国旅行社的很多人都没有去过，最终聚集了 20 人一同前往。鸦片战争时的虎门要塞，在影片《鸦片战争》里，被刻画得无比壮烈。要塞比我想象的大很多，作为历史遗迹，很具有参观学习的价值。虎门要塞所在地东莞受益于改革开放的经济政策，发展非常迅速。作为深圳与广州的连接点，虎门大桥、番禺大桥相继建成，使得交通变得更加便利，这也是其快速发展的重要因素吧。

联谊会结束后的第二天早晨，我们飞向昆明。早餐吃的是去年飞汕头之前去的那家机场的上汤伊面。飞机上播报昆明的气温是 5 摄氏度，这可比广州冷多了。

去云南省时，我和前一日来广州参会的云南中国旅行社的苏敏同行。这一次的目的地是南边的建水和与越南交界的边境城市河口。其实游客到昆明后必吃的特色过桥米线的发祥地，是这次要去的蒙自、建水。

从机场上高速，直到玉溪，都是走过的路。抵达昆明时的气温就像预报错了一样，路边的油菜花正值盛开。

我们在通海的秀山山麓的熙苑宾馆吃午餐。熙苑宾馆的汤菜很多，大概是它的特色吧。上了三鲜面。

餐罢，一路直行，去建水东边的燕子洞。从春到夏，会有几百万只岩燕飞到这里，因此得名，可当时是1月，一只燕子都没见着。不过，我想如果真有那么多燕子，那就很有必要当心燕子们的掉落物了吧。钟乳石洞中有带马达的小船，游客可以乘船游览。正因为是燕子洞，所以洞窟里有喝燕窝粥的地方，生意不错。我查了一下，能做食材的燕窝是金丝燕的窝，而不是岩燕的。而且燕窝的主要成分应该是海藻（也有说是燕子的唾液），可是这里离大海有相当的距离。这样看来，洞窟里喝到的粥到底是用哪里的燕窝做成的呢？

晚上7点，我们抵达建水的朱家花园饭店。这家酒店是由旧民居改造成的，只有28个房间，院子倒有42个之多。非常有情调，我很喜欢。只可惜到得太晚了，没有拍照。建水是过桥米线的发祥地之一，所以我急切地想吃到嘴里，大概是因为催得急了，汤是温暾的，正宗的米线没能令我满意。除此之外还有冷的叫作"卷粉"的小吃，就是粗米粉，像是饵丝。

晚上，我在街头散步，其实是为了找卡拉OK，桂林来的曹玉民因为吸烟被我罚款，代替罚款，他要请我们唱卡拉OK。卡拉OK倒是有两家，但是都没有包房，结果就没去，换成了在街上散步。街上有很多卖建水特产烤臭豆腐的店，我也尝了尝，感觉如果在酱汁上再多下点功夫的话，会更好吃。

大概是没吃酒店里的过桥米线的缘故，我的肚子饿了，于是吃了烤臭豆腐汤粉，味道不错。

Ⅲ 过桥米线（建水朱家花园）。很期待正宗的过桥米线，大概因为催得急了，汤有些温暾，与一般的过
  桥米线吃法无异

Ⅲ 过桥米线（建水临安饭店）。在这里理解了过桥米线名称的另一个由来，用筷子把米线挑进汤碗里，
  样子很像在过桥

过桥米线名称的由来

第二天一早，我出去散步时发现了临安饭店，就把大家带了过来，为的是吃地道的过桥米线。这家店的米线和以往吃过的任何一家都不同，汤和生鲜食材不是分开上的，煮好的米线和加了生鲜食材的汤，分别盛在两个同样大小的碗里。看着食客们用筷子夹出米线浸了汤（或者把米线全部倒进汤里）来吃，我恍然大悟。陕西科学技术出版社的《中国面条集锦》，记述了两种过桥米线名字由来的说法。一种说法很常见，应试的秀才离家在孤岛上（蒙自南湖的湖心岛）苦学，妻子每天送来保证热乎的饭菜；另一种说法是，汤和米线的容器是分开的，夹起米线来吃的这一形态，很像在两个容器间搭了一座桥。这是怎样的一种形态，我一直不太理解。在这里，我终于明白了！两个同样大小的容器，一个盛汤，一个装煮好的米线，用筷子夹起米线放进汤里的那一刻，的确看起来像在两个容器间搭起了桥。

我本想在离开酒店前拍朱家花园的照片，可是天气很糟，亮度一直不够，就没有拍，实在太遗憾了！

建水城中，值得一看的景致比我预想的要多，将来大有可能推出一条和昆明组合在一起的不错的路线。说到可看之地，我首推文庙（孔庙）。这是模仿山东省曲阜的孔庙建造而成的建筑，规模却大了很多。很多部分尚在修复中，令人期待。其次是相当于建水城东门的朝阳门。说到重要文物，要数清道光年间修造的双龙桥。另外这里水质优良，远近闻名，城里到处是水井，古井的井石长年被井绳摩擦，有的已经变得非常光滑。东井和西井尤为有名，东井是红河州的重点文物，西井的水更获好评，至今都能看到西井的水装进铁皮罐里进行售卖的场景。

出了建水城，再向南，去看元阳的梯田。我们先在元阳的餐馆"干巴大王"填饱肚子。好像这里的特色是被称为"干巴"的牛肉干。在这里我还吃了酸菜粉，不好吃。这时，开始变天了。餐后，渐渐进入山道，最初见到的甘蔗田、香蕉园全部笼罩在雨雾中，什么都看不清了。照片上看到的呈几何图形的广阔的元阳梯田最终也没能出现在眼前，我只在没有雾的山下拍了几张小梯田了事。

车行方向的右手边是元江（流至越南境内是红河），我们一边眺望着江景，一边向与越南交界的边境城市河口移动。这条路的路况令人意想不到。先是在县道遭遇道路施工，路上一堆堆的石头，车根本无法通过，最好从这里返回建水再走其他的路。可司机说这条路就可以，总之，经过交涉，我们付钱给停在那儿的推土机，让其为我们铲平了道路。看到施工路段尽头写着"祝您一路平安"，我们只能苦笑。

　　驶出坑坑洼洼的县道，上了国道，以为终于可以松口气了，没想到情况仍然不容乐观。周围天光尚亮时，能观赏到元江或香蕉园的景色，还算不错，可是到达曼耗景区时，天已经黑了。从地图上看，元江与目的地之间，到曼耗走了还不到一半的路程，却已经花了近三个半小时。因为要吃河口特色"大壁虎"，这天的晚餐安排在河口，但我们决定取消河口的晚餐，改成在曼耗吃，可司机说从这里开过去两个小时就能到，所以反对改餐。他还说即便我们改成在这里吃，他也不会吃，他执意要自己去河口吃晚餐。泸州饭店的菜味道真不错，我们吃得非常满意。这一带餐厅不太好找，客人以司机居多。

　　30分钟内结束了晚餐，我们再次出发时，已经漆黑一片，没有一点亮光。餐后一时恢复了元气、聊得热火朝天的伙伴们，终于开始犯困，沉默不语了。右手边可能是元江，但是什么都看不见。左手边满是香蕉园。一棵棵香蕉树在车灯的照射下，树干变得巨大无比，树影婆娑，妖魔鬼怪一般突兀出来，看上去很诡异。人迹全无，连经过的车都没有，更别奢望找谁问路了。依旧黑暗、颠簸的路上，车子无法加速，只是在持续地向前而已。

　　结果，到达河口的酒店国际公寓花了将近6个小时，已经是凌晨1点41分了。以为两小时就能到，一直没吃饭的司机，是多么苦命啊！

越南国境附近

　　早晨起来看窗外，原来我们住的酒店在火车站附近，而且离越南国境非常近，从窗口可以看见越南人家。我赶紧跑出去散步。餐馆林立，招牌上都写着"卷筒""米粉""米线""面条"。卷筒像是越南的一种食品，把米粉糊摊在铁板上烤成薄饼，再卷肉、菜等，非常好吃。米线和米粉的区别在于宽窄。我在不同的店分别吃了米线和面条，两家的汤的味道都没的说。每家店的桌上都备着盐、味精、辣椒油、酸菜，食客可以根据自己的喜好来调味。

这是行程结束之前，特意深夜赶过来，好不容易才到达的地方，于是大家在国境附近合影留念，然后去了自由市场。正走着，大喇叭里响起了曾经在哪里听过的歌曲，仔细一想，原来是谷村新司唱的《昴》。在自由市场还得知，原本应该在昨天吃的他们所说的大壁虎，其实是变色龙！这东西怎么能吃呢？我由衷感叹，昨天弄得那么晚才到，真是太好了。

这天，我们要乘巴士到昆明郊外的石林去。我真发愁还要走昨天的那条路。可出发了，就看出跟昨天的路不一样。道路铺设得很好，车可以以正常速度行驶。好像前一天还是司机走岔了路。以前他来这里时就是走的前一天的那条路，但是新路建成，那条路就被废弃了，怪不得昨天一辆经过的车都没有。道路两边的山上，有菠萝田和大片的香蕉林。这一带居然出产如此大量的香蕉和菠萝，

Ⅲ 彝族拌面（路南）。葱花、虾皮、肉酱加大量辣椒炒制而成。超级辣

这是我没有想到的。处处可以看到漫着水的梯田。我们在下午 3 点 30 分才到达过桥米线的故乡蒙自，遗憾的是，地道的过桥米线只吃了建水这一处的。

从开远到石林，有高速路一样的道路相连，到达石林所在地路南时是晚上 8 点。路南是彝族聚居地，这天晚上，酒店里上了彝族的拌面。酱是放油炒大葱、海米、肉之后再炒的，特别辣。

一早，我在酒店前面的阿诗玛快餐小吃店吃的炸酱粉。这里的炸酱粉是带汤的，所以也可以当早餐吃。而且米粉即便煮过了头，也很筋道，很好吃。在日本为什么就吃不到这样的米粉呢？想不通。我还吃了云吞，皮薄，入口即化，也不错。

餐后，我们没有去大石林，而是去了一般游客不会去的乃古石林参观游览。没有什么游客，更没有小商贩，很好。石林本身也不错，特别是登上石林俯瞰全景，很有意思。

从这个安静的石林到昆明大约需要两小时。

河南羊肉烩面和念念不忘的福山拉面

2001 年 3 月

开封·长垣·安阳·长治·洛阳·潢川·烟台·潍坊

大雪纷飞的开封

2001 年 "Holiday"（我所在公司主推的旅游产品）的说明会在河南省郑州市召开。这是和河南省旅游局副局长约好的，他来日本时曾邀请我这一年一定要去郑州。仔细想想，我好歹也是河南省旅游局的顾问，可是自 1994 年驻在北京到返回日本以来，一次都没有去过郑州。

会议之前，我先去了开封，这是我喜欢的一个城市。从宋都御街远眺与之相连的龙亭，景色不错。第一次来这个城市是 1989 年 1 月，日本昭和天皇驾崩的那一天，我从日本出发来到中国。我想起来了，那一年异常寒冷，从郑州到开封途中，想顺路去三国遗迹官渡看看，可十年一遇的大雪造成路上积雪达 20公分，车陷在雪中动弹不得，害我们只得步行过去。接着，到了开封以后，夜

‖ 宋都御街（开封）

‖ 羊肉烩面（开封）。河南烩面的面本身就很有特点。一开始先把面抻开，再对折，接着纵向扯碎，所以面较宽，羊肉汤是命根子

里我们驱车从住宿地东京大酒店到开封有名的夜市去时，路面结冰，车速还没有自行车快（中国没有绑防滑链的习惯和规定）。夜市里开张的小店稀稀拉拉，冷清极了。

这一次我们没有住在远离夜市的东京大酒店，而是要求住在夜市附近。抵达郑州机场后我马上去开封，办了入住手续就去夜市找吃的。夜市摊档非常热闹，这次旅行一行10人，但能一次容纳10人用餐的地方似乎并不好找。最后我们决定专找能吃烩面的店铺。常识是，客人不多的店一定是不好吃的店，能空着10个座位的店果真是不会好吃的。端上来的羊肉烩面只看一眼就知道"糟了"，我把粗面换成了细面，粗面很糟糕。我往面里加了盐和辣椒调味，只吃了一碗，可其他人都没有吃完，剩下了。连以往在口味上从不挑剔的付金安都剩下了，可见这面的味道不是一般的差。

烹饪之乡长垣

开封的早晨，我一边散步一边找面，可这里和西安一样，面馆都没开门。夜市营业至凌晨3点，那么早晨开张就要迟些了吧。不找了，我和那次去西安回民街一样，早餐吃馕一样的锅盔，就着羊肉汤。

我已经10年没有来过开封了，这次是第4次来，游览的话，只去我喜欢的宋都御街和龙亭，还有新建成的主题公园"清明上河园"就可以了。清明上河园是以北宋画家张择端的画作《清明上河图》为主题修建的，画中描绘的是宋都汴京（今开封）的繁荣景象。如果忠实地再现当时的情景的话，那么里面就一定有能吃面的地方。正如我所期待的那样，这里面再现了食街。我们走进街中的孙羊面馆，点了开封的大众传统食品鸡蛋烩锅面。孙羊面馆店名里的孙羊，据说是北宋时期很有名的餐馆的名字。面的味道真不错，但是我更期待接下来要去的"烹饪之乡"长垣的各种面，所以在这里我只吃了三成饱。我边和店主聊着"既然已经再现了北宋城市的繁华，那何不再现一下北宋的面呢"，边走出店外。猛地，写着"滚刀面·北宋徽宗时期特色"的招牌映入眼帘。果然做着面啊。我赶紧问是什么样的面，答说是切面，所以就没点来尝尝。可回到日本后我查了得知，是用齿轮样的工具切出的面。还是应该点一份尝尝啊！悔之晚矣。

这个清明上河园在当时看来，感觉还缺少些什么，再多一些大众喜闻乐见的节目还是很有必要的。

车向东走了一会儿，又向北，过了黄河，"烹饪之乡"长垣到了。大连出版社出版的《中国面条500种》中介绍了7种长垣的传统面食。我事先指定了想了解的其中一种——品锅面。河南旅游公司的人先到长垣考察后联络我，说在体育场名吃城发现了这种面，这天就计划在这里用餐。我们去了一家店，旅游公司的人给我看他们认为叫作"品锅面"的面，结果不是品锅，而是吊锅，吊锅指的是大型的木制饸饹床。可怎么看都觉得和品锅面不尽相同。原本需要用到饸饹床的，是掺了缺乏黏性的莜面或者荞麦面的杂面，可是这里用的是黏性很好的白面，压面时，生面附着在饸饹床上面，效率非常低。因为用了吊锅，压出来的面就叫"吊锅面"，端上来的是一碗无滋无味的汤里加了些番茄片的面，如果不就着菜吃就完全无法下咽。

接着端上来的是猪肉和蒜薹做的炝锅面，面是扁平的，看来不是吊锅压出来的。稍稍有些咸味，但是不好吃。结果，辛辛苦苦考察后找到的面，却完全弄拧了，真没辙。

甚是无趣，于是我出来找其他的面。途中在巴士上看到写着"焖面"的大牌子，于是进了这家店，准备点焖面，不承想会做焖面的大师傅不干了，所以没法做。

结束了令人大为不满的午餐面，车继续北上，经过濮阳、安阳等河南省历史名城，一时间进入河北省临漳界内。这里是三国英雄曹操大败袁绍后筑起的都城的遗址，曾建有著名的铜雀台。虽指定为"全国重点文物保护单位"，却任其荒废。由曹操筑起的包括铜雀台在内的三台（另外还有金凤台、冰井台），如今只剩了土堆。破旧的说明牌立在那里，上书"这里将复原各种古建，建成旅游区"，可是完全看不出任何迹象。比起开发，我真希望能够认真加强保护、管理。

‖ 开封清明上河园食街

‖ 鸡蛋炝锅面（开封清明上河园）。开封非常有名
的面食之一。锅里放鸡蛋就叫鸡蛋炝锅面。面
是挂面，但是汤味很棒

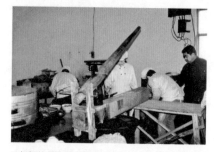

‖ 长垣的吊锅（木制饸饹床）

‖ 吊锅面（长垣体育场名吃城）。吊锅制作出来的
面就叫吊锅面，可这面并没什么味道，面里只
有4片番茄

‖ 炝锅面（长垣体育场名吃城）。面的形状是扁平
的，所以不是吊锅面，手擀面炝锅，这面一样
没味道

从安阳到洛阳

在安阳，我早餐吃了炝锅面。店里提供海带做的凉菜（口感像是腌菜），我让他们把凉菜倒进面锅里。也许是心理作用，好像海带的鲜味全渗入汤中，这天的炝锅面真棒。

安阳殷墟遗址十分有名。这天的行程比较紧，而且我之前去过了，所以殷墟博物馆并没有在此行的计划里。但是令我惊讶的是，这次同行的中国旅行社的人们，除了河南籍的以外，大家都是第一次来安阳。既然如此，那起码也该让大家认识一下大门吧，于是一大早8点就去了，也太早了，当然要让大家进去看看。11年前，我曾来过一次殷墟，是河南省旅游公司的张晓平陪我来的，这次他也同行。记得那时，安阳旅游局向我征询关于殷墟的意见和建议，我说规模如此庞大的妇好墓，如果只在地上立块碑就没什么意思了，能否考虑把展示做成立体的，能够看到地下部分就好了。这次参观时看到的确像我所说的那样，看来是听取了我的建议，不胜感激。

参观过不在计划之内的殷墟博物馆，计划好的时间自然要稍稍延迟了。接下来的路线是，经过林县红旗渠，穿越太行山脉，到山西省长治。

此行的目的是长治的三和面。到了看过才知道，三和面是三种面粉混合在一起的杂面。这天吃的是白面、玉米面、豆面混合的，有时候也会用荞麦面代替玉米面。这次是在虹桥酒店吃的面，这家店用的是事先做好的挂面，所以大概是想弥补长垣的遗憾吧，张晓平想找到可以观摩的制面现场，可找了一大圈，结果没找到。最先上来的是用三和面做的炝锅面，豆腥味过重，不好吃。接着上来的是卤面，卤是肉卤和鸡蛋卤两种。肉卤面要比炝锅面好吃些。最后上来的不是三和面，而是刀削面做的素炒刀削面，这个最棒。

看地图，长治与晋城之间有很多佛寺、道观。没有太多时间，我决定去最具代表性的位于高平的定林寺，可找了个底朝天，怎么也找不到。向途经这里的人打听，没有结果；因为要去山西，原来在山西省旅行社工作，现在在上海生活的彭江川这次特意与我们同行，可一样帮不上忙。找来找去，30分钟过去了，后来听说去那个寺的路，大型巴士恐难通过，于是放弃了，直接去洛阳。

接近了黄河，黄沙漫天飞舞，太阳变成了白色。这才 3 月上旬，黄沙似乎比往年来得早了很多，正琢磨着，黄河却已尽收眼底。忘了是哪家旅行社把洛阳黄河大桥作为游览的亮点推出，可是使用的照片看上去还不如三门峡大桥，害我也没有拍照的心情了。过了这座桥，到洛阳的酒店不到一个小时。黄河到洛阳市内的距离比我想象的要远。

在洛阳，旧友、某旅行社的洪总为了久违的再会而准备了宴会。如果出席宴会，那我这次目的之一的吃洛阳浆面条就不能实现，因此我婉拒了，可是洪总却说可以从外面把面条买来，于是我出席了宴会。印象中，1992 年吃这面的时候，面在豆浆中，一点儿都不好吃，但是这次加入辣酱和韭菜花重新调味后，还算过得去。洛阳的另一特色洛阳炒面是特意让酒店为我们做的。洪总介绍说，洛阳炒面的特色是加牛肉和孜然。

全体成员之前都来过洛阳，就不游览了，为了赶上下午郑州的会议，只顺路去了玄奘故里偃师。这玄奘故里只修了漂亮的大门，不建议为了这个专程跑一趟。但是，从洛阳出发后就会经过白马寺，也许把这两处都放进郑州的半天日程里，就比较合理了。

时间不够了，所以我只拍了河南博物院建筑的照片，之后就去以郑州为根据地的隋东标推荐的羊肉烩面馆吃午餐。为了一雪开封羊肉烩面差评之耻，隋东标找了这家名为"马记餐馆"的面馆，是家清真馆子。食客很多，令人期待。被端上桌的烩面热得烫手。大家，特别是郑州当地人，都关注着我的第一反应。一口吃下去，"好吃！"一块石头落了地，大家欢声一片。真的是好吃！羊骨炖出的浓浓的白汤，仔细看，汤里有海带，更增了鲜。面宽，有点硬，配合这汤，恰到好处。这面的制作方法也有趣，非拉，非扯，更不是擀。两手揪着细长的面剂子两头，像表演绸带体操那样有节奏地甩动，然后扔进锅里。我吃了 2 两（约 100 克），在开封几乎什么都没吃的北京的付金安吃光了 4 两，曾说过"面，只吃兰州拉面"的兰州的常立新吃了 2 两，好像用餐只在高档餐厅的北京的董路也把 2 两面吃了个干净，看来大家都觉得好吃，这是没跑儿了。

▎三和面的炝锅面（长治虹桥饭店）。三和面是三种面粉混和制成的杂面。这面是白面、玉米面、大豆面制成的，用这种面做成的炝锅面，豆腥味很大，不太好吃

▎三和面卤面（长治虹桥饭店）。拌上卤来吃的，豆腥味不像炝锅面那么重，但一样不好吃

▎从外面买回来的浆面条（洛阳）

▎洛阳炒面（洛阳）。洛阳名小吃。特点是面里用了牛肉和孜然调味

▎羊肉烩面（郑州马记餐馆）。无论是羊汤还是面本身，这碗面都很正点，美味异常

念念不忘的福山拉面

会议顺利结束后的第二天一早，我们乘上去往信阳的列车。曾在信阳工作过的郑州的王文佳与我同行。目的地并非信阳，而是信阳以东90公里处的潢川，那里有历史在1000年以上的唐家贡面，曾被登载在《人民中国》上。

1999年6月刊的《人民中国》上曾报道过，"如细丝一般中空的'空心面'是河南省潢川县的特产。唐代曾经作为贡品进献皇帝，是具有1000多年历史的面。"潢川县政府的工作人员为我们准备了宴会级别的午餐，但是好像没有带我们去参观制面工厂的意思。工作人员带来了空心贡面的成品挂面，让我检验一下是否空心。和1991年6月检验河北省藁城的宫面一样，抽出一根，伸进杯中的茶水里吹气，冒泡了，说明是空心的，错不了。接着，用空心贡面做的清汤面上桌。熬得很浓、泛着黄色的鸡汤，咸淡正好，味道鲜美。汤汁浸入面的空心中，使得面变得美味起来了。

面的制作方法属于企业机密，所以最终也没观摩成。藁城那次也是一样的，那么细的面中间的孔是怎么生成的，同样是企业机密。面粉和成面团之后，无论怎么拉长、揉小，过一会儿还是会回到原来的状态，如果思考一下面的这个特性，就会马上明白了。或者想象一下拉抻金太郎糖（无论怎么切，横断面都一样的糖）的情形。

原本打算从潢川去武汉，然后去孝感看桃花面的，后来查了一下得知，一大早有武汉飞烟台的航班，所以变更了行程，决定去吃福山拉面。1996年去时吃到的是假冒福山拉面，1997年去时又因错过了营业时间没吃成，所以这面无疑成了我的一个心病。

为了能在烟台福山吃到正宗的拉面，我们预约了西苑宾馆。这里的面点师吕序磊师傅是曾经被称为福山"面点王"的王宝恒的弟子，值得期待。中午11点到了宾馆，说是刚刚开始准备，还需要1小时左右。我在这里稍稍看了一眼后厨，就到福山街上去找上次没有吃成的那家餐馆。

据说，与蓬莱小面相对，这福山的面被称作福山大面。我想在街上找找看有没有这样的招牌，结果没有看到"大面"字样，统统是"福山拉面"。刚开始找时，有点转向，最终还是找到了上次没吃成的那家店，终于可以吃到期待已久的面了。我要了牛肉面，他们知道我要拍面的照片，为了造型美观，特意给我多加了牛肉，成了特别定制。看照片就知道了，托他们的福，一点儿面都看不见了。面稍稍有些粗，筋道，确实好吃。稍显遗憾的是，面煮过之后过了一下水，整体就变得温暾了，好像这本来就是福山拉面的特色所在。

回到西苑宾馆等面。在这里，吕师傅为我们做了三种面，即福山拉面、鲁面，还有伊面。据吕师傅讲，福山拉面和兰州拉面的区别在于拉面时是否在案板上摔打。福山拉面要摔打。关于面的学习，吕师傅很用功，从他的笔记本就能看出，可遗憾的是，他做的面有些令我失望。一方面，后厨离我们用餐的地方太远了，面端上桌时都变得温吞了；另一方面，有的面都没有汤了。本来，福山拉面都是盛在砂碗里来吃的，所以我最后抱着期待的心情要求再做一碗不过水的福山拉面，可还是不尽如人意。本期待着能在这里吃到好吃的面，所以在街上那家店里，我只吃了一点点好吃的福山拉面，太后悔了。

这天本计划去登云峰山的，因山上有郑道昭石刻，所以这座山在书法界非常有名。可是在西苑宾馆的用餐时间太过漫长，所以就没时间去了。

晚上，我在潍坊发现了另一特色春面。至今寻它千百度，一直未能见其真容。春面的样子像乌冬面，很粗，面里要搭配春天的应季蔬菜，所以叫"春面"。这一天的配菜是菠菜、葱和蒜薹，春意盎然，另外还有鸡胸肉和虾。这家店里还有在同样的面上加肉丸子切片的做法，即肉丸子面，汤的味道与春面相同。

自从青岛开通了国际航线，山东省真的变得离日本很近了。即便此时我尚在潍坊，第二天就可以从青岛飞回日本。

听闻山东省有这样的说法，"送行饺子接风面"，意为"朋友远行要吃饺子相送，朋友归来要吃面为之接风"。再多说几句，饺子的日语发音为"gyouza"，其源头就在以胶东话为语源的烟台一带，当地发音为"gyouzu"。

另外我还听说这"送行饺子"有时被说成"滚蛋饺子"。意思嘛，就不做解释了。

‖ 吕师傅的福山拉面

‖ 路边制作福山拉面

‖ 春面（潍坊）。面如乌冬面一般
　粗细。面的配菜要用到春季的
　应季蔬菜，因此得名。这碗面
　用菠菜、葱和蒜薹来表示春意

四处世界遗产与红烧牛肉面、早堂面

2001 年 4 月

乌镇·黄山·安庆·天柱山·九江·庐山·黄石·武汉·

钟祥·荆州

　　迄今为止，考察中国各地的旅游资源的同时，我几乎吃遍了各地有特色的面或者像兰州牛肉面这样在全中国普及的面，写下了如此拙劣的文章。回顾发现，就差安徽省了。倒也不是因为还没去过安徽省。驻在北京之前，我就去过安徽省最具代表性的名胜、《世界遗产名录》中的黄山。1989 年 1 月，在日本昭和天皇驾崩日，我从成田机场起飞，由河南省开始，去安徽省的亳州、寿县、合肥、芜湖转了一圈。此外，驻在北京期间，我还去过黄山、九华山、凤阳、滁州等。可是，我对旅途中吃过的面的印象比较浅，要说与其他地方不同的面，留下印象的只有亳州的羊肉板面尚未写到。说起板面，河南省新野（刘备一度为此地领主）的最为有名，我还没去过。

　　制作板面，先把面团擀成片，切成几道宽条，两手捏住宽条的两头拉抻，同时在案板上摔打两三下。摔打可以使面条口感更好。我记得亳州的板面，咸味与羊肉味完美融合，味道很棒。

我写文章的目的在于，一边介绍中国的旅游资源，一边介绍各地独具特色的面，如果少了安徽省，也许是本书的一大欠缺，因此最后一章要把安徽省纳入其中，就这样，我利用2001年的"五一"黄金周假期，去安徽省、江西省、湖北省转了一圈。

安徽省又产生了新的世界遗产，作为"安徽古村落"被收录的有宏村、西递村，我打算先去这些地方。湖北省也有新的世界遗产被收录，即钟祥的显陵，我打算接下来去那里，最后考察一下安徽省黄山和江西省庐山的最新旅游情况。以上为此行之目的。

先到乌镇

从上海有航班飞到黄山，但是自从上海浦东国际机场投入运营以来，当天换乘中国国内航班变得非常不便。从国际线的浦东机场到国内线的虹桥机场（当然，也不是所有国内航线都从虹桥出发，从浦东出发的也有），大约需要1小时。不过，想想日本成田机场和羽田机场的距离，上海似乎更好一些呢。

这一次，换乘到黄山的航班，中间有7个小时的富余时间，所以我利用这段时间去热门路线浙江省乌镇看看。

乌镇还是酥羊大面的家乡。但是，杭州的沈景华联络我说这种面里有羊肉，所以是冬季食品，4月末已经没人在做了。我希望他们能破例为我做一下。

从上海浦东机场上沪杭高速，在桐乡下高速，到达乌镇，需要两个小时多一点儿。赶紧去吃特别定制的酥羊大面。汤是深酱油色，虽加了冰糖，甜滋滋的，但是并不腻，大锅炖的羊肉也很烂，不愧为特产，好吃！从上海同我一起过来的人们好像都是第一次吃这种面，一致给出好评。

被称为千年古镇的乌镇，因茅盾故居而颇为知名。在从京杭大运河引来的水边建起的民居让人充分感受到了江南风情，是个比我想象中还要美丽的水乡。上海周边，像周庄、同里、甪直、朱家角，保留着古老民居的地方不少。乌镇

Ⅲ 千年古镇乌镇

Ⅲ 酥羊大面（乌镇枕河人家）。太湖一带的羊叫湖羊，面上的湖羊肉炖到入口即化。汤味浓香，非常棒

与别的古镇不同，电线全部埋在地下，古民居改造成展览馆，不允许经营店铺，日后一定会备受瞩目的。

到达上海8小时后，去黄山（旧称屯溪）的航班终于起飞了。

世界遗产西递村、黄山

第二天早晨，像是又要下雨的样子。汇入钱塘江的新安江畔，是我们的酒店所在地，我在酒店周围散着步，寻找能吃面的地方。哪里都没有现做的面，我凑合吃了一碗挂面做的青菜面。汤色很浓，和乌镇的差不多，但是没有甜味，非常咸。吃面的当儿，雨点大颗大颗地砸了下来，看来走着是回不去酒店了。正发愁，一辆带雨棚的三轮车出现了，于是我乘上它回酒店。通常三轮车是不能接近酒店大门的，但因为下着大雨，所以破例被允许停在大堂门口。

雨中，我漫步游览了这一带看似古旧的民居和残存着马头墙的老街，之后，向世界遗产西递村移动。

西递村和另一处世界遗产宏村都属于黟县。途中经过的田里，人们在忙着插秧，一阵阵大雨对于这个时节来讲，是不可或缺的。

1990年，我到过西递村。那时候，只要拿到外国人旅行证，就可以自由游览，如今需要买门票，有向导跟随、讲解。被指定为世界遗产，就会生出些许不便啊。

1990年我也到过宏村，所以这次由于时间关系就不去了，雨中驱车，从西递村直奔黄山脚下的温泉酒店桃园宾馆。李明浩不愧为安徽当地人，在这一带好像很有面子，我们刚一到达，虽说是大白天，但宴会已经准备好了。待会儿要徒步登黄山，所以我谢绝了度数比较高的白酒。午宴上了面疙瘩，所谓疙瘩，通常都是豆粒状的，可这里的疙瘩像是拧巴着的刀削面，很是少见，非常筋道。

1990年来黄山时就下着雨。那次乘缆车要等一会儿，我就花1元钱买了件塑料雨衣，便宜没好货，这我也明白，可是刚一到山顶雨衣就破得不顶事了。吸取上次的教训，这次到这里之前，妻子在老街花20元买了件中国人骑车时穿

Ⅲ世界遗产西递村

的雨衣，我买了一把8元钱的雨伞。和上次一样，卖塑料雨衣的人又过来了，变成了5元1件。以前架设在黄山上的缆车线只有1条云谷缆车，连接着云谷寺到始信峰，如今增设了慈光寺到玉屏楼的玉屏缆车、排云亭到松谷庵的太平缆车两条新路线，一共三条。

　　这次路线是坐云谷缆车上，坐太平缆车下。在这里，行李成了问题。有规定，缆车不能载大件行李。在同一地点上下缆车的话，就可以把行李存在酒店，可是上下缆车的地方不同，就要另外把行李运送到下缆车的地方的酒店。这一次我事先咨询了相关事宜，把行李重量尽量减到最小，所以行李都可以带上缆车，完全没有问题。

　　雨一直下，稍稍地又起了风，我们委托搬运工把行李从始信峰缆车站送到酒店，接着我们马上去游览始信峰了。酒店和搬运工途中交接行李。现今仍有从山下沿台阶抬人上山的营生。一个挑夫对我说抬上山一次20元，接着又说肚子饿，问我有没有什么吃的。偏巧行李都已经交给了搬运工，手头只有几块糖，他仍然很开心地接了过去，这给我留下了深刻的印象。

经常是我旅行走到哪里，哪里就会下雨。但是每到关键的游览地，雨就会变小或者停下来，几乎不会给旅行带来太大障碍。这一次完全一反常态。冒着雨徒步上上下下，我出了很多汗，强风吹来，全身打寒战，我担心这样会感冒，于是中止了游览，向酒店走去。

晚上，我们在黄山西海饭店举行宴会。席间，黄山的人们喝红酒兑黑醋，着实令我惊呆了。本来红酒放久了就会酸败成醋，二者也许是同类吧。

安庆的老面店

第二天雨还在下。我原计划早晨 5 点起床，去光明顶看日出，只好取消了。要乘坐太平缆车，就要步行到排云亭，正走着，突然雷声大作，我有些担心缆车会不会停止运行。到了缆车站，果不其然，缆车纹丝不动。等了 30 多分钟，缆车开始动了，我舒了口气。如果真的停运了，就要走回云谷缆车站再下山，雨中到缆车站的山路可不好走。

黄山有四绝，奇松、怪石、云海、温泉，这次哪一样都没体验到就匆匆结束了。同行的人中，也有第一次到黄山的。对于他来讲，黄山四绝成了雨、雾、风、雷。不过令人欣慰的是，乘太平缆车下到松谷庵时，云开雾散，虽然短暂，但黄山的壮丽景色尽收眼底。

午餐在太平国际饭店吃，也有青菜面。面上几根青菜，很简单，和在黄山吃到的一样。这样的青菜面在当地似乎是最大众化的，味道都很咸。

出了太平国际饭店，很快就看到了太平湖，接下来要渡过太平湖大桥。这座大桥是 1995 年建成的，1990 年尚不存在，过去渡湖要靠轮渡。那一次，我们到达轮渡码头时，刚巧有一班刚刚发出，我们只好等它回来。可是左等不来右等也不来，一直等了一个半小时。轮渡船工都去吃午饭了，所以回来晚了，可我们只能饿着肚子等待，因为轮渡码头周边根本没有像样的餐馆。等待的一个半小时里，没有一辆车过来，看来这情形是这一带的人众所周知的。那一次是合肥的旅行社从合肥开来的车，他们事先对此情况一无所知。

‖ 黄山始信峰

‖ 青菜面（太平湖太平国际饭店）。和黄山市的面
一样，只有青菜，味道是一样的，咸香

‖ 玉带面（安庆江万春大酒店）。安徽省的特色
面，面里有火腿、香菇和竹笋。面很宽，白亮
亮的，所以才把它比作玉带吧

‖ 蝴蝶面（安庆江万春大酒店）。用料和汤都与玉
带面相同。面更宽，且短，所以把它比作蝴蝶

‖ 红焖牛肉面（安庆江万春大酒店）。汤非常辣，
牛肉炖得很香，好吃。但是，全桌人的面是装
在一个大盆里端上来的，减分

这一次，我们刚渡过大桥，雨渐渐地大了起来，变成了瓢泼大雨。看道路周围，全是水！刹那间我以为发洪水了。其实那不是洪水，自古这里就是多水之地，旧时地名为池州，如今仍有地方名叫"贵池"。大概又走了1个多小时，长江的轮渡码头到了。到安庆去，当时还没有过江的桥。在安庆，我们参观了称得上此地的地标建筑的"振风塔"，之后入住酒店。此塔是明代所建，在迎江寺中，登塔远眺，长江与市景一览无余。

晚上，为了吃预约好的玉带面和蝴蝶面，还有红焖牛肉面，我们去了江万春大酒店。此店创建于清光绪十七年（1891年），据说是因"江毛水饺"而闻名的老店，所以我先点了水饺。说是水饺，其实更近似云吞，不愧历史悠久，味道确实不错。

玉带面和蝴蝶面，仅仅面的形状不同，配菜、汤汁完全一致。面里配的是火腿、香菇和竹笋，汤味偏咸。玉带面的面，比日本的箕子面要宽一倍，色白，这样看来，真像玉带一般呢。蝴蝶面的面更宽，但是很短，更接近长方形，看起来是很像蝴蝶呢。红焖牛肉面是这三种面里最美味的，可还是先盛在大碗里端上来，再分给在座的所有人，所以大大地减了分。

餐后原计划去看地方戏黄梅戏，但是我看也看不懂，所以取消了。

雾中的天柱峰

吃面，还是得到酒店外面个体经营的小店去吃。第二天一早，雨终于停了。我和酒店的人打听了一下，就和西安的邓更万出去吃面了。邓更万也喜欢吃面。几家店同时摆在你面前，就要去店里人最多的那家，因为好吃的店才会吸引那么多人去。我们进了满屋是人的"好再来牛肉馆"，点了牛肉面。环顾四周，当地人吃的都不是面，是粉丝，所以我们也要了盛在砂锅里的牛肉粉丝煲。尝了尝，很辣。牛肉面也一样，特别辣。喜欢吃硬面的邓更万一边吃着一边连声称赞："好吃！好吃！"

餐后，我们向着天柱峰出发了。之前，安徽的李明浩来日本时曾对我说："天柱山的景色非常漂亮，请一定来考察考察！"其实我并不曾知道安徽省的天柱山。一说天柱山，我脑海里浮现出的只有郑道昭的摩崖石刻所在的山东省的那座山。安徽省的天柱山也是很有历史的一座山。公元前106年，汉武帝南巡，封此山为"南岳"，故现有"古南岳"之称。后来，南岳变成了湖南省的衡山，作为五岳之一。而且，天柱山过去名为"皖山"，这"皖"是现在安徽省的简称。

要到天柱山的主峰天柱峰，就要坐两段索道。第一段索道座位上没有棚子，第二段倒是有，两段都是限乘两人。坐第一段时如果下起雨来就热闹了，幸运的是没有下。刚一换乘到带棚子的第二段上面，雨就下起来了，只能说我们命好吧。离开索道，徒步攀登到西关寨。雨越下越大，狂风骤起，天气变得十分恶劣。如此天气，即便爬到顶上估计也看不到天柱峰吧，我正盘算要不要回去呢，可导游说："后面就差144阶了。"如果只差这么点儿了，那就继续！台阶是原生态的石头凿刻而成的，每一阶都呈现出不规则的高度，要比刚才走过的更加陡峭了。144阶攀登过后，仍不见目的地。后来下山的时候我特意数了一下，居然有678阶。所谓144阶，大概搞错了，应该是144米吧。9人中气喘吁吁、竭尽全力爬到最后的，只有4人（我和南京的汤福启、北京的付金安、兰州的常立新）。不过，这4个人付出的辛苦，最终得到了回报。登顶的一刹那，冷风一阵，云消雾散，天柱峰赫然眼前。雨中，我赶紧按动快门，却赶上是最后一张胶片，换胶卷的工夫，天柱峰重新回到云雾中。山顶上，同我们一起看到天柱峰的好像还有从南京来的游客，汤福启跟他聊了起来，得知为了能看到天柱峰真容，他已经在雨中等了3个小时。只能说，我们实在太走运了。

陡急的台阶与坡道，下山时需要加倍小心。更何况今天这天儿还下着雨，忽而侧风强劲。付金安好像最后都顾不得雨淋，一屁股坐在石阶上，向下滑行。好运再次降临！坐上下山的索道时，雨一下子就停了，云雾随之散去，绝妙山景跃然眼前。上山的时候，完全没有注意到，粉红的、洁白的杜鹃花漫山遍野地盛开着，绚丽无比。我一边欣赏着美景，一边为今天所遇到的一切而莫名感动。

在天柱山庄吃午餐。室外寒冷，室内温暖，相机镜头蒙上了一层雾，没有

Ⅲ 天柱峰

办法拍面的照片。餐后，我们去了天柱山入口处的三祖寺和西边被称作北宋诗人黄庭坚读书处的石牛古洞，直到逛完为止，相机一直不太好使。

从这里到九江大约需要两个小时，渡过了通往九江市内的长江大桥。当地导游不无自豪地介绍说这座桥是 1973 年开始建造的，全长 7 675 米，比南京长江大桥还要长 900 多米。

在九江，和上海来的孙嘉勤、袁庄、彭江川，还有香港来的马培民 4 人汇合，他们是从南昌机场乘出租车过来的。要回北京的张国成的航班是第二天的早航，所以要先到南昌住一晚。这样一来，从南昌来的车，再回南昌去，这无论对出租车司机还是对乘客不是都有好处吗？于是双方用手机取得了联系。原本南昌到九江的车费是 500 元，这样回去也有乘客了，于是司机同意 300 元成交。

一别 15 年的庐山

九江的早晨，我在酒店附近一家挂着"武汉风味"招牌的小吃店里吃了红烧牛肉面和炸酱面。武汉小吃一般指的是热干面，可这家店里只做这两种，另外还有米粉。这家面的制作方法近似日本，大锅里熬着汤汁，另一口锅里煮装在一个个竹篓里的面，面煮好后提起来，水直接滤掉。好吃！

九江有三国时期吴国周瑜的点将台遗址，我们只参观了这一处，就向着庐山出发了。顺道去了庐山脚下的名刹东林寺。这是由东晋名僧慧远创立的净土宗的发祥地。1986 年我来这里的时候，古寺一片沉寂，感受不到名刹的气氛。如今此地经过过度翻新复建，仍然让人感受不到名刹的气氛。

就算 1986 年来过庐山，可细想起来，我只不过是远眺了一下东林寺和五老峰。这次在庐山欣赏了花径、龙首崖、望江亭等地的自然风光，还参观了现在已成为博物馆的毛泽东故居和宋美龄别墅美庐，还有庐山会议旧址等，所有这些都是第一次得见。游览庐山，天气大晴是不行的，无雨，雾中的庐山才是最佳。庐山也是个好地方。

黄山的石楠花花苞还硬硬的呢，可庐山的石楠花和山杜鹃已经盛开了。我们下了庐山向武汉移动的那一天刚好赶上劳动节，中国的连休长假期到来了，季节也刚刚好，游客肯定会蜂拥而至。庐山北门的停车场车位已满。我们走的是反方向还算好，从这天开始这里的秩序将趋向混乱了吧。

为了在黄石吃上糊油面，事先预订了。黄石小蓝鲸餐厅的面，是把挂面弄碎，和香菇、榨菜、牛肉、火腿、葱一起熬，黏糊糊的，店里人叫它"糊面"。糊面同为湖北省麻城的特色，那么黄石的就应该是糊油面吧，我向店员求证，结果回答也叫"糊面"。此面极易消化，据说适合老人和孩子。细碎的面是用手揪成的。大师傅说当地人都爱吃这个，每天生意不错。味道也很好，面要吸溜着吃，获得大家的一致好评。但是和我预想的糊油面多少有些不同。

从黄石到武汉，我请求途中顺路去苏东坡的赤壁。为了去赤壁，要再次渡过长江，原来计划里是没有的。从武汉过来接我们的巴士底盘过低，上不了渡轮。于是我们在鄂州的公交车站，临时租来一辆公交。公交变包车，需要办

Ⅲ 红烧牛肉面（九江武汉风味小吃）。面的做法很像日本的拉面摊子。竹篮煮面，倒入盛着汤的大碗中

Ⅲ 炸酱面（九江武汉风味小吃）。面、汤都和红烧牛肉面相同。只是又加了炸酱和鸡蛋，所以不同

Ⅲ 糊面（湖北黄石）。把挂面弄碎来煮，呈糊状，像糨糊一般。味道佳，给好评。比较容易消化，好像是给老人、孩子吃的

许可证，我们又等了十几分钟，就出发了。宋代的苏轼曾到此地游玩，写下了《赤壁赋》，和《三国志》赤壁之战毫无关系，可巨岩确实是红色的，这里的建筑物栖霞楼的介绍上写着论证此赤壁方为真赤壁的文章。

去第4处世界遗产，钟祥显陵

5月2日。这一天我们计划要去的是此行的第四处世界遗产——钟祥显陵。纯属巧合，就在出发的三天前，我收到了这一天在显陵举行世界遗产标志碑揭幕式，并邀请我作为嘉宾出席的通知。

一早，我在假日酒店附近吃了武汉特色热干面，这面没有汤，所以就着云吞一起吃，之后就出发了。

旅行接近尾声，天一下子就变好了，开始热起来。武汉到钟祥大约要4小时。本打算在钟祥宾馆吃完稀有的母鸡炖饺，早些出发去显陵的，可是没想到大家都挤上车想去观摩典礼，害得车无法动弹，最后导致一点富余时间都没有了。到了显陵一看，除了人还是人。本想拍些照片留作资料，但是满镜头都是人，没能拍成像样的照片。不过，作为嘉宾，我被特许进入常人无法进入的地带，结果还是拍了几张。排列着石人的神路上人太多了，无法接近。这日子口儿来这里，可真是……

眼前的显陵，没有经过什么加工和修缮，看起来很棒，入选世界遗产实至名归。此显陵并非真正的皇帝的陵墓，是明嘉靖帝父亲的墓，是身为皇帝的嘉靖帝把自己非皇帝的父亲尊为皇帝来祭奠的产物。日程紧张的我们在揭幕式刚一结束就发车了，驶向荆州。其他参加活动的人都住在了钟祥。

先到了荆门，我们要去参观那里的龙泉书院时，发生了一件趣事。武汉的导游跳下我们的巴士，截了一辆当地的出租车，钻了进去。不认路的巴士司机就跟着这辆出租车走，到了目的地。找一个对路很熟的当地出租车司机就解决了大问题，我觉得这真是个聪明的做法。在中国的很多地方，不清楚目的地在哪里，就会白白浪费很多时间。中国各地的旅行社也许都该效仿这种做法。

Ⅲ 世界遗产显陵

4 小时做得的早堂面

　　最后一个项目是吃荆州"早堂面"。原本武汉飞青岛的航班是下午 3 点 20 分起飞，可航班被取消了，我们改签成了 11 点 20 分起飞的航班。为此，早晨最晚要在 6 点出发，正准备放弃的时候，荆州青年旅行社的高总为我找到一家一早 5 点 30 分就可以开吃的面店。这家面的汤是用鸡、猪骨、鳝鱼等，花 4 小时熬制而成的，如果早晨 5 点 30 分就可以吃，那这汤几乎是彻夜熬成的。

　　面是细面，就像是九州豚骨拉面里的面。煮过一遍，为了去掉碱味过一遍水，之后再过一遍开水。面上加配菜，有葱、猪肉片、鸡丝，还有鳝鱼干。4 小时熬制而成的汤，出类拔萃地美味。至今我吃过的面里，这绝对算头等。连不太爱吃面的妻子都说因为太好吃了，所以一点儿不能剩，一碗全部吃光。这家店名是"可口园"。

　　这面是传统面，已经有 100 多年的历史了，传说是清道光十年（1830 年）湖北省咸宁的余四方最先制作出来的。

俗话说得好，早起的鸟儿有虫吃。这么好吃的面只有早起才吃得着。我们一行人中就有两位女士因为早晨睡懒觉，什么都没来得及吃就向武汉出发了。这两只鸟儿没有虫吃。

Ⅲ 早堂面（荆州可口园）。汤要用 4 小时熬制而成，所以这碗面非常棒。曾听说荆州是鱼米之乡，没有好吃的面，简直胡说

从事中国旅行相关业务以来，一晃 27 年过去了，我的职业生涯即将结束，马上就要迎来退休生活了。

回想这 27 年间，中国发生了很多事情。周恩来总理逝世，毛泽东主席逝世，"四人帮"被捕，实施改革开放政策，在北京召开亚运会，香港回归，等等。从我最初访华的 1974 年到 21 世纪的今天，中国发生了翻天覆地的变化。

在这期间，我自身也经历了与中国旅行相关的很多事情。比如桂林路线的营销；配合电影《敦煌》的制作，对敦煌进行宣传活动；漓江游船包船计划的实施；长江三峡游船包船计划的实施；黄山包机通航；吐鲁番—敦煌包机航线的实施，等等，其中有些以失败而告终，有些一直延续至今。

2002 年是中日邦交正常化 30 周年，这 30 年间，来华的日本人超过 200 万人。在这样的时代背景下，能够一直坚持从事符合自己意愿的有关中国旅行的工作，是我职业生涯中最大的幸事。

孟子云："天时不如地利，地利不如人和。"我自认为，天时、地利、人和，哪一样都没有慢待我。

且看天时，我进入日本近畿旅行社时，中日还没有恢复邦交，那时我就认为中日恢复邦交是必然趋势，所以开始学习在大学里从没接触过的中文。

地利，中日邦交恢复正常化时，我所在的旅行社正是可以经营中国旅游业务的旅行社，所以很自然地担当起开拓中国旅游资源的任务。

人和，面对中国旅行社的合作伙伴们，我绝不说假话，也不会恭维人，而是诚心诚意地与人交往，认清我是这种个性的人越来越多。我深知，我的个性在中国有时会引起对方的反感，所以有些人并不喜欢我。我会邀请中国旅行社的合作伙伴们来家里玩，妻子亲自下厨招待他们，这也是为人和添砖加瓦。为此，十分感谢我的妻子。

这 27 年间，我到访过的中国城市大约有 450 个。随着退休生活的到来，从赴任北京事务所开始，特别是专门为吃面而开始的旅行，暂且告一段落。之所以说"暂且"，其实是寻面之旅尚未结束的意思。只要身体还能动，嘴上还能说，我就还要坚持下去，所以，到时候还请中国朋友多多帮忙！

本书前 10 章写的是驻在北京期间，第 11 章之后写的是回到日本后来中国旅行的事，也并非每次旅行过后马上动笔，所以我常会出现记忆不清的时候，也许书中会出现很多记录错误，还望海涵。

另外，书中出现的中国旅行社的各位，因为他们的年龄都在我之下，也为了表示长年交往使我们关系变得很亲近，所以省略了所有敬称。

最后，我把中国旅行社的朋友们的名字记录在此，是他们为这本书的根本——每次旅行提供了帮助；是他们，陪伴我完成每次寻面之旅，在此，我表示深深的谢意！

（此外，参加了西藏旅行的各位也都或多或少地为我提供过帮助，在此就不一一重复了。这里记录的仅是没能参加西藏旅行的人们。）

中国国际旅行社总社　刘日青副总经理　董路副所长

上海中国国际旅行社　刘厚彬副总经理

上海锦江旅游公司　袁庄部长

上海航空国际旅行社　张仁浩总经理助理

广东省中国国际旅行社　李载荣副总经理

甘肃敦煌旅游集团公司　常立新总经理

河北海外旅游公司　李书贵副总经理

西安海外旅游公司　邓更万副总经理

云南省中国旅行社　潘红副总经理　苏敏副部长

昆明中国国际旅行社　丁武群部长（已故）

山东旅游公司　吴进军副总经理

黄山中国旅行社　李明浩副总经理

喀什中国旅行社乌鲁木齐营业部　艾斯凯尔部长

河南旅游总公司　王文佳副总经理　隋东标部长

桂林旅游股份公司　陈青光董事长

桂林山水国际旅行社　曹玉民部长

香港旅行社有限公司　马培民总经理

香港中国国际旅行社　徐志宏部长

感谢！

此外，还有一直支持、协助我的 KIE CHINA 的全体职员，衷心感谢你们！
谢谢！

坂本一敏

2001 年 9 月